高等职业教育教材

石油及其产品概论

张春兰　杨兴锴　主编
陈淑芬　主审

化学工业出版社

·北京·

内容简介

本书主要包括石油的化学组成，石油及其产品的物理性质，主要石油产品使用性能及评价指标体系，原油分类和评价四方面核心内容。书中引用了石油产品相关的最新质量标准，注重内容的实用性和先进性，力求内容新颖、文字简练、通俗易懂，并附有习题以巩固所学。

本书可作为高等学校石油炼制技术、石油化工、油品分析、油品销售和油气储运等相关专业的教学用书，也可作为相关专业的培训教材和同等学力读者自学参考用书，同时对从事石油炼制工艺、管理以及油品销售等工作的相关人员有一定的参考价值。

图书在版编目（CIP）数据

石油及其产品概论/张春兰，杨兴锴主编. —北京：化学工业出版社，2021.9（2024.11重印）
ISBN 978-7-122-39990-8

Ⅰ.①石⋯　Ⅱ.①张⋯　②杨⋯　Ⅲ.①石油-高等学校-教材②石油产品-高等学校-教材　Ⅳ.①TE626

中国版本图书馆 CIP 数据核字（2021）第 200535 号

责任编辑：提　岩　张双进　　　　　　　　　文字编辑：段曰超　师明远
责任校对：边　涛　　　　　　　　　　　　　装帧设计：李子姮

出版发行：化学工业出版社（北京市东城区青年湖南街 13 号　邮政编码 100011）
印　　装：北京科印技术咨询服务有限公司数码印刷分部
787mm×1092mm　1/16　印张 16　字数 393 千字　2024 年 11 月北京第 1 版第 3 次印刷

购书咨询：010-64518888　　　　　　　　　售后服务：010-64518899
网　　址：http://www.cip.com.cn
凡购买本书，如有缺损质量问题，本社销售中心负责调换。

定　　价：48.00 元

"石油及其产品概论"是石油炼制技术专业的一门核心课程，通过本课程的学习，学生可以掌握石油及其产品的组成、物理性质及石油产品的用途、性能与其组成之间的关系等，为今后从事石油炼制和化工生产奠定必要的知识基础。

为满足高等学校石油炼制技术专业人才培养的需要，编者收集了大量资料并结合多年教学、科研经验编写了本书。本书主要涉及石油的化学组成，石油及其产品的物理性质，主要石油产品使用性能及评价指标体系，原油分类和评价四方面核心内容。

（1）石油的化学组成部分　在分析和研究构成石油及其产品的元素组成、化合物组成、馏分组成及特点的基础上，从原料的角度重点强调其组成特点对生产过程设备、操作及产品质量的影响，从产品的角度主要强调其组成特点对产品使用性能的影响。

（2）石油及其产品的物理性质部分　在分析和研究石油及其产品所涉及的物理性质基本概念的基础上，重点强调石油及其产品的物理性质与其化学组成的关系，作为原料及产品评价物理性质与原料品质或产品质量之间的关联，以及作为生产过程控制指标对生产过程评估的意义。

（3）主要石油产品使用性能及评价指标体系部分　由产品使用原理及过程，提出对使用产品的性能要求，选用评价产品性能的评定指标（化学组成或物理性质或使用性能指标），分析产品评定指标与产品使用性能及化学组成之间的关系，并提出改善产品性能的方法措施。

（4）原油分类和评价部分　在描述原油分类及评价的基础上，重点强调不同原油组成和性质对原油加工过程的影响及其所生产的产品的特点；根据原油分类和评价，提出原油的加工方案。

本书引用了石油产品相关的最新质量标准，注重内容的实用性和先进性，力求内容新颖、文字简练、通俗易懂，并在章后附有习题以巩固本章所学。为方便教学，本书配有多媒体教学课件，使用本书作为教材的教师可发邮件到 cipedu@163.com 索取。

本书由兰州石化职业技术大学张春兰、杨兴锴主编，陈淑芬教授主审。其中，中国石油兰州化工研究中心石油炼制研究所刘涛高级工程师编写了绪论，张春兰编写了第一章～第三章；杨兴锴编写了第四章、第五章；王栋编写了第六章。全书由张春兰统稿。

在编写过程中，编者参阅了一些相关的标准、规范以及近年出版的图书，主要参考文献列于书后，在此向相关作者致谢，也对陈淑芬教授以及所有对本书的编写工作给予支持和帮助的同志们表示衷心的感谢！

由于编者水平所限，书中不足之处在所难免，恳请广大读者批评指正。

编　者
2021 年 6 月

目录

第一章
石油的化学组成

石油及天然气的性能和用途取决于其化学组成，石油及天然气加工方案和过程设计依赖于其化学组成，石油及天然气加工生产装置操作受其化学组成影响，以石油及天然气为原料生产的石油产品的性能和质量更是取决于其化学组成。石油的化学组成属于石油炼制（俗称炼油）的基础知识。研究石油的化学组成和性质，对于原油加工以及石油和天然气的综合利用都有非常重要的意义。

第一节　石油的一般性质、元素及馏分组成

一、石油的一般性质

石油是一种从地下深处开采出来的黄色、褐色乃至黑色的可燃性黏稠液体，是由烃类和非烃类组成的复杂混合物。石油的一般性质见表 1-1。

表 1-1　石油的一般性质

一般性质	影响因素	常规原油	特殊原油	我国原油
颜色	胶质和沥青质含量越多，石油的颜色越深	大部分石油是黑色，也有暗绿色或暗褐色	显赤褐色、浅黄色，甚至无色	四川盆地：黄绿色 玉门：黑褐色 大庆：黑色
相对密度	胶质、沥青质含量多，石油的相对密度就大	一般为 0.80～0.98	个别高达 1.02 或低至 0.71	一般为 0.85～0.95，属于偏重的常规原油
流动性	常温下石油中含蜡量少，其流动性好	一般是流动或半流动状的黏稠液体	个别是固体或半固体	蜡含量和凝固点偏高，流动性差
气味	含硫量高，臭味较浓	有程度不同的臭味		含硫相对较少，气味偏淡

我国主要原油的一般性质见表 1-2。

表 1-2　我国主要原油的一般性质

原油名称	大庆	胜利	孤岛	辽河	华北	中原	新疆吐哈
密度(20℃)/(g/cm³)	0.86	0.90	0.95	0.92	0.88	0.85	0.82
运动黏度(50℃)/(mm²/s)	20.19	83.36	333.7	109.0	57.1	10.32	2.72

原油名称	大庆	胜利	孤岛	辽河	华北	中原	新疆吐哈
凝点/℃	30	28	2	17（倾点）	36	33	16.5
蜡含量[①]/%	26.2	14.6	4.9	9.5	22.8	19.7	18.6
庚烷沥青质[①]/%	0	<1	2.9	0	<0.1	0	0
残炭/%	2.9	6.4	7.4	6.8	6.7	3.8	0.90
灰分[①]/%	0.0027	0.02	0.096	0.01	0.0097	—	0.014
硫含量[①]/%	0.10	0.80	2.09	0.24	0.31	0.52	0.03
氮含量[①]/%	0.16	0.4l	0.43	0.40	0.38	0.17	0.05
镍含量/(μg/g)	3.1	26.0	21.1	32.5	15.0	3.3	0.50
钒含量/(μg/g)	0.04	1.6	2.0	0.6	0.7	2.4	0.03

① 以质量分数计。

国外部分原油的一般性质见表 1-3。

表 1-3　国外部分原油的一般性质

原油名称	沙特阿拉伯（轻质）	沙特阿拉伯（中质）	沙特阿拉伯（轻重混合）	伊朗（轻质）	科威特	阿拉伯联合酋长国（穆尔班）	伊拉克	印度尼西亚（米纳斯）
密度(20℃)/(g/cm³)	0.8578	0.8680	0.8716	0.8531	0.8650	0.8239	0.8559	0.8456
运动黏度(50℃)/(mm²/s)	5.88	9.04	9.17	4.91	7.31	2.55	6.50（37.8℃）	13.4
凝点/℃	−24	−7	−25	−11	−20	−7	−15（倾点）	34（倾点）
蜡含量[①]/%	3.36	3.10	4.24	—	2.73	5.16	—	—
庚烷沥青质[①]/%	1.48	1.84	3.15	0.64	1.97	0.36	1.10	0.28
残炭[①]/%	4.45	5.67	5.82	4.28	5.69	1.96	4.2	2.8
硫含量[①]/%	1.91	2.42	2.55	1.40	2.30	0.86	1.95	0.10
氮含量[①]/%	0.09	0.12	0.09	0.12	0.14	—	0.10	0.10

① 以质量分数计。

由表 1-2 和表 1-3 知，我国原油与国外原油相比，凝点及蜡含量较高，庚烷沥青质含量较低，相对密度大多为 0.85～0.95，属偏重的常规原油。一般相对密度小于 0.80 的为轻质原油，该类原油的特点是相对密度小、轻油收率高、渣油含量少，这类原油目前在世界上的探明储量及产量均较少。表 1-4 为国内外几种轻质原油的一般性质。

表 1-4　国内外几种轻质原油的一般性质

原油名称	青海（冷湖 5 号）	新疆（塔南）	新疆（塔中 1 号）	南海西部（涠洲北 2#）	也门（麦瑞波）	印度尼西亚（巴达）	印度尼西亚（波唐米克斯）
密度(20℃)/(g/cm³)	0.8042	0.7864	0.7632	0.7719	0.7986	0.7845	0.7907
运动黏度(50℃)/(mm²/s)	1.46	2.28	—	1.72	1.52	1.00	1.36
凝点/℃	−9	9	−56	17	−24	<−30	<−30
蜡含量[①]/%	—	—	0.22	11.9	3.94	2.50	—
庚烷沥青质[①]/%	0	0	1.89	0.05	0.12	0.02	0.20
残炭/%	0.2	0	0.02	0.3	0.82	0.15	0.29
硫含量[①]/%	0.02	0.04	0.02	—	0.08	0.48	0.05
氮含量[①]/%	—	0.09	<0.3	—	—	—	0.03

① 以质量分数计。

国内外相继对蕴藏量很丰富的重质原油（或称稠油）进行开采。这类原油的相对密度一般大于 0.93，而且黏度较高。

二、石油的元素组成

世界各国油田所产原油的性质虽然千差万别，但它们的元素组成基本一致，基本上由碳、氢、硫、氮、氧五种元素组成。石油的碳、氢元素变化却在很窄的范围内。其中，碳的质量分数为 83.0%～87.0%，氢的质量分数为 11.0%～14.0%，硫的质量分数为 0.05%～8.00%，氮的质量分数为 0.02%～2.00%，氧的质量分数为 0.05%～2.00%。表 1-5 是原油的元素组成。从 H/C（原子比）的数据上看，我国一些重要原油的 H/C（原子比）较高。

表 1-5　原油的元素组成

原油名称	C（质量分数）/%	H（质量分数）/%	S（质量分数）/%	N（质量分数）/%	H/C（原子比）
大庆原油	85.87	13.73	0.10	0.16	1.90
胜利原油	86.26	12.20	0.80	0.44	1.68
孤岛原油	85.12	11.61	2.09	0.43	1.62
辽河原油	85.86	12.65	0.18	0.31	1.75
新疆原油	86.13	13.30	0.05	0.13	1.84
大港原油	85.67	13.40	0.12	0.23	1.86
江汉原油	83.00	12.81	2.09	0.47	1.84
伊朗轻质原油	85.14	13.13	1.35	0.17	1.84
阿萨巴斯卡原油	83.44	10.45	4.19	0.48	1.49
格罗兹尼原油	85.59	13.00	0.14	0.07	1.81
杜依玛兹原油	83.9	12.3	2.67	0.33	1.75

原油的元素组成差别不大，其性质千差万别，单纯用碳或氢含量无法区分原油性质之间的差别。但是可以用碳氢两种元素的比值来表征原油组成、性质之间的差别。氢碳比是反映原油化学组成的一个重要参数，其中 H/C（原子比）最为常用。

1. H/C（原子比）

对于烃类化合物而言，H/C（原子比）是一个与其化学结构和分子量大小密切相关的参数。

烷烃（C_nH_{2n+2}）：H/C=2+2/n

六元单环环烷烃（C_nH_{2n}）：H/C=2.0　　$n \geqslant 6$

六元双环环烷烃（C_nH_{2n-2}）：H/C=2.0–2/n　　$n \geqslant 10$

六元三环环烷烃（C_nH_{2n-4}）：H/C=2.0–4/n　　$n \geqslant 14$

单环芳香烃（C_nH_{2n-6}）：H/C=2.0–6/n　　$n \geqslant 6$

双环芳香烃（C_nH_{2n-12}）：H/C=2.0–12/n　　$n \geqslant 10$

三环芳香烃（C_nH_{2n-18}）：H/C=2.0–18/n　　$n \geqslant 14$

烯烃（C_nH_{2n}）：H/C=2.0

表 1-6 和表 1-7 列出不同分子大小和结构烃类分子的 H/C（原子比）。

表 1-6 和表 1-7 数据表明，同一系列的烃类，其 H/C（原子比）随着分子量的增加而降低；烷烃的变化幅度较小，环状烃的随分子量的变化幅度较大。不同结构的烃类，碳数相同

时，烷烃的 H/C（原子比）最大，而芳烃最小。对于环状烃而言，相同碳数时，环数增加，其 H/C（原子比）降低。这表明，H/C（原子比）参数包含了相当有价值的结构信息。原油的 H/C（原子比）越大，表明原油中链状结构的化合物含量越高，而环状结构的化合物含量越低。

表 1-6　分子量不同的烷烃的 H/C（原子比）

分子式	H/C（原子比）	分子式	H/C（原子比）
CH_4	4.00	C_8H_{18}	2.25
C_2H_6	3.00	$C_{12}H_{26}$	2.17
C_3H_8	2.67	$C_{16}H_{34}$	2.13
C_5H_{12}	2.40	$C_{32}H_{66}$	2.06
C_6H_{14}	2.33		

表 1-7　分子结构不同的 C_{16} 烃的 H/C（原子比）

分子式	H/C（原子比）	分子式	H/C（原子比）
环己烷—$C_{10}H_{21}$	2.00	苯—$C_{10}H_{21}$	1.63
十氢萘—C_6H_{13}	1.80	萘—C_6H_{13}	1.25
十四氢蒽—C_2H_5	1.75	蒽—C_2H_5	0.88

在石油的加工过程中，H/C（原子比）也是一个重要的参数和指标，对于无外加氢的纯粹的脱碳加工过程，在生成 H/C（原子比）大的轻质产物的同时，必然得到 H/C（原子比）小的重质产物，整个加工过程 H/C（原子比）保持守恒。

2.S、N、O 含量

S、N、O 为石油中的非烃组成元素，也称为杂原子，其含量一般不超过 5%（质量分数），但某些原油（如委内瑞拉的博斯坎原油）含硫量高达 5.7%（质量分数）。大多数原油氮含量一般为万分之几至千分之几。从表 1-2 和表 1-3 的数据看出，我国主要原油硫含量与国外相比并不高，而氮含量则相对较高，因此含硫少而含氮多是我国原油的主要特点之一。

虽然这三种非碳氢元素在原油中的含量并不高，但是这些非碳氢元素都是以烃类的衍生物形态存在于石油中，因而含这些杂原子的非烃化合物在原油中的含量则相当可观。这些非碳氢元素的存在对于石油的性质、石油加工过程和石油产品质量有很大的影响。

3.微量元素的含量

原油中，除 C、H、S、N、O 五种元素外，还含有微量金属与非金属元素，其含量一般为百万分之几，甚至十亿分之几。虽然这些元素含量甚微，但对于石油加工过程，特别是催化加工过程的影响却相当大。

原油中主要微量元素为 Ni、V、Fe、Cu。我国原油中 V 含量较低，Ni 含量较高。

三、石油的馏分组成

原油是由各种类型的烃类和非烃类化合物所组成的复杂混合物，其分子量从几十到几千，因而其沸点范围也很宽，从常温到 500℃以上。

在对原油进行研究和加工利用之前，要采用分馏的方法将其按沸点的高低分割成若干部分（即馏分），每个馏分的沸点范围简称为馏程或沸程。

从原油直接分馏得到的馏分称为直馏馏分，用来表示与原油二次加工产物的区别。一般原油的馏分划分见表 1-8。直馏馏分基本上保持着石油原来的性质，如直馏汽油馏分中基本上不含不饱和烃。石油直馏馏分经过二次加工（如催化裂化等）后，所得的馏分与相应的直馏馏分的化学组成不同，例如催化裂化汽油中就含有不饱和烃（并非一切二次加工产物都含有不饱和烃）。

表 1-8　原油的馏分划分

沸点范围/℃	馏分名称
初馏点～200（或 180）	汽油馏分、低沸点馏分、轻油、石脑油
200（或 180）～350	柴油馏分、中间馏分、常压瓦斯油（AGO）
350～500	减压馏分、高沸点馏分、润滑油馏分、减压瓦斯油（VGO）
>350	常压渣油（AR）
>500	减压渣油（VR）

馏分并不代表石油产品，只是从沸程上看有可能作为生产汽油、煤油、柴油、润滑油的原料，它们往往需要经过适当加工才能生产出符合相应的质量规格要求的产品。

将原油经常减压蒸馏得到的一系列不同沸点范围的馏分的百分含量就是该原油的馏分组成。表 1-9 是国内外部分原油的馏分组成。

表 1-9　国内外部分原油的馏分组成　　　　　　　　　　　　单位：%

原油名称	初沸点～200℃	200～350℃	350～500℃	>500℃
大庆原油	11.5	19.7	26.0	42.8
胜利原油	7.5	17.6	27.5	47.4
辽河原油	12.3	24.3	29.9	33.5
中原原油	19.4	25.1	23.2	32.3
新疆原油	15.4	26.0	28.9	29.7
单家寺原油	1.7	11.5	21.2	65.6
欢喜岭原油	1.7	20.6	35.4	40.3
印度尼西亚米纳斯原油	11.9	30.2	24.8	33.1
伊朗轻质原油	24.9	25.7	24.6	24.8
阿萨巴斯卡原油	0	16.0	28.0	56.0

不同原油其馏分组成是不同的。从我国主要原油的馏分组成来看，<200℃的汽油馏分含量较低，>500℃的减压渣油含量较高，多数原油的减压渣油含量高于 40%。原油中的汽油馏分含量低、减压渣油含量高也是我国原油的主要特点之一。

第二节　石油中的烃类化合物

根据石油中所含元素的类型可将石油中化合物分为烃类化合物和非烃类化合物两大类。

烃类和非烃类存在于石油的各个馏分中，但因石油的产地及种类不同，烃类和非烃类的相对含量差别很大。有的石油（轻质石油）烃类含量可高达90%以上，但有的石油（重质石油）烃类含量低于50%。

在同一原油中，随着馏分沸程增高，烃类含量降低而非烃类含量逐渐增加。在最轻的轻油馏分中，非烃类的含量很少，烃类占绝大部分，从含硫原油得到的汽油馏分，烃类的含量也可达98%～99%；反之，在高沸点的石油馏分，尤其是在减压渣油中，烃类的含量将有明显降低。

石油中烃类主要是由烷烃、环烷烃和芳香烃以及在分子中兼有这三类烃结构的混合烃构成。下面着重讨论石油的烃类组成、表示方法以及烃类在石油及其馏分中的分布。

一、石油的烃类组成

1.石油中的烃类类型

石油中有各种不同的烃类，按其结构可分为烷烃、环烷烃、芳香烃。一般天然石油中不含有烯烃，而二次加工产物中常含有数量不等的烯烃。

（1）烷烃　烷烃是石油的基本组分之一。石油中的烷烃总含量一般为40%～50%（体积分数）。在某些石油中烷烃含量则达到50%～70%，然而也有一些石油的烷烃含量只有10%～15%。我国石油的烷烃含量一般较高，随着馏分变重，烷烃含量减少。在200～300℃的中间馏分中，烷烃含量通常不超过55%～61%，当馏出温度接近500℃时，烷烃含量降到5%～19%或更低。

常温常压下烷烃以气态、液态、固态三种状态存在于石油中。

C_1～C_4的气态烷烃主要存在于石油气体中。从纯气田开采的天然气主要是甲烷，其含量为93%～99%，还含有少量的乙烷、丙烷以及氮气、硫化氢和二氧化碳等。从油气田得到的油田气除了含有气态烃类外，还含有少量低沸点的液体烃类。石油加工过程中产生的炼厂气因加工条件不同可以有很大的差别。这类气体的特点是除了含有气态烷烃外，还含有烯烃、氢气、硫化氢等。

C_5～C_{11}的烷烃存在于汽油馏分中，C_{11}～C_{20}的烷烃存在于煤、柴油馏分中，C_{20}～C_{36}的烷烃存在于润滑油馏分中。

C_{16}以上的正构烷烃以及某些大分子量的异构烷烃、环烷烃、芳香烃，一般多以溶解状态存在于石油中，当温度降低时就会有一部分结晶析出，称之为蜡。按其结晶形状及来源不同，分为石蜡和地蜡。

石蜡主要分布在柴油和轻质润滑油馏分中，其分子量为300～500，分子中碳原子数为19～35，熔点在30～70℃。地蜡主要分布在重质润滑油馏分及渣油中，其分子量为500～700，分子中碳原子数为35～55，熔点为60～90℃。从结晶形态来看，石蜡是互相交织的片状或带状结晶，结晶容易；而地蜡则是细小针状结晶，结晶较困难。从化学性质来看，石蜡与氯磺酸不起反应，在常温或100℃条件下，石蜡与发烟硫酸不起作用；地蜡的化学性质比较活泼，与氯磺酸反应放出HCl气体，与发烟硫酸一起作用时，经加热反应剧烈，同时产生泡沫并生成焦炭。

石蜡与地蜡的化学结构不同导致了其性质之间的显著差别。根据研究结果来看，石蜡主要由正构烷烃组成。除正构烷烃外，石蜡中还含有少量异构烷烃、环烷烃以及少量的芳香烃；

地蜡则以环状烃为主体，正、异构烷烃的含量都不高。

存在于石油及石油馏分中的蜡，严重影响油的低温流动性，对石油的输送和加工及产品质量都有影响。但从另一方面看，蜡又是很重要的石油产品，可以广泛应用于电气工业、化学工业、医药和日用品等行业。

（2）环烷烃 环烷烃是环状的饱和烃，也是石油的主要组分之一，含量仅次于烷烃。石油中的环烷烃主要是环戊烷和环己烷的同系物。环烷烃有单环、双环和多环，有的还含有芳香环。环烷烃大多含有长短不等的烷基侧链。

环烷烃在石油馏分中的含量一般随馏分沸点的升高而增多，但在沸点较高的润滑油馏分中，由于芳香烃含量的增加，环烷烃含量逐渐减少。

单环环烷烃主要存在于轻汽油等低沸点石油馏分中，重汽油中含有少量双环环烷烃。煤油、柴油馏分中除含有单环环烷烃外，还含有双环及三环环烷烃。在高沸点石油馏分中，还有三环以上的稠环环烷烃。

（3）芳香烃 芳香烃在石油中的含量通常比烷烃和环烷烃的含量少。这类烃在不同石油中总含量的变化范围相当大，平均为10%～20%（质量分数）。

芳香烃的代表物是苯及其同系物，以及双环和多环化合物的衍生物。在石油低沸点馏分中只含有单环芳香烃，且含量较少。随着馏分沸点的升高，芳香烃含量增多，且芳香烃环数、侧链数目及侧链长度均增加。在石油高沸点馏分中甚至有四环及多于四环的芳香烃。此外，在石油中还有为数不等、多至5～6个环的环烷烃-芳香烃混合烃，它们也主要呈稠合型。

石油中的烷烃、环烷烃、芳香烃常常是相互包含，一个分子中往往同时含有芳香环、环烷环及烷基侧链。

2.烃类的性质和用途

（1）烷烃 在一般条件下，烷烃的化学性质很不活泼，不易与其他物质发生反应，但在特殊条件下，烷烃也会发生氧化、卤化、硝化及热分解等反应。我国大庆原油含蜡量高（大分子烷烃），蜡的质量好，是生产石蜡的优良原料。同时，烷烃是燃料油的来源，也是生产化工基本原料的主要物质。

（2）环烷烃 环烷烃的化学性质与烷烃相近，但稍活泼，在一定条件下可发生氧化、卤化、硝化、热分解等反应，环烷烃在一定条件下还能脱氢生成芳香烃。环烷烃的抗爆性较好，凝点低，有较好的润滑性能和黏温性，是汽油、喷气燃料及润滑油的良好组分。少环长侧链的环烷烃是润滑油的理想组分。

（3）芳香烃 芳香烃（简称芳烃）可与硫酸等强酸发生化学反应，例如苯及其同系物与硫酸作用生成苯磺酸，利用此反应可从油品中分离芳香烃，也可用于油品精制和石油馏分的族组成分析。在一定条件下，芳香烃上的侧链会被氧化成有机酸，这是油品氧化变质的重要原因之一。芳香烃在一定条件下还能进行加氢反应。芳香烃抗爆性很好，是汽油的良好组分，常作为提高汽油质量的调和剂；灯用煤油中含芳香烃多，点燃时会冒黑烟和使灯芯结焦，是有害组分；润滑油馏分中含有多环短侧链的芳香烃，它将使润滑油的黏温特性变坏，高温时易氧化生胶，因此，在润滑油精制时要设法除去它。

芳香烃用途很广泛，可用于制备炸药、染料、医药、合成橡胶等，是重要的化工原料之一。

二、石油的化学组成表示方法

前面已经谈到过石油的元素组成，这种烃类组成的表示方法最为简单，而且 H/C（原子比）也是表征石油平均化学结构的重要参数。但仅从元素组成来认识、研究及应用石油是不够的。因此，广泛使用单体烃化合物的组成、族组成和结构族组成的方法，表示石油、石油馏分及石油产品的烃类组成。

石油及其馏分的化学组成可以用单体烃化合物的组成、族组成和结构族组成表示。

1.单体烃化合物

单体烃化合物组成是指石油由多少种单体烃化合物组成的，它们各自的含量是多少。

石油及其馏分中的单体烃化合物数目繁多，而且随着石油馏分沸程的增高（或分子量增大），其单体烃化合物数目急剧增加。由于分析和分离手段有限，目前单体烃组成表示法适用范围很窄，只适用于气体、溶剂油和汽油馏分。而对于柴油及较重馏分已无法从单体化合物的角度来进行分析。

2.烃族组成

"族"是化学结构相似的一类化合物。族组成表示法是以石油馏分中各族烃相对含量的组成数据来表示，族组成表示方法简单且实用。石油中的烃类化合物有烷烃（正构烷烃和异构烷烃）、环烷烃（五元环和六元环系，包括单环至六环的环烷烃）、芳香烃（单环至六环的芳香烃）和环烷烃-芳香烃混合芳烃（单环至多环混合环状烃）。至于要分成哪些族则取决于分析方法以及实际应用的需要。

一般对于直馏汽油馏分以烷烃、环烷烃、芳香烃含量来表示，若是裂化汽油，就用烷烃、环烷烃、芳香烃、不饱和烃的含量来表示。如果对汽油馏分要求分析得更细致些，则可将烷烃再分成正构烷烃和异构烷烃，将环烷烃分成环己烷系和环戊烷系等。

对于煤、柴油及减压馏分，由于所用分析方法不同，其分析项目也不同。若采用液相色谱法，则族组成用饱和烃（烷烃+环烷烃）、轻芳烃（单环芳烃）、中芳烃（双环芳烃）、重芳烃（多环芳烃）、非烃组分胶质等含量表示。若采用质谱分析法，则族组成可以正构烷烃、异构烷烃、不同环数的环烷烃、不同环数的芳烃、非烃化合物含量表示。

对于减压渣油，目前一般还是用溶剂处理及液相色谱法将减压渣油分成饱和分、芳香分、胶质、沥青质四个组分；如有需要可将胶质再进一步分成轻、中、重胶质，用六组分表示；还可以将芳香分进一步分离为轻、中、重芳烃，用八组分表示。

在高沸点的石油馏分中，有的烃类分子结构中同时含有芳香环、环烷环及烷基链三种基团，按照族组成的分析方法，凡分子结构中有一个芳香环者即为单环芳烃，有两个芳香环者即为双环芳烃，依此类推。但由于所含的环烷环和烷基侧链结构不同，因而它们的物理化学性质存在差别。

3.结构族组成

在高沸点的石油馏分中，有的烃类分子结构中同时含有芳香环、环烷环及烷基链三种官能基团，由于化合物分子所含芳香环数量及所含的环烷环和烷基侧链结构、数量不同，因而它们的物理化学性质存在较大的差别。由此，引入结构族组成概念及表示方法。

如下面两个化合物：

它们的分子量接近，也只有一个芳香环，按照族组成的分类方法，它们都属于单环芳香烃，但是由于所含的环烷环和烷基侧链结构不同，因而它们的物理化学性质存在差别。因此，对于大分子量且结构复杂的烃分子或由多个分子构成的混合物，提出了用结构族组成的概念来描述这种分子或混合类型化合物的结构及所表现的性能。按照此概念，任何烃类化合物，不论其结构如何复杂，都可以看成是由烷基、环烷基和芳香基三种结构单元所构成；对于任何混合物（如石油馏分）可看成是由统计意义上的某种"平均分子"所组成，这一"平均分子"又是由烷基、环烷基和芳香基三种结构单元所组成。对象中烷基、环烷基和芳香基三种结构所占比例，则代表对象分子性质倾向。结构族组成只表示在分子中这三种结构单元的含量，而不涉及它们在分子中的结合方式。

结构族组成常用符号如下：

C_P%——分子中烷基侧链上碳原子数占总碳原子数的百分数；

C_N%——分子中环烷环上的碳原子数占总碳原子数的百分数；

C_A%——分子中芳香环上碳原子数占总碳原子数的百分数；

C_R%——分子中环上的碳原子数占总碳原子数的百分数，C_R%=C_N%+C_A%；

R_A——分子中芳香环数；

R_N——分子中环烷环数；

R_T——总环数，$R_T=R_A+R_N$。

按照结构族组成概念，我们可以认为化合物 是由芳香环、环烷环和烷基侧链三种结构单元组成的，其：

C_P%=（10/20）×100%=50%

C_N%=（4/20）×100%=20%

C_A%=（6/20）×100%=30%

C_R%=20%+30%=50%

$R_A=1$

$R_N=1$

$R_T=1+1=2$

再如，某混合物是由 32%（摩尔分数）的 、25%（摩尔分数）的

和43%（摩尔分数）的 组成的。其结构族组成可表示如下：

$C_A=32\%×6+25\%×10=4.42$

$C_N=32\%×4+25\%×4+43\%×10=6.58$

$C_P=32\%×5+25\%×3+43\%×8=5.79$

$C_T=C_A+C_P+C_N=4.42+5.79+6.58=16.79$

C_A%=4.42/16.79=26.3%

C_N%=6.58/16.79=39.2%

C_P%=5.79/16.79=34.5%

$R_A=32\%\times1+25\%\times2=0.82$

$R_N=32\%\times1+25\%\times1+43\%\times2=1.43$

$R_T=0.82+1.43=2.25$

结构族组成广泛应用于石油高沸点馏分的组成分析，可以借此表示不同原油的化学特征，并考察润滑油馏分或减压渣油在加工过程中平均化学结构的变化规律。

三、气态烃及石油馏分的单体烃组成

1.天然气的组成

气态烃主要来源于天然气和石油加工过程。

天然气从广义上是埋藏于地层中自然形成的气体总称，狭义上指储存于地层深部的可燃性气体。天然气可分为油田伴生气和非伴生气。油田伴生气伴随原油共生与原油同时被采出；非伴生气包括纯气田天然气和凝析气田天然气，两者在地层中均为气相。凝析气田天然气由井口流出后，经减压、降温分离成气液两相。气相经净化后成为商品天然气，液相凝析液主要是凝析油。表 1-10 是天然气的烃类组成。

表 1-10　天然气的烃类组成

类型	产地	天然气的烃类组成（体积分数）/%						
		CH_4	C_2H_6	C_3H_8	$i\text{-}C_4H_{10}$	$n\text{-}C_4H_{10}$	$i\text{-}C_5H_{12}$	$n\text{-}C_5H_{12}$
纯气田气	四川自流井区	97.76	0.53	0.07	—	—		
	四川阳高寺	96.15	1.54	0.43	0.05	0.069	0.151	
	四川威远	87.58	0.17	0.07	—			
凝析气田气	四川遂南	84.76	9.58	3.04	14.13			
	四川中坝	88.60	7.02	1.90	0.024	0.247	0.115	0.057
	美国宾夕法尼亚州	87.84	5.38	2.51	0.30	0.73	0.18	0.22
油田伴生气	大庆油田	82.76	5.76	5.88	2.60		0.40	
	胜利油田	86.60	4.20	3.50	0.70	1.90	0.60	0.50
	华北油田	74.31	11.90	6.75	3.56		1.31	

由表 1-10 可知，纯气田天然气的主要成分是 CH_4，一般占 90%（体积分数）以上，此外还有 C_2H_6、C_3H_8、C_4H_{10}，占 1%～3%，纯气田天然气一般称为干气。凝析气田天然气与油田伴生气是凝析油与原油共存的气体，主要以 CH_4 为主，约占 80%（体积分数），C_2H_6、C_3H_8、C_4H_{10} 含量较高，占 10%～20%，含有少量的戊烷和己烷，凝析气田天然气一般称为湿气。

此外，在天然气中除了含有气体烃类外，还含有一些非烃气体，如 CO_2、H_2S、N_2、He、Ar、H_2 等，其中 CO_2 和 H_2S 是酸性组分，对管线和设备有腐蚀作用，需要加以脱除。天然气中一般不含氧，也不含一氧化碳和不饱和烃。

天然气除了可以作为清洁燃料外，还是很重要的化工原料。从甲烷出发可以制取一系列的化工产品，即所谓的碳一化学。

2.石油炼厂气的组成

石油炼制和石油化工生产过程中产生一些气体产品，因加工过程的不同，其组成也千差万别。这些气体组成的主要特点是除了含有烷烃外，还含有烯烃和氢气。表 1-11 是不同炼油生产装置生产的炼厂气的组成。

表 1-11　原油主要加工过程的炼厂气体组成（质量分数）　　　　单位：%

气体组成	延迟焦化	高温裂解	催化裂化	催化重整[①]
H_2	0.66	0.8	0.16	83.62
CH_4	26.61	15.3	4.21	8.55
C_2H_6	21.23	3.75	1.03	3.76
C_3H_8	18.09	0.25	11.04	2.37
C_4H_{10}	—	9.3	22.8	1.16
C_2H_4	3.97	29.8	7.86	—
C_3H_6	10.55	14.1	27.64	—
C_4H_8	7.53	26.65	25.26	—

① 催化重整的气体组成为体积分数。

从表 1-11 可以看出，在高温裂解反应的气体中含有大量的 C_2H_6；催化裂化气体中含有大量的 C_3H_6、C_4H_8 和 i-C_4H_{10}；而在催化重整反应的气体中主要成分是氢气。

3.直馏汽油馏分的单体烃组成

研究表明，组成汽油馏分的单体烃数目繁多，且随着石油馏分的变重，所含的单体烃数目迅速增加。表 1-12 列出一些原油直馏汽油馏分中单体烃含量。

表 1-12　直馏汽油馏分中主要单体烃含量（质量分数）　　　　单位：%

原油名称		大庆	胜利	新疆	大港	美国邦加
沸程/℃		IBP～130	IBP～130	IBP～150	IBP～165	40～180
正构烷烃	正戊烷	7.69	2.89	8.3	3.53	—
	正己烷	10.15	6.37	4.7	4.47	5.98
	正庚烷	12.12	8.77	5.5	4.41	7.55
	正辛烷	11.07	5.40	5.2	4.63	6.27
	正壬烷	—	—	0.4	4.24	5.94
	合计	41.03	23.43	24.1	21.28	25.74
异构烷烃	2-甲基戊烷	2.46	3.67	4.9	2.32	1.24
	3-甲基戊烷	1.48	2.68	0.8	1.50	1.15
	2-甲基己烷	1.46	2.73	1.3	1.32	3.58
	3-甲基己烷	1.91	3.06	1.8	1.53	1.09
	2-甲基庚烷	2.28	3.04	6.0	1.80	2.97
	合计	9.59	15.18	14.8	8.47	10.03
环烷烃	甲基环戊烷	3.91	6.21	1.4	2.56	2.88
	环己烷	5.29	4.35	3.1	3.13	2.36
	甲基环己烷	9.61	9.12	5.2	7.18	5.39
	二甲基环戊烷	3.28	2.60	2.5	2.90	5.29
	二甲基环己烷	0.87	1.02	5.7	1.36	3.10
	合计	22.96	23.30	17.9	17.13	19.02
芳香烃	苯	—	0.80	0.2	0.85	0.46
	甲苯	0.78	4.98	1.3	2.67	1.51
	对二甲苯	0.49	0.96	0.5	—	0.29

続表

原油名称		大庆	胜利	新疆	大港	美国邦加
沸程/℃		IBP～130	IBP～130	IBP～150	IBP～165	40～180
芳香烃	间二甲苯	2.27	0.31	1.8	2.10	1.53
	邻二甲苯	0.27	0.38	0.8	1.20	0.80
	合计	3.81	7.43	4.6	6.82	4.59
上述20种单体烃占汽油馏分量（质量分数）/%		77.39	69.34	61.4	53.7	59.38
已鉴定出单体烃数目		60	50	74	134	92

由表1-12可知，在直馏汽油馏分中，烷烃和环烷烃占绝大部分，而芳香烃含量一般不超过20%。烷烃主要是正构烷烃和只带一个甲基的异构烷烃，而带两个或三个甲基链的异构烷烃含量较低。环烷烃只有环戊烷系和环己烷系两类化合物，在环戊烷系中主要是甲基环戊烷和二甲基环戊烷的异构体，在环己烷系中主要是环己烷和甲基环己烷。芳香烃以甲苯和二甲苯尤其是间二甲苯的含量较高，苯、对二甲苯及邻二甲苯的含量很低。

汽油馏分中的单体烃组成与其使用和加工性能都有直接的关系，因而它是重要的基础数据。

四、石油馏分的烃族组成

1.汽油馏分的烃族组成

（1）原油中汽油馏分的烃族组成　原油中汽油馏分的单体烃组成分析方法过于细致且费时，较为快速、简便而实用的族组成分析法更适于生产上的需要。表1-13是国内外几种原油汽油馏分的烃类族组成。

表1-13　原油中汽油馏分的烃族组成

原油名称	沸程/℃	烷烃	环烷烃	芳香烃
大庆原油	IBP～180	57.0	40.0	3.0
胜利原油	60～180	48.4	42.1	9.5
孤岛原油	IBP～180	29.4	63.0	7.6
中原原油	IBP～180	57.2	27.3	15.5
辽河原油	IBP～180	44.0	42.4	13.6
伊朗轻质原油	40～200	57.9	25.8	16.3
美国得克萨斯原油	80～180	47	33	20
美国宾夕法尼亚州原油	60～180	70	22	8

从表1-13中可以看出，在原油汽油馏分中，烷烃和环烷烃占绝大部分，烷烃含量范围在30%～70%，环烷烃含量范围在20%～60%，而芳香烃含量一般不超过20%。一般石蜡基原油的汽油馏分中烷烃含量较高，环烷基原油中的环烷烃含量较高，而中间基原油中的烷烃与环烷烃的含量差不多。

（2）石油加工过程汽油产品族组成　原油蒸馏、催化裂化、催化重整、焦化等加工所得的汽油馏分，烃类族组成与直馏汽油馏分的烃类族组成有较大差别，催化裂化汽油馏分含有较多的异构烷烃，正构烷烃含量比直馏汽油馏分少得多；芳烃含量较直馏汽油馏分有显著增加。催化重整汽油馏分中，芳烃含量远比直馏汽油馏分高得多。此外，大多数二次加工的汽油馏分，均含有不同程度的不饱和烃。

表 1-14 列出某些石油炼制过程汽油产品族组成。

表 1-14　典型石油炼制过程汽油产品族组成（体积分数）

组　　成	直馏汽油	催化裂化汽油	延迟焦化汽油
二烯烃/%	0.0	0.5	2.0
烯烃/%	0.0	22.5	43.0
烷烃/%	43.0	26.0	24.0
环烷烃/%	39.0	11.0	23.0
芳烃/%	18.0	40.0	8.0

2.石油中间馏分油和高沸点馏分油的族组成

（1）石油中间馏分及高沸点馏分的烃类类型　石油中间馏分（200～350℃）中的烷烃主要包括从 C_{11}～C_{20}（以正构烷烃计）的正、异构烷烃。环烷烃和芳香烃以单环及双环为主，三环及三环以上的环烷烃和芳香烃的含量明显减少。与汽油馏分的烷烃、环烷烃、芳香烃不同之处在于中间馏分油的烷烃的碳原子数增多；环烷烃和芳香烃的环数增加（不仅有单环而且有双环、三环等）；中间馏分的单环环烷烃和单环芳烃的侧链数目或侧链长度要比汽油馏分的单环环烷烃和单环芳烃的侧链数目或侧链长度增多或增长。

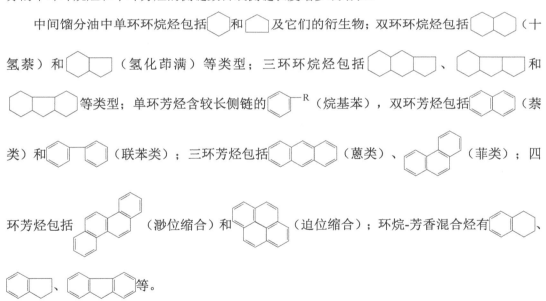

中间馏分油中单环环烷烃包括　和　及它们的衍生物；双环环烷烃包括　（十氢萘）和　（氢化茚满）等类型；三环环烷烃包括　、　和　等类型；单环芳烃含较长侧链的　—R（烷基苯），双环芳烃包括　（萘类）和　（联苯类）；三环芳烃包括　（蒽类）、　（菲类）；四环芳烃包括　（渺位缩合）和　（迫位缩合）；环烷-芳香混合烃有　、　、　等。

石油高沸点（350～500℃）馏分的烃类类型和中间馏分相似，只是其烃分子中碳原子数和环数更多，而且环的侧链数更多或侧链更长。高沸点馏分的烷烃主要包括 C_{20}～C_{36} 的正构烷烃和异构烷烃。环烷烃包括从单环到六环的带有环戊烷环或环己烷环的环烷烃，其结构主要以稠合类型为主。芳香环以单环、双环、三环芳香烃的含量为多，同时还含有一定量的四环以及少量高于四环的芳香烃。此外，在芳香环外还常并合有环数不等的环烷环（多至 5～6个环烷环）。多环芳香烃多数也是稠合型的。

（2）中间馏分油及高沸点馏分油的烃族组成　测定中间馏分油及高沸点馏分的烃族组成可采用液相色谱法或质谱法。液相色谱法可将中间馏分油和减压馏分油分离成饱和烃（烷烃

＋环烷烃）、轻芳烃、中芳烃、重芳烃、非烃组分胶质。为了分析比较细一些，还可以用质谱法测定正构烷烃、异构烷烃、不同环数的环烷烃、不同环数的芳烃、非烃化合物。

表 1-15 是不同原油的减压馏分的烃族组成，表 1-15 中的饱和烃、轻芳烃及中芳烃总含量可作为润滑油的潜含量。虽然经过深度脱蜡（−30℃），但各脱蜡油馏分的饱和烃含量仍超过一半，尤其是大庆原油（石蜡基原油）的高沸点馏分的饱和烃含量更高。

表 1-15　减压馏分脱蜡油（−30℃脱蜡）的烃族组成（质量分数）　　　单位：%

原油名称	沸程/℃	饱和烃	轻芳烃	中芳烃	重芳烃及胶质
大庆原油	350~400	76.8	6.5	8.1	8.6
	400~450	75.6	6.4	9.8	8.3
	450~500	66.2	17.5	7.9	8.6
胜利原油	355~399	58.1	18.1	11.8	12.0
	399~450	59.4	18.1	11.0	11.5
	450~500	55.3	15.6	15.2	14.5
大港原油	350~400	63.1	12.6	8.3	16.0
	400~450	66.0	10.6	7.7	15.7
	450~500	60.5	12.9	8.0	18.6

用液相色谱法得到的数据并不精确，它把烷烃和环烷烃归并为饱和烃，而轻、中、重芳烃中仍包含着一些非烃化合物，所以也并不能完全对应于单、双、多环芳烃。用质谱法可以得到更为细致的烃族组成信息。表 1-16 和表 1-17 是用质谱法测得的大庆 200~500℃馏分的烃族组成和不同原油 400~450℃馏分的烃族组成。

表 1-16　大庆 200~500℃馏分的烃族组成（质量分数）　　　单位：%

沸点范围/℃	200~250	250~300	300~350	350~400	400~450	450~500
烷烃	55.7	62.0	64.5	63.1	52.8	44.7
正构烷烃	32.6	40.2	45.1	41.1	23.7	15.7
异构烷烃	23.1	21.8	19.4	22.0	29.1	29.0
环烷烃	36.6	27.6	25.6	24.8	33.2	39.0
一环环烷烃	25.6	18.2	17.1	11.8	13.6	17.4
二环环烷烃	9.7	6.9	5.7	6.8	8.4	10.6
三环环烷烃	1.3	2.5	2.8	2.6	5.3	7.3
芳香烃	7.7	4	9.9	11.8	13.8	15.9
单环芳烃	5.2	6.6	6.8	6.5	7.8	9.0
双环芳烃	2.5	3.6	2.5	3.2	3.3	3.8
三环芳烃	0	0.2	0.6	1.5	1.4	1.6

由表 1-16 可以看出，随着馏分沸点的升高，烷烃尤其是正构烷烃的含量趋于减少，而芳烃的含量趋于增加。在环烷烃和芳烃中，多环的含量趋于增加。

表 1-17　不同原油 400~450℃馏分的烃族组成（质量分数）　　　单位：%

原油名称	大庆	胜利	华北	中原	羊三木
烷烃	52.8	27.5	38.8	49.1	0.8
正构烷烃	23.7	13.9	31.4	30.2	0

原油名称	大庆	胜利	华北	中原	羊三木
异构烷烃	29.1	13.6	7.4	18.9	0.8
环烷烃	33.2	45.6	43.8	31.5	51.9
一环环烷烃	13.6	7.4	5.6	9.9	1.6
二环环烷烃	8.4	7.5	5.3	5.4	10.9
三环环烷烃	5.3	8.8	6.9	3.6	17.1
四环环烷烃	3.3	19.4	23.5	12.4	18.7
芳香烃	13.8	20.6	15.4	15.8	42.2
单环芳烃	7.8	9.5	6.8	8.3	14.6
双环芳烃	3.3	6.2	4.7	4.3	12.1
噻吩	0.2	0.4	0.3	0.2	1.0
胶质	—	5.9	1.7	3.4	4.1

由表 1-17 可以看出，石蜡基原油如大庆和中原原油烷烃含量高达 50%左右，而芳烃含量仅 15%左右；环烷基原油如羊三木原油几乎不含烷烃，而芳烃含量高达 42.2%；中间基原油如胜利和华北原油烃族组成介于石蜡基原油与环烷基原油之间。

3.重油的烃族组成

重油根据来源可分为原油一次加工产物，如常压重油（>350℃）、减压渣油（>500℃）；二次加工产物，如脱沥青油、催化裂化油浆等。重油为沸点高、分子量最大、非烃化合物含量最高的部分。其组成根据需要可进行四组分、六组分及八组分的族组成方法分析，见图 1-1 重油族组成分析过程。比较常用的方法是四组分法，即将重油分成饱和分、芳香分、胶质、沥青质四个组分，称之为重油的四组分组成。

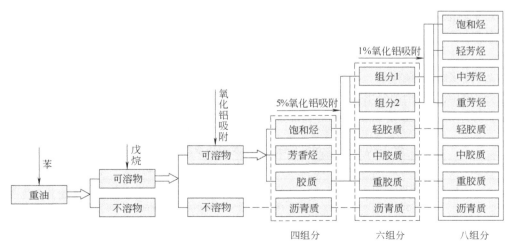

图 1-1　重油族组成分析过程

注：组分 1 包括饱和烃、单环芳烃、双环芳烃；组分 2 为多环芳烃

表 1-18 是常压重油的四组分组成。

表 1-18　我国主要原油常压重油（＞350℃）四组分组成（质量分数）

原油	大庆	任丘石楼	中原	胜利	辽河双喜岭	大港	新疆混合
饱和烃/%	55.50	58.22	39.30	49.00	32.84	52.90	21.84
芳香烃/%	27.20	21.72	31.90	27.20	31.27	25.20	60.16
胶质/%	17.30	39.55	28.80	22.40	35.89	21.90	16.80
沥青质/%	—	—	—	1.40	—	—	1.20

表 1-19 为减压渣油的四组分组成。

表 1-19　减压渣油的四组分组成（质量分数）

原油名称	饱和分/%	芳香分/%	胶质/%	C_7-沥青质/%
大庆原油	40.8	32.2	26.9	<0.1
胜利原油	19.5	32.4	47.9	0.2
孤岛原油	15.7	33.0	48.5	2.8
华北原油	19.5	29.2	51.1	0.2
中原原油	23.6	31.6	44.6	0.2
印度尼西亚米纳斯原油	46.8	28.8	22.6	1.8
科威特原油	15.7	55.6	22.6	6.1
沙特哈夫奇原油	13.3	50.8	22.3	13.6

将芳香分和胶质进一步分成轻、中、重芳烃和轻、中、重胶质，这样可以得到减压渣油的八组分组成。

重油中非烃化合物含量比较高，尤其是减压渣油，有的非烃类化合物含量甚至高达一半以上，不同的重油饱和分含量相差悬殊，芳香分的含量差别较小。我国几种原油的减压渣油胶质含量高达 40% 以上，正庚烷沥青质含量较低，芳香分含量约占 30%，饱和分含量约占 20%。

五、石油馏分的结构族组成

对于石油中较重的馏分和减压渣油，由于其分子量大、分子结构复杂，所含的单体化合物的数量数不胜数，用单体烃组成来表示是不可能实现的，而烃族组成又无法描述其结构特征。

结构族组成就是将某一馏分看成一个"平均分子"，不管其组成和结构的复杂性，将该平均分子的碳氢结构部分用很少几个平均结构参数（C_A%、C_P%、C_N%、R_A、R_N、R_T）来加以定量描述。表 1-20 是 200～500℃ 各馏分以及减压渣油的结构族组成。

表 1-20　200～500℃各馏分以及减压渣油的结构族组成

原油名称	沸点范围/℃	C_P%	C_N%	C_A%	R_N	R_A	R_T
大庆原油	200～250	68.5	25.5	6.0	0.43	0.15	0.58
	250～300	74.0	18.0	8.0	0.60	0.22	0.82
	300～350	74.5	16.5	9.0	0.58	0.28	0.86
	350～400	66.0	12.2	21.8	1.00	0.50	1.50
	400～450	64.0	11.0	25.0	1.70	0.50	2.20
	450～500	60.0	12.5	27.5	2.30	0.70	3.00

原油名称	沸点范围/℃	C_P%	C_N%	C_A%	R_N	R_A	R_T
大港原油	200~250	38.6	44.2	17.2	1.0	0.3	1.3
	250~300	50.0	32.1	17.9	1.1	0.4	1.5
	300~350	56.0	28.0	16.0	1.1	0.5	1.6
	350~400	68.0	14.0	18.0	0.60	0.65	1.25
	400~450	64.5	19.5	16.0	1.15	0.75	1.90
	450~500	62.0	18.5	19.5	1.30	1.00	2.30
胜利原油	200~250	55.4	33.6	11.0	0.77	0.24	1.01
	250~300	62.1	25.4	12.5	0.62	0.31	0.93
	300~350	64.7	24.6	10.7	0.71	0.31	1.02
	350~425	65.5	23.0	11.5	1.2	0.5	1.7
	425~454	70.5	12.0	17.5	0.9	0.8	1.7
	454~500	56.0	30.0	14.0	2.3	0.7	3.0

由表 1-20 可以看出,随着馏分沸点的升高,各馏分的总环数(R_T)及芳香环数(R_A)逐渐增加。从各类碳的分布来看,烷基碳(C_P)部分在平均结构中一般超过 60%。在大庆原油 250~350℃馏分中烷基碳部分高达 74%,说明在 200~500℃馏分的平均结构中烷基碳占主体。

第三节　石油中的非烃类化合物

石油的主要元素组成是碳和氢,而硫、氮、氧等杂元素总量一般占 1%~5%。但在石油中硫、氮、氧主要不是以元素形态存在,而是以化合物形态存在,而且石油中的非烃类化合物含量却相当高,它们在各馏分中的分布是不均匀的,大部分集中在重质馏分中,特别是在减压渣油中其含量更高。

非烃化合物的存在对于石油加工过程、石油产品使用性能和油品储存具有很大影响。例如,石油加工中大部分精制过程以及催化剂的中毒问题,石油化工厂的环境污染问题,石油产品的储存、使用等许多问题都与非烃化合物密切相关。

为了更好解决石油加工和产品应用中的一些问题,同时也为了合理利用非烃化合物这部分石油资源,就必须对石油中非烃化合物的化学组成、存在形态及分布规律等有所认识。石油中的非烃化合物主要包括含硫、含氮、含氧化合物以及胶状沥青状物质。

一、石油中的含硫化合物

几乎所有的原油中都含硫,但不同的原油硫含量相差较大,从万分之几到百分之几。我国原油大多数属于低硫原油,如我国克拉玛依原油含硫量只有 0.04%~0.09%,美国犹他州罗塞角原油含硫量为 14.0%,石油储量极为丰富的中东地区原油的含硫量均比较高。

(一)含硫化合物在石油馏分中的分布

石油中的硫并不是均匀分布在各馏分中。随着沸点的升高,硫含量随之增加,因而汽油馏分中的硫含量较低,减压渣油中的硫含量最高,约 70%硫集中在减压渣油中。表 1-21 为原油各馏分中硫的分布。

表 1-21 原油各馏分中硫的分布

馏分(沸程)/℃	硫含量/(μg/g)					
	大庆	胜利	孤岛	江汉	伊朗轻质	阿曼
原油	1000	8000	20900	18300	14800	9500
<200	108	200	1600	600	800	300
200~250	142	1900	5200	4400	4300	1400
250~300	208	3900	8800	5900	9300	2900
300~350	457	4600	12300	6300	14400	6200
350~400	537	4600	14200	10400	17000	7400
400~450	627	6300	11020	15400	17000	9200
450~500	802	5700	13300	16000	20000	11600
>500	1700	13500	29300	23500	34000	21700
(渣油中硫/原油中硫)(质量分数)	74.7	73.3	75.0	72.2	55.9	66.1

由于部分含硫化合物对热不稳定,在蒸馏过程中可能会发生分解,因此测得的各馏分中的硫含量并不能完全表示原油中硫的原始分布状况,中间馏分中的硫含量可能偏高,而重馏分中的硫含量可能偏低。

(二)含硫化合物的危害

石油中的硫化物对油品储存、石油加工和油品使用性能危害很大。硫化物能加速油品氧化,生成胶状物质,使油品变质,严重影响油品的储存安定性;硫化物会引起储油设备、加工装置等的严重腐蚀;石油产品中的含硫化合物燃烧时生成 SO_2 和 SO_3 遇水成为具有强烈腐蚀性的 H_2SO_3 和 H_2SO_4;石油加工中生成的含 H_2S 和低分子硫醇的恶臭气体以及含硫燃料燃烧产生 SO_2 和 SO_3 废气,严重污染大气;硫会使石油加工过程中的催化剂中毒。因此硫含量是衡量石油及石油产品质量的一个重要指标。

(三)石油中含硫化合物的存在形式

原油中硫的存在形式主要有无机硫化物和有机硫化物,无机硫化物有硫(S)和硫化氢(H_2S),有机硫化物有硫醇(RSH)、硫醚(RSR′)、二硫化物(RSSR′)、噻吩及其衍生物等。这些含硫化合物按性质划分为活性硫化物和非活性硫化物。活性硫化物主要包括元素硫、硫化氢以及具有弱酸性的硫醇等,它们的共同特点是对金属设备具有较强的腐蚀作用;非活性硫化物主要包括硫醚、二硫化物和噻吩硫等,对金属设备无腐蚀作用,一些非活性硫化物经受热分解后变成活性硫化物。表 1-22 为原油中含硫化合物类型及分布。

表 1-22 原油中含硫化合物类型及分布

原油产地	含硫量(质量分数)/%	硫类型分布(质量分数)/%			
		硫醇硫	硫醚硫	二硫化物硫	噻吩硫
威逊	1.85	15.3	24.6	7.4	52.6
盖杰里堡	3.75	0	19.5	0.2	80.3
吉普-里维拉	0.58	45.9	3.0	22.5	28.6

原油产地	含硫量（质量分数）/%	硫类型分布（质量分数）/%			
		硫醇硫	硫醚硫	二硫化物硫	噻吩硫
阿尔兰	3.05	0.23	23.6	0	76.2
萨莫脱洛尔	1.02	0	30.0	0	70.0
澳伦波格	2.33	8.3	7.2	0	84.5
阿卡加里	1.36	8.5	22.4	3.4	65.7
克利考克	1.93	7.9	45.6	5.5	41.0

原油中的含硫化合物一般以硫醚类和噻吩类为主。原油中的硫和硫化氢含量极低，由于有些含硫化合物在较低的温度下即可分解而生成硫化氢，而硫化氢又被氧化生成了硫，因此原油中的硫化氢和硫不一定都是原有的。

1.硫醇

（1）硫醇的分布　原油中的硫醇一般集中在较轻的馏分中，在轻馏分中硫醇硫占其总硫含量的40%～50%，有时甚至高达70%～75%。随着馏分沸点的升高，硫醇的含量急剧下降，在350℃以上的高沸点馏分中基本不含硫醇。

目前已鉴定出碳数为1～8的单体硫醇化合物有50个，其中40多个是烷基硫醇，6个是环烷基硫醇，还有硫酚。烷基硫醇的—SH大多连在仲碳和叔碳上，而连在伯碳上的较少。即：

（2）硫醇的特性　硫醇尤其是低碳硫醇具有强烈的恶臭，且还有腐蚀性，因此必须将其除去或转化成非活性的硫化物；硫醇还可以作为橡胶聚合速度的调节剂以及生成抗氧化剂的原料；硫醇对热不稳定，受热时易分解，如：

$$2C_3H_7SH \xrightarrow{300℃} C_3H_7-S-C_3H_7 + H_2S$$

$$C_3H_7SH \xrightarrow{400℃} C_3H_6 + H_2S$$

硫醇与NaOH反应生成硫醇钠：

$$C_3H_7SH + NaOH \longrightarrow C_3H_7SNa + H_2O$$

硫醇还可以在碱性条件和催化剂的存在下氧化生成二硫化物，从而脱除臭味。

$$2RSH + 1/2O_2 \xrightarrow{NaOH} RSSR + H_2O$$

2.硫醚及二硫化物

（1）硫醚（RSR′）的类型及分布　硫醚硫是石油中含量较高的硫化物，它在石油的轻馏分和中间馏分中的含量往往可达该馏分含硫量的50%～70%（见表1-23）。

石油中的硫醚类化合物可分为开链状和环状两大类。开链的硫醚有烷基硫醚、环烷基硫醚和芳香基硫醚。环硫醚是硫原子在环结构上的硫醚，有五元环和六元环的环硫醚。芳香基硫醚和环硫醚的热稳定性相当高，在400～450℃或更高的温度下才开始分解。但当有硅酸铝催化剂存在下，硫醚加热到300～450℃时就开始分解而生成硫化氢等产物。

表 1-23 原油各馏分中硫化物类型分布

原油	馏分沸程/℃	硫含量（质量分数）/%	馏分中硫化物类型分布（质量分数）/%					
			元素硫	硫化氢硫	硫醇硫	硫醚硫	二硫化物硫	其余硫
伊朗（Qarius）S=2.43%	<38	0.0100	—	—	84.00	—		16.00
	38～110	0.0410	0.98	9.76	46.34	39.02	—	3.90
	110～150	0.1137	3.52	7.04	50.15	29.46	7.04	2.81
	150～200	0.1780	2.13	3.37	18.87	64.43	5.00	6.18
	200～250	0.3650	—	—	1.26	65.75	0.63	32.36
	250～300	1.1800	—	0.06	0.40	30.76	0.34	68.44
	300～350	1.7600	—	0.04	0.06	26.55	0.07	73.27
沙特阿拉伯中质原油 S=2.48%	20～100	0.05	0.00	2.14	49.0	35.45	9.00	4.45
	100～150	0.07	0.00	1.80	43.60	33.99	4.29	16.32
	150～200	0.11	0.00	0.36	16.36	54.55	2.27	26.45
	200～250	0.41	0.00	0.00	0.73	48.25	0.12	50.90
	250～300	1.06	0.00	0.00	0.26	25.28	0.00	74.44
	300～350	1.46	0.00	0.00	0.18	21.23	0.00	78.59

石油中的二硫化物（RSSR'）含量显著低于硫醚的含量，其含量一般不超过 10%（质量分数），它主要集中在较轻的馏分中，其性质与硫醚相似。

在汽油馏分中的硫主要是二烷基硫醚，其含量随着沸点的升高而降低，在 300℃ 以上的馏分中已不存在二烷基硫醚，三个碳以上的烷基硫醚大多是异构的。在柴油馏分及减压馏分中硫醚类化合物主要是环硫醚，其中单环和双环环硫醚占很大部分，环数最多可达 8 个，其硫杂环中五元环占 60%～70%，六元环占 30%～40%。随着馏分沸点的升高，环硫醚的环数逐渐增加，但侧链长度变化不大。

（2）硫醚的特性　硫醚属于中性液态物质，不能用碱除去。低分子硫醚无色但有臭味，沸点比相应的醚类高。硫醚不溶于水，也不与金属发生反应，但它分子中的硫原子有形成高价的倾向。

硫醚对热较稳定，加热到 400℃ 也会发生分解反应：

$$C_3H_7—S—C_4H_9 \xrightarrow{400℃} C_3H_6 + C_4H_8 + H_2S$$

在室温下，硫醚与硝酸或过氧化物作用生成亚砜；在较高温度下，双氧水-冰醋酸溶液能使硫醚直接氧化成砜。亚砜可以作为金属萃取剂和芳烃抽提溶剂。

二硫化物与硫醚相比热稳定性较差，受热后分解成硫醚和元素硫，也可分解成硫醇、烯烃和元素硫：

$$
\begin{array}{l}
R—CH_2CH_2—S \\
\quad\quad\quad\quad\ | \quad \xrightarrow{加热} \\
R—CH_2CH_2—S
\end{array}
\quad
\begin{array}{l}
R—CH_2CH_2 \\
\quad\quad\quad\quad \diagdown \\
\quad\quad\quad\quad\quad S + S \\
\quad\quad\quad\quad \diagup \\
R—CH_2CH_2
\end{array}
$$

$$
\begin{array}{l}
R—CH_2CH_2—S \\
\quad\quad\quad\quad\ | \quad \xrightarrow{加热} R—CH_2CH_2SH + R—CH=CH_2 + S \\
R—CH_2CH_2—S
\end{array}
$$

3.噻吩类硫化物

（1）噻吩类化合物的类型及分布　原油中噻吩类化合物占其含硫化合物的50%以上，主要存在于沸点较高的馏分中（见表1-24和表1-25）。

表1-24　俄罗斯高含硫原油轻馏分中噻吩硫含量（质量分数）

原油名称	200～250℃			250～300℃		
	总硫/%	噻吩硫/%	（噻吩硫：硫）/%	总硫/%	噻吩硫/%	（噻吩硫：总硫）/%
巴什基尔原油	1.12	0.22	19.6	2.58	1.43	55.4
鞑靼原油	1.98	1.00	50.5	2.94	1.87	63.6
古比雪夫原油	1.25	0.50	40.0	2.55	1.50	58.8
别尔明原油	1.56	0.60	38.5	2.59	1.19	45.9
奥伦堡原油	1.08	0.63	58.3	2.40	1.76	73.3

表1-25　美国威逊原油馏分中噻吩类化合物的分布

馏分沸程/℃	含硫量（质量分数）/%	硫分布（质量分数）/%		
		硫醇及二硫化物	硫醚	噻吩
50～119	0.11	53	46	1
119～226	0.44	13	80	7
226～263	0.90	3	54	43
263～319	1.51	2	39	59
380～436	2.15	1	35	64
>436	3.36	—	37	63

现已鉴定出的单烷基取代噻吩有2-或3-甲基噻吩、2-或3-乙基噻吩、2-正丙基噻吩和2-异丙基噻吩；双烷基取代噻吩：2,3-、2,4-、2,5-、3,4-二甲基噻吩。此外，还有甲基及乙基三取代和四取代的噻吩。与环烷基并合的噻吩含量很少，而且一般也只含有一个环烷环。但与芳香环并合的噻吩很多，有苯并噻吩、二苯并噻吩以及少量萘并噻吩系化合物，其主要集中于石油重质馏分中。在重质馏分和渣油中还有四环和五环（含噻吩环）的芳香环并合噻吩。

（2）噻吩类化合物的特性　噻吩类化合物属于芳香杂环化合物，噻吩的物理性质与苯系芳香烃很接近，例如易溶于浓硫酸中，容易被磺化等。噻吩没有难闻的气味，对热稳定性很高，即使加热到450℃也不会分解，所以石油中的噻吩硫比硫醇硫和硫醚硫更难脱除。

二、石油中的含氮化合物

从硫、氮绝对含量来看，石油中的氮含量比硫含量低，通常为0.05%～0.5%（质量分数），很少超过0.7%。原油中氮含量最高的是阿尔及利亚的西齐-白拉奇原油，含氮量高达2.17%。我国大多数原油的氮含量一般为0.1%～0.5%，属于含氮量偏高的原油。河南油区的特稠原油氮含量为1.40%，是我国含氮量最高的原油。

石油中的含氮化合物是由生成石油的原始物质在地下条件下演变而成的，而不是在石油的运移和聚集过程中从外界进入石油的。其含量一般随着原油埋藏深度的增大和成熟度的增高而降低。

1.含氮化合物的危害

石油中的含氮化合物对石油加工和产品的使用都有不利影响，它们往往使催化剂中毒失活；还会导致石油产品的安定性变差，易生成胶状沉淀；在发动机燃料中的含氮化合物在燃烧时生成氮氧化合物危害人体健康，污染环境，故必须予以脱除。

2.含氮化合物的类型及分布

煤油以前的馏分中，只有微量的含氮化合物。表1-26是某些原油各馏分中氮的分布。

表1-26　某些原油各馏分中氮的分布

原油及馏分（沸程）/℃	氮含量/（μg/g）							
	大庆	胜利	孤岛	辽河	中原	布伦特	伊朗轻质	阿曼
原油	1600	4100	4300	3100	1700	1100	1200	1600
<200	0.8	3.0	2.4	—	1.6	0.6	2.7	1.7
200～250	6.4	12.4	17.6	18.0	11.0	0.8	9.5	2.6
250～300	12.4	77.4	44.3	86.0	41.0	19.4	87.5	8.4
300～350	67.0	111	199	379	102	205	558	94.4
350～400	176	776	927	881	280	416	1072	132
400～450	414	1000	1060	1424	440	904	1518	906
450～500	705	1600	1710	2176	660	2485	1948	1300
>500	2900	8500	8800	8300	5300	5019	3700	5200
（渣油氮：原油氮）/%	90.9	92.2	92.5	87.8	93.5	89.3	70.4	88.9

含氮量随着馏分沸程的升高而增加，其分布要比硫更加不均匀，约90%的含氮化合物存在于减压渣油中。

石油中的含氮化合物根据酸碱性分为碱性含氮化合物［在50：50（体积比）冰醋酸和苯的溶液中可以被高氯酸滴定的，其$pK_a > 2$，如胺类和吡啶类］和非碱性含氮化合物［在50：50（体积比）冰醋酸和苯的溶液中不能被高氯酸滴定的，$pK_a < -2$，如酰胺类和吡咯类］两类。

根据高氯酸滴定曲线，原油中的含氮化合物分为强碱性氮化物（$pK_a > 2$），如胺类和吡啶类；弱碱性氮化物（$-2 < pK_a < 2$），如酰胺类和吡咯类；非碱性氮化物（$pK_a < -2$），如咔唑类。但这种区分并不严格，而且碱性的强弱仅具有相对意义，在一定条件下，碱性与非碱性含氮化合物之间能够相互转化。威明顿原油各馏分中类型氮的分布见表1-27。

表1-27　威明顿原油各馏分中类型氮的分布

馏程/℃	含氮量（质量分数）/%	类型氮分布/%		
		强碱氮	弱碱氮	非碱氮
原油	0.64	31	14	55
300～350	0.04	100	0	0
350～400	0.15	53	20	27
400～500	0.49	33	16	51
>500	1.03	34	10	56

在同一种原油中强碱性含氮化合物和弱碱性含氮化合物的分布随着沸点的升高而减少，非碱性含氮化合物分布则随着沸点的升高而增加。

（1）碱性含氮化合物　目前从石油中分离出来的 50 多种碱性氮化物大部分是吡啶和喹啉的衍生物，如：、、、、 等，而苯胺的衍生物极少。在较轻的馏分中主要是烷基吡啶和环烷基吡啶等吡啶的衍生物，随着馏分沸点的增加，吡啶衍生物的含量下降，喹啉衍生物的含量增加，因而在较重的馏分中主要是喹啉的衍生物。

（2）弱碱性和非碱性含氮化合物　石油及其馏分中的弱碱性和非碱性含氮化合物主要有吡咯系、吲哚系、咔唑系和酰胺系，如吡咯（）、吲哚（）、咔唑（）、苯并咔唑（）等。石油中的酰胺类化合物主要是环状酰胺（如 ），石油重馏分油中还发现在每个分子中含有两个氮原子的化合物（如 、）。

随着馏分沸程的升高，非碱性含氮化合物增加，非碱性含氮化合物更集中在石油较重的馏分以及渣油中。

（3）卟啉化合物　除以上碱性和非碱性含氮化合物之外，在石油中还发现了一类由四个吡咯环组成的具有卟吩结构的卟啉类化合物，对石油加工有重要影响，也是一类重要的生物标志物，在研究石油的成因中具有十分重要的意义。卟啉类化合物在石油中是以钒（VO^{2+}）或镍（Ni^{2+}）螯合物的形式存在，主要有两种类型：

脱氧叶红初卟啉(简称DPEP)　　　　　初卟啉Ⅲ(简称ETIO)

它们都来自石油原生物质中的叶绿素。

石油中金属卟啉化合物主要是钒和镍卟啉化合物这两种类型。它们大部分存在于石油重馏分中，尤其是存在于减压渣油中（>500℃）。一般说来，在含硫的石油中钒卟啉化合物含量较高，而在少硫、高氮的石油中则镍卟啉化合物含量较高。我国原油多为少硫、高氮石油，因而我国原油的卟啉化合物多以镍卟啉化合物为主，钒卟啉化合物的含量较少。

3.含氮化合物的特性

（1）碱性氮化合物　具有吡啶环的含氮化合物，pK_a 值为 5～7，能与无机强酸和有机强酸形成结晶状盐类；吡啶环与苯环一样具有芳香性，对热和氧化都比较稳定，不易破裂。

（2）弱碱性和非碱性含氮化合物　吡咯类和吲哚类氮化物都不稳定，易于氧化和聚合生成棕褐色的胶状物质，因此石油产品中如果含有较多的吡咯类含氮化合物，其颜色很容易变深和产生沉淀。

三、石油中的含氧化合物

石油中的含氧量一般在千分之几范围内，只有个别石油含氧量可达 2%～3%。但是，若石油在加工前或加工后长期暴露在空气中，那么其含氧量就会大大增加。

石油中的氧元素都是以有机含氧化合物的形式存在，分为酸性和中性两大类，酸性含氧化合物包括羧酸类和酚类，而羧酸又包括环烷酸、脂肪酸和芳香酸。环烷酸、芳香酸、脂肪酸和酚类等总称为石油酸。酯类、醚类和呋喃类为中性含氧化合物，在石油中的含量很少。因此在石油中主要以酸性含氧化合物为主。

1.石油中含氧化合物的危害

石油中的环烷酸可与很多金属作用而腐蚀设备，低分子环烷酸因酸性较强而对设备的腐蚀性更强，特别是酸值较大、有水存在和较高的温度下对设备的腐蚀更严重；环烷酸与金属作用生成的环烷酸盐留在油品中还促进油品氧化，影响油品的使用性能；石油中的酚能溶于水，炼油厂污水中常含有酚，导致环境污染；石油中的中性含氧化合物可氧化生成胶质，影响油品的使用性能。

2.石油中酸性氧化物的分布

石油中酸性氧化物的含量是利用非水滴定法测得的酸度或酸值来间接表示，酸度是指中和 100mL 油样中的酸性化合物所需的氢氧化钾质量（mgKOH/100mL），一般适用于轻质油品；酸值是指中和 1g 油样中的酸性化合物所需的氢氧化钾质量（mgKOH/g），适用于重质油品。表 1-28 是国内外一些原油的酸值。原油中酸性氧化物的分布特点是不同原油的酸值差别较大，环烷基原油的酸值较高，而石蜡基原油的酸值较低。我国辽河、胜利以及新疆克拉玛依原油的酸值比较高（表 1-28）。

表 1-28　国内外一些原油的酸值

原油产地	酸值/（mgKOH/g）	原油类别	原油产地	酸值/（mgKOH/g）	原油类别
大庆混合原油	0.04	低硫石蜡基	克拉玛依 0 号	0.08	低硫中间基
胜利混合原油	0.93	含硫中间基	克拉玛依 1 号	1.02	低硫中间基
胜利孤岛原油	1.55	含硫环烷-中间基	克拉玛依 2 号	0.74	低硫中间基
胜利单家寺原油	7.40	含硫环烷基	克拉玛依 3 号	1.3～1.8	低硫中间基
辽河双喜岭	2.52	低硫环烷基	克拉玛依九区	4.87	低硫环烷-中间基
辽河高升	0.81	低硫环烷-中间基	印度尼西亚，米纳斯	0.06	低硫石蜡基
辽河曙光	1.60	低硫中间基	阿曼	0.32	含硫石蜡基
辽河兴隆台	0.24	低硫中间-石蜡基	伊朗轻质	0.11	含硫中间基
辽河大明屯	0.03	低硫石蜡基	美国，威明顿	2.16	环烷基

原油中的酸值分布一般并不是随沸点的升高而增加的。石蜡基原油在 300～400℃中间馏分的酸值最大，而轻馏分和重馏分的酸值较低。中间基及环烷基原油在 300～400℃馏分和500℃馏分左右处出现两个酸值的极大值（见表 1-29）。

表 1-29　原油各馏分的酸值分布

大庆原油		江汉原油		胜利原油	
馏程/℃	酸值/（mgKOH/g）	馏程/℃	酸值/（mgKOH/g）	馏程/℃	酸值/（mgKOH/g）
IBP~112	0.01	IBP~90	0.01	IBP~114	0.03
195~225	0.04	184~214	0.13	189~222	0.06
257~289	0.05	260~289	0.22	248~278	0.17
313~335	0.09	310~320	0.16	293~306	0.17
355~374	0.08	336~357	0.43	325~342	0.36
394~415	0.22	372~386	0.32	400~417	0.21
435~456	0.06	406~458	0.11	432~446	0.28
475~500	0.03	493~507	0.11	474~496	0.39
低硫石蜡基		含硫石蜡基		含硫中间基	

3.石油中含氧化合物的组成

（1）石油酸　石油酸主要是环烷酸，脂肪酸等含量很少。环烷酸约占石油酸性含氧化合物的 90%。环烷酸的含量因石油产地和原油类型不同而异。石蜡基石油的环烷酸含量较少，中间基和环烷基石油的环烷酸含量较多。环烷酸一般在中间馏分（沸程为 250~400℃）中含量最高。例如，我国克拉玛依原油在沸程为 250~400℃时其环烷酸含量最高，而纯环烷酸的酸值则随馏分沸程升高（或分子量增大）而降低。

（2）石油酚　在石油的酸性含氧化合物中，除了环烷酸和脂肪酸外，还有酚类，酚类大多存在于石油的热转化和催化裂化的油品中，在低沸点馏分中的酚大多是重质油中热稳定性较差的高分子酚类热分解的产物，主要是甲酚、二甲酚、三甲酚和萘酚等。石油中酚类的含量一般随沸点的升高而降低。

（3）中性含氧化合物　石油中的中性含氧化合物包括醇、酯、醛、酮及苯并呋喃等，由于其含量极少，因此至今研究得较少。

石油中的酯类主要存在于 350℃以上馏分和渣油中。此外，石油中也发现有醚类，常为环状醚。在石油中还发现有苯并呋喃、二苯并呋喃及环烷并呋喃等中性含氧杂环化合物。

4.含氧化合物的特性

（1）石油酸　石油馏分中的酸性氧化物可借助于碱洗得以分离，所得的石油酸是一种重要的化工原料，它是石油中唯一得到广泛应用的非烃类石油产品。已经在工业上应用的主要是从煤油、轻柴油馏分中分离出的石油酸。

石油酸实际上是环烷酸、芳香酸、酚类的混合物。随着分子量的增加，其黏度增加，颜色加深，酸值降低。其相对密度为 0.93~1.02，有强烈的臭味，不溶于水而易溶于油品、苯、醇及乙醚等有机溶剂中。

目前应用最为广泛的是石油酸盐，如石油酸钠盐易溶于水，可作为水包油型表面活性剂、乳化润滑油或沥青的乳化剂、油包水型原油破乳剂和植物生长促进剂；石油酸钙盐和镁盐作为润滑脂的稠化剂和内燃机油添加剂；石油酸铜盐和锌盐作为木材与织物的防腐杀菌剂；石油酸钴和锰盐作为烃类氧化催化剂、油漆涂料催干剂；石油酸本身还可作为许多稀土金属的萃取剂。

（2）石油酚　酚类的结构特征是分子中有一个或几个羟基官能团与芳环相连，它具有酸性，能与碱作用生成盐，并溶解在碱性溶液中。而且酚类结构的羟基由于直接连在苯环上，因此对苯环的化学性质有强烈的影响，使酚能发生缩合反应、氧化反应，甚至空气中的氧也能使酚氧化变黑。

酚的铁盐是一种强染色剂，如酚与三氯化铁反应能发出强烈的紫色。酚与三氯化铁的显色反应也可以用来检验酚类的存在。

（3）石油中的中性含氧化合物　石油中的醇类是比较稳定的化合物，只是在一定条件下才能发生氧化作用。石油中的羰基化合物（醛和酮）的反应能力较强，易氧化生成酸。

四、石油中的胶状沥青状物质

胶状沥青状物质是石油中最重的部分，基本上是由大分子的非烃化合物组成，是石油中结构最复杂、分子量最大的物质，在其组成中，除含碳、氢外，还含有硫、氮、氧等元素。胶状沥青状物质大量存在于减压渣油中。原油中的大部分硫、氮、氧以及绝大多数金属均集中在胶状沥青状物质中。一般把石油中不溶于低分子 $C_5 \sim C_7$ 正构烷烃，但能溶于热苯的物质称为沥青质。既能溶于苯，又能溶于 $C_5 \sim C_7$ 正构烷烃的物质称为可溶质，渣油中的可溶质实质上包含了饱和分、芳香分和胶质。轻质石油的胶状沥青状物质含量在 5%～10% 左右，重质石油的胶状沥青状物质含量可达 30%～40%。我国减压渣油中庚烷沥青质含量较低，大多数小于 3%；而胶质的含量较高，一般为 40%～50%。

1.胶质和沥青质的元素组成和平均分子量

胶质的 H/C（原子比）较低，为 1.4～1.5，庚烷沥青质要更低一些，为 1.1～1.3。杂原子 S、N 含量显著较高，沥青质中的杂原子含量更高一些。胶质的平均分子量较低，为 1000～3000，而沥青质的平均分子量较高，为 3000～10000（见表 1-30）。

表 1-30　胶质、沥青质的元素组成和平均分子量

项目		C	H	S	N	H/C	M
胶质	大庆	86.7	10.6	0.31	0.99	1.47	1780
	胜利	84.3	10.2	1.61	1.44	1.45	1730
	孤岛	85.8	10.0	3.31	1.49	1.40	1380
	华北	86.3	10.4	—	1.42	1.44	2260
	中原	85.4	10.0	—	1.07	1.39	2780
庚烷沥青质	胜利	84.0	9.0	2.27	1.73	1.28	3410
	孤岛	81.0	7.8	7.37	1.36	1.16	5620
	单家寺	85.1	9.0	1.53	1.86	1.27	9730
	双喜岭	87.4	8.2	—	1.90	1.11	6660

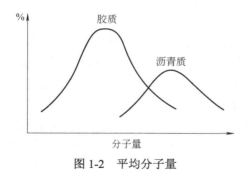

图 1-2　平均分子量

胶质的分子量范围很宽，与沥青质分子量分布之间还有部分重叠；胶质与沥青质在组成结构上是连续的，二者之间没有明显的界线（如图 1-2）。

2.胶质、沥青质的结构特征

胶质和沥青质是由数目众多、结构各异的非烃化合物所组成的复杂混合物。对于它们的认识不可能从单体化合物的角度来开展，目前只能从

平均分子结构的角度来加以研究。

（1）基本结构　胶质、沥青质是多个芳香环组成的稠合芳香环系为中心，芳香环系周围连有若干个环烷环，环上连有若干个长度不一的正构或异构的烷基侧链，且分子中含有 S、N、O 等杂原子基团和分子中络合 Ni、V、Fe 等金属。胶质、沥青质分子由若干个上述的以稠合芳香环系为核心的单元结构所组成，各单元结构一般以长度不等的烷基桥或硫醚桥等相连接。胶状沥青状物质的基本分子结构模式示意如图 1-3 所示。

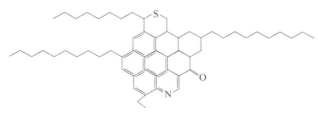

图 1-3　胶状沥青状物质的基本分子结构模式示意

（2）平均分子结构　胶质与沥青质的平均分子结构用单元结构数（n）、单元结构重（USW）和结构参数表示。一个胶质或沥青质平均分子是由若干个单元结构所组成，单元结构的个数即为单元结构数，胶质的 n 约为 2，沥青质的 n 约为 5；单元结构重就是单元结构的平均分子量。胶质与沥青质的单元结构重一般约为 1000；用 f_A、f_N、f_P、R_A、R_N、R_T 来表征平均分子中碳氢结构部分的结构特征。表 1-31 是胶质和沥青质的平均结构参数。

表 1-31　胶质和沥青质的平均结构参数

项目		芳碳率（f_A）	环烷碳率（f_N）	烷基碳率（f_P）	芳香环数（R_A）[①]	环烷环数（R_N）[①]	总环数（R_T）[①]	平均分子中单元结构数（n）
胶质	大庆	0.31	0.15	0.54	5.1	3.0	8.1	2.1
	胜利	0.32	0.15	0.53	4.9	3.0	7.9	2.1
	孤岛	0.36	0.17	0.47	4.8	3.0	7.8	1.9
	华北	0.32	0.13	0.55	6.5	3.1	9.6	1.9
	中原	0.35	0.13	0.52	6.3	2.8	9.1	3.0
	双喜岭	0.37	0.14	0.49	7.4	3.2	10.6	1.1
庚烷沥青质	胜利	0.41	0.17	0.42	7.1	3.4	10.5	3.9
	孤岛	0.47	0.18	0.35	9.5	4.0	13.5	5.8
	单家寺	0.42	0.16	0.42	7.9	3.4	11.3	10.5
	双喜岭	0.50	0.12	0.38	14.0	4.5	18.5	5.3

① 系每个单元结构中的环数。

由表 1-31 数据中可以看出，庚烷沥青质的芳碳率 f_A 大于胶质的，其环烷碳率 f_P 则小于胶质的。这说明沥青质与胶质相比，不仅其平均分子量高，而且芳香化程度也高。就每个结构单元的环数而言，沥青质也显著大于胶质的。

3.胶质与沥青质的性质

（1）胶质　胶质通常为褐色至暗褐色的黏稠且流动性很差的液体或无定形固体，受热时熔融。胶质的相对密度在 1.0 左右。胶质是石油中分子量及极性仅次于沥青质的大分子非烃化合物。

胶质具有很强的着色能力，在无色汽油中只要加入极少量胶质，汽油将被染成草黄色。从不同沸点馏分中分离出来的胶质，其分子量随着馏分沸程的升高而逐渐增大，颜色也逐渐变深，从浅黄、深黄到深褐色。

从化学性质上看，胶质是一个不稳定的物质，在常温下，它易被空气氧化而缩合为沥青质。胶质对热很不稳定，即使在没有空气的情况下，若温度升高到 260～300℃，胶质也能缩合成沥青质。当温度升高到 350℃ 以上，胶质即发生明显的分解产生气体、液体产物、沥青质以及焦。胶质很容易磺化而溶解在硫酸中，因此可用硫酸来脱除油料中的胶质。胶质还能与金属氯化物（例如四氯化钛）等生成配合物。

胶质是道路沥青、建筑沥青、防腐沥青等沥青产品的重要组分之一，它的存在提高了石油沥青的延伸度。但在油品中含有胶质，会使油品在使用时生成炭渣，造成机器零件磨损和系统堵塞，所以在石油加工过程中，常用精制方法将石油馏分中的胶质脱除。

（2）沥青质　从复杂的多组分系统（石油或渣油等）中分离沥青质主要依据是沥青质对不同溶剂具有不同的溶解度。因此，溶剂的性质以及分离条件直接影响沥青质的组成和性质。所以在涉及沥青质时，必须指明它是用什么溶剂分离而得到的，通常人们采用正庚烷沥青质和正戊烷沥青质。

从石油或渣抽中用 C_5～C_7 正构烷烃沉淀分离的沥青质是固体的无定形物质，颜色为深褐色至黑色，相对密度稍高于胶质，略大于 1.0，加热时不熔化，但当温度升高到 300～350℃以上时，它会分解成气态、液态产物以及缩合生焦。沥青质一般不挥发，石油中的全部沥青质都集中在减压渣油中。

沥青质是石油中分子量最大，结构最为复杂，含杂原子最多的物质。由于测定分子量的方法以及所用溶剂和测定条件的不同，因而所得的沥青质分子量的值相差很大。

五、石油中的微量元素

石油中所含的微量元素与石油中碳、氢、氧、氮、硫这五种元素相比，其含量要少得多，一般都处在百万分级至十亿分级范围，其中有些元素对石油的加工过程，特别是对所用催化剂的活性有很大影响。到目前为止，已从石油中检测到 59 种微量元素，其中金属元素 45 种。石油中的微量元素按其化学属性可分为如下三类：

① 变价金属，如 V、Ni、Fe、Mo、Co、W、Cr、Cu、Mn、Pb、Hg、Ti 等；

② 碱金属和碱土金属，如 Na、K、Ba、Ca、Mg 等；

③ 卤素和其他元素，如 Cl、Br、I、Al 等。

1.石油中微量元素的含量

表 1-32 是国内外某些原油的某些微量元素的含量，表中数据表明，就世界范围来看，石油中含量最多的微量元素是钒（V），最高含量可达 1000μg/g，其次是镍（Ni），如（我国高升原油镍含量高达 100μg/g 以上）。铁的含量也比较高。由于原油在储存和运输的过程中始终与钢铁接触，容易受污染而导致铁含量数据偏高。

石油中钒、镍等微量元素的含量与石油的属性有关。一般说来，相对密度比较大的环烷基原油（或稠油），其微量金属镍（或钒）的含量高于相对密度较小的石蜡基原油。

表 1-32 国内外某些原油的微量元素含量

元素	含量/（μg/g）									
	胜利	孤岛	高升	羊三木	王官屯	加利福尼亚	利比亚	伊朗	阿尔伯达	博斯坎
As	—	0.250	0.208	0.140	0.090	0.655	0.077	0.095	0.024	0.284
Ca	8.9	3.6	1.6	38.0	15.0	—				
Fe	13	12.0	22.0	7.0	8.2	68.9	4.94	1.4	0.696	4.77
Na	81	26	29	1.2	30	13.2	13.0	0.6	2.92	20.3
Ni	26.0	21.1	122.5	25.8	92.0	98.4	49.1	12.0	0.609	117
V	1.6	2.0	3.1	0.9	0.5	7.5	8.2	53	0.682	1110
Zn	0.7	0.5	0.6	0.5	0.4	9.76	62.9	0.324	0.670	0.692
Cu	0.1	<0.2	0.4	0.17	0.1	0.93	0.19	0.032		0.21
Pb	0.2	0.2	0.1	0.1	0.1	—	—	—	—	—
Mg	2.6	3.6	1.2	2.5	3.0	—	—	—	—	—
Al	12.0	0.3	0.5	1.1	0.5	—	—	—	—	—
Co	3.1	1.4	17.0	3.9	13.0	13.5	0.032	0.30	0.0027	0.178
Mn	0.1	0.1	<0.1	0.2	<0.1	1.20	0.79		0.048	0.21

2.石油中微量元素的分布

石油中的微量元素的分布与氮、硫等元素的分布规律类似，由表 1-33 我国原油各馏分中五种微量元素的含量分布看出，石油中微量元素的含量也是随着沸程的升高而增加，主要集中在大于 500℃ 的渣油中，比氮更加集中在减压渣油中，常压馏分和减压馏分中 Ni、V、Fe、Cu 含量很低，而 95% 以上的 Ni 和 V 集中在 >500℃ 的减压渣油中。

As 在常压馏分和减压馏分中的含量相对比较高，只有 70% 左右的 As 存在于 >500℃ 的减压渣油中。

表 1-33 我国原油各馏分中五种微量元素的含量分布

原油	馏程/℃	元素含量/（μg/g）				
		Ni	V	Fe	Cu	As
大庆原油	原油	3.1	0.04	0.7	<0.2	0.900
	初馏～200	<0.1	<0.01	<0.4	<0.2	0.200
	200～350	<0.1	<0.01	<0.4	<0.2	0.500
	350～500	<0.1	<0.01	<0.4	<0.2	0.700
	>500 的减渣	7.2	0.1	2.4	<0.2	1.700
	减渣中含量占原油中含量/%	>98	—	—	—	—
胜利原油	原油	26	1.6	13	0.1	—
	200～350	0.05	0.03	0.5	<0.05	0.059
	350～500	0.08	0.03	2.5	0.08	0.026
	>500 的减渣	75	4.1	—	0.4	0.054
	减渣中含量占原油中含量/%	99.9	99.1	—	—	—

3.石油中微量元素的存在形式

一般认为，石油中的微量元素可能有三个方面的来源：

① 以无机的水溶性盐类形式存在。这些金属盐主要存在于原油乳化的水相里，如钾、钠的氯化物盐类，这些盐类在原油脱盐过程中，可通过水洗或加破乳剂除去。

② 一些微量金属以油溶性的有机化合物或配合物形式存在，如镍、钒、铁、铜等，这些金属经过蒸馏后，少部分进入馏分油中而大部分集中于渣油中。

③ 微量金属以极细的矿物质微粒形态悬浮于原油中。

经过脱盐、脱水后的原油中，微量金属主要以有机化合物或配合物形式存在，如金属卟啉配合物。

石油中的金属卟啉配合物主要是钒卟啉和镍卟啉，其中镍以 Ni^{2+} 形式存在，而钒则以 VO^{2+} 的形式存在。石油中的金属卟啉配合物沸点约为 565～650℃，分子量为 500～800，是一种结晶状固体，极易溶于石油烃中，热安定性较高。金属卟啉配合物主要浓集在渣油中，但由于原油中的金属卟啉配合物挥发性大，因此蒸馏时可能被携带进入馏分油中，所以催化裂化蜡油中含有金属卟啉配合物。原油中所含的镍和钒仅有约 10%～50%是以金属卟啉配合物的形式存在。

4.石油中微量元素的危害

在上述几十种微量元素中，对石油加工影响最大的微量元素有钒（V）、镍（Ni）、铁（Fe）、铜（Cu）、钙（Ca），它们是催化裂化催化剂的毒物，而且在重油固定床加氢裂化过程中也能造成催化剂的失活和床层的堵塞。此外，砷（As）是催化重整催化剂的毒物；钠（Na）和钾（K）也会使催化剂减活；在燃气透平中，燃料油中金属钒的存在会对透平叶片产生严重的熔蚀和烧蚀作用。

习　题

一、单选题

1. 天然石油中一般不含有（　　）。
   A.烷烃　　　　　　B.环烷烃　　　　　　C.芳烃　　　　　　　D.烯烃
2. 在石油的元素组成中，碳和氢的含量占（　　）。
   A.85%～90%　　　B.90%～95%　　　C.88%～95%　　　D.96%～99%
3. 原油中的微量金属元素以（　　）为主。
   A.铜、钒　　　　　B.铅、镍　　　　　C.铁、铜　　　　　D.镍、钒
4. 初馏点到180℃的馏分油为（　　）。
   A.汽油馏分　　　　B.柴油馏分　　　　C.煤油馏分　　　　D.润滑油馏分
5. 石油中的酸性含氧化合物包括环烷酸、芳香酸、脂肪酸和（　　）等。
   A.脂类　　　　　　B.酚类　　　　　　C.酮类　　　　　　D.醛类
6. 在石油馏分中，随着馏分沸点的升高，芳香烃的含量（　　）。
   A.增加　　　　　　B.降低　　　　　　C.不变　　　　　　D.无法确定
7. 对金属没有腐蚀性，热稳定性好的含硫化合物是（　　）。
   A.硫醇　　　　　　B.硫醚　　　　　　C.二硫化物　　　　D.噻吩及其同系物

8. 酸性含氧化合物主要集中在（　　）中。

　　A.汽油馏分　　　　　B.中间馏分油　　　C.润滑油馏分　　　　D.减压渣油

9. 石油中的微量元素主要集中在（　　）中。

　　A.汽油　　　　　　　B.柴油　　　　　　C.润滑油　　　　　　D.减压渣油

10. 胶质的平均分子量为（　　），沥青质的分子量为（　　）。

　　A.500～1000　　　B.1000～3000　　C.3000～10000　　D.10000～20000

二、判断题

1. 我国原油的相对密度大多为 0.85～0.95，属于偏重的常规原油。　　　　　（　　）

2. 石油主要由碳、氢、硫、氮、氧五种元素组成。　　　　　　　　　　　　（　　）

3. 将原油切割成不同的馏分油，其是一个纯净物。　　　　　　　　　　　　（　　）

4. 一般石油中不含烯烃，但在某些加工过程的产品中含有烯烃。　　　　　　（　　）

5. 石油中的含氮化合物可分为碱性含氮化合物和非碱性含氮化合物两类。　　（　　）

6. 胶质一般能溶于石油醚、苯、三氯甲烷、二硫化碳和乙醇。　　　　　　　（　　）

7. 沥青质是指能溶于苯、三氯甲烷和二硫化碳，但不溶于石油醚和乙醇的物质。（　　）

8. 馏分油中的胶质主要以双环为主，减压渣油中的胶质以高度稠化的稠环为主。（　　）

9. 沥青质没有挥发性，石油中的沥青质全部集中在渣油中。　　　　　　　　（　　）

10. 渣油的组成可用单体烃组成表示。　　　　　　　　　　　　　　　　　（　　）

三、简答题

1. 石油中主要组成元素的大致含量范围是多少？

2. 石油的烃类组成有哪几种表示方法？各自的含义是什么？

3. 石油中的含硫、含氮、含氧化合物以及微量元素的分布规律是怎样的？

4. 石油中的含硫、含氮、含氧化合物以及微量金属元素对石油加工过程有何危害？

5. 胶质与沥青质各自的性质是什么？

第二章
石油及其产品的物理性质

石油及其产品的物理性质，是评价原油性能、石油产品质量及石油炼制过程控制的重要指标，也是设计石油炼制过程设备和工艺装置的重要基础数据和依据，同时也是衡量油库管理水平、控制油品输送过程的重要指标。

石油及其产品的物理化学性质与其化学组成和结构特点密切相关。石油及其产品是由各种烃类和非烃类化合物组成的复杂混合物，它们的物理性质实质上是组成它们的各种化合物性质的综合表现。由于石油及产品的组成及结构的复杂性和不确定性，同时在实际生产及应用过程中也没有必要测定其化学组成和结构，因此，可用简单的物理性质表示和代表复杂的化学组成。

石油及其产品的物理性质数据来源途径主要有三个。其一，采用理论或经验表达式计算获得；其二，通过查图表获得；其三，按照相关标准试验方法实际测定。也正是因为石油及其产品的组成、结构的复杂性和不确定性，且多数性质没有可加性，为了便于比较和对照，石油及产品的物理性质常常采用一些条件性试验方法测定。所谓条件性试验，就是采用规定的仪器，在规定的试验条件、方法和步骤下进行的试验。离开专门的仪器和规定的试验条件，所测油品性质的数据毫无意义。

对石油及其产品性质的测定方法规定了不同级别的统一标准，其中有国际标准（ISO），国家标准（GB），中国石油化工总公司、部级标准（SY），专业标准（ZBN），企业标准（QB）等。各种标准在不同的范围内具有法规性，我国正逐步全面采用国际上通用的标准。

关于石油及其产品的物理性质，主要从以下几个方面去学习和掌握：物理性质的定义与表示方法；影响物理性质的因素，主要涉及环境条件及化学组成对物理性质影响；物理性质数据来源；物理性质的主要用途和应用。

本章学习和讨论主要涉及石油及其产品的汽化性能、流动性能、低温流动性能、燃烧性能、热性质、临界性质等方面的物理性质，以及密度、分子量等常规物理性质。

第一节　汽化性能

在石油及产品储存、输送、生产及使用过程中，涉及汽化现象，对其正常使用、安全及加工过程等都会造成一定的影响。例如油品蒸发造成管路中气阻而致油品装卸和发动机供油困难；油品中轻组分大量蒸发降低了油品质量（油库及油站的管理），增大了油品蒸发损耗；油蒸气容易引起火灾，也会使人头晕、呼吸困难，甚至窒息死亡。此外，汽油、喷气燃料和柴油等发动机燃料在燃烧时必须由液态转化为气态，这些都与油品的汽化性能密切关联。油品的汽化性能主要涉及的物理性质有蒸气压、馏程与平均沸点等。

一、蒸气压

蒸气压是在某一温度下，一种物质的液相与其上方的气相呈平衡状态时的压力，也称饱和蒸气压。蒸气压表示该液体在一定温度下的蒸发和汽化的能力，蒸气压愈高的液体愈易于汽化。蒸气压是石油加工设备设计的重要基础物性数据，也是某些轻质油品（如航空汽油、车用汽油）的质量指标。

1.纯烃的蒸气压

对于同一族烃类，在同一温度下，分子量较大的烃类的蒸气压较小。就某一种纯烃而言，其蒸气压是随温度的升高而增大的。

当体系的压力不太高，液相的摩尔体积与气相的摩尔体积相比可以忽略，且温度远高于其临界温度，气相可看作理想气体时，纯化合物的蒸气压与温度间的关系可用克拉佩龙-克劳修斯（Clapeyron-Clausiu）方程表示：

$$\frac{\mathrm{d}\ln p}{\mathrm{d}T} = \frac{\Delta H_\mathrm{v}}{RT^2} \tag{2-1}$$

式中　ΔH_v——摩尔蒸发热，J/mol；

　　　R——摩尔气体常数，8.314J/(mol·K)；

　　　T——温度，K；

　　　p——化合物在 T 时的蒸气压，Pa。

当温度变化不大时，ΔH_v 可视为常数，则可将上式积分得到：

$$\ln \frac{p_1}{p_2} = \frac{\Delta H_\mathrm{v}}{R}\left(\frac{1}{T_2} - \frac{1}{T_1}\right) \tag{2-2}$$

即 $\ln p$ 与 $1/T$ 之间呈线性关系。

在实际应用中，常用经验或半经验的方法来求纯烃的蒸气压，比较简便的如安托因（Antoine）方程［见式（2-3）］，常用的图有烃类和石油产品的蒸气压图（俗称考克斯图，见图2-1）。

$$\ln p = A - \frac{B}{T+C} \tag{2-3}$$

式中，常数 A、B、C 随烃类而异，可从有关数据手册查得，此式的适用压力范围为1.3～200kPa。

2.烃类混合物和石油馏分的蒸气压

（1）烃类混合物和石油馏分蒸气压　对于已知组成的烃类混合物，当体系压力不高，气相近似于理想气体，与其相平衡的液相近似于理想溶液时，对于组分比较简单的烃类混合物，其总蒸气压可用道尔顿-拉乌尔（Dalton-Raoult）定律求得：

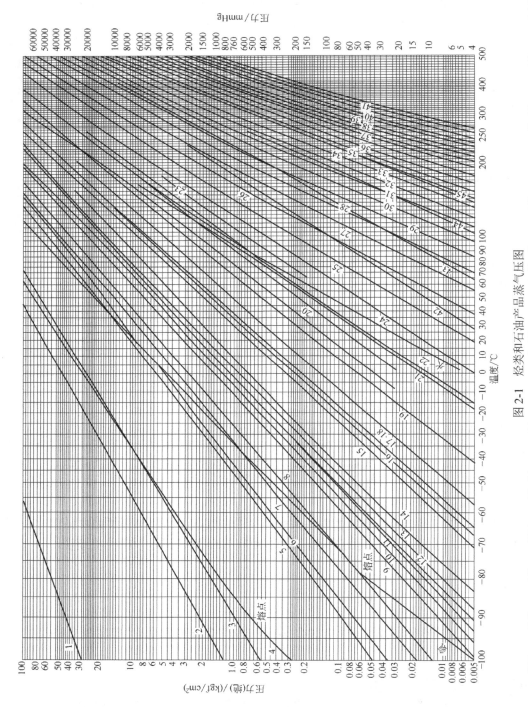

图 2-1　烃类和石油产品蒸气压图

烷烃：1—甲烷；3—乙烷；6—丙烷；9—异丁烷；12—丁烷；14—2,2-二甲基丙烷；15—2-二甲基丁烷；17—戊烷；18—2,2-二甲基丁烷；19—己烷；20—己庚烷；21—庚烷；23—异辛烷；24—辛烷；25—壬烷；26—癸烷；27—十一烷；28—十二烷；29—十三烷；30—十四烷；31—十五烷；32—十六烷；33—十七烷；34—十八烷；35—十九烷；36—二十烷；40—二十八烷；41—三十烷；

烯烃：2—乙烯；5—丙烯；8—丙炔；
炔烃：4—乙炔；8—丙炔；
二烯烃：7—丙二烯；11—1,3-丁二烯；16—2-甲基-1,3-丁二烯；
10—异丁烯、1-丁烯；13—2-顺丁烯；22—二异丁烯；

石油产品：42—煤油；43—瓦斯油；44—轻残渣油；45—重残渣油

$$p = \sum_{i=1}^{n} p_i x_i \qquad\qquad (2\text{-}4)$$

式中　p、p_i——混合物、组分 i 的蒸气压，Pa；

　　　　x_i——平衡液相中组分 i 的摩尔分数。

烃类混合物与纯烃不同，其液相组成不是固定不变，而是随汽化率不同而变化。当按式（2-4）计算时，得到的只是某个平衡条件下的蒸气压。当平衡条件变化时汽化率随之改变，式中 x_i 也有所变化。所以烃类混合物的蒸气压在压力不太高时，不仅是温度的函数，而且与汽化率有关。

石油及其产品的组成极其复杂，尚难以测定其单体烃组成，因此无法用道尔顿-拉乌尔定律求取其蒸气压。但其蒸气压所遵循的规律与烃类混合物相同，在一定温度下蒸气压也因组成不同而改变。

石油馏分蒸气压不仅与温度有关，还与油品的组成有关，而油品的组成是随汽化率不同而改变的，因此，石油馏分的蒸气压也因汽化率的不同而不同。在温度一定时，油品的汽化率越高，则液相组成就越重，其蒸气压就越小。

（2）测定石油馏分蒸气压的方法　石油馏分蒸气压通常有两种情况：一种是其汽化率为零时的蒸气压，也称为泡点蒸气压，或者叫作真实蒸气压，一般说的蒸气压即指这种情况。另一种是雷德蒸气压，它是在特定的仪器中，在规定的条件下测得的条件蒸气压，主要用于评价汽油的汽化性能。通常，泡点蒸气压比雷德蒸气压高。

雷德蒸气压用 GB/T 8017—2012 标准方法测定，是将冷却的试样充入蒸气压测定器的燃烧室，并将燃烧室与 37.8℃ 的空气室相连接（燃烧室与空气室的体积比为 1：4）。将该测定器浸入恒温浴［（37.8±1.0）℃］中，定期振荡，直到安装在测定器上的压力表的读数稳定，此时的压力表读数经修正后，即为雷德蒸气压。

雷德法是目前全世界普遍用来测定液体燃料蒸气压的标准方法。为了估算原油、汽油及其他油品在储存温度下的真实蒸气压，可根据已测得的雷德蒸气压由图 2-2～图 2-4 求得。

图 2-2 中的恩氏蒸馏 10% 斜率为 $(t_{15}-t_5)/10$。式中，t_{15} 和 t_5 为恩氏蒸馏馏出体积分数为 15% 和 5% 时的温度。当缺乏恩式蒸馏数据时，恩氏蒸馏 10% 斜率可用下列近似值：车用汽油，1.7℃/%；航空汽油，1.1℃/%；轻汽油馏分（雷德蒸气压为 $0.62 \times 10^5 \sim 0.97 \times 10^5 \, \text{Pa}$），1.9℃/%；汽油馏分（雷德蒸气压为 $0.14 \times 10^5 \sim 0.55 \times 10^5 \, \text{Pa}$），1.4℃/%。

如果只知道汽油的恩氏蒸馏 10% 馏出温度或雷德蒸气压，则可用图 2-4 求出一定温度下的真实蒸气压，这对计算油库汽油蒸发损失等十分方便。

二、沸程与平均沸点

1.沸程

（1）纯物质沸点　对于纯化合物，在一定外压下，当加热达到某一温度时，其饱和蒸气压和外界压力相等，此时汽化在气液界面及液体内部同时进行，这一温度即为沸点。在外压一定时，沸点是一个恒定值。例如，在 101kPa 下水的沸点为 100℃，乙醇的沸点为 78.4℃，苯的沸点为 80.1℃。

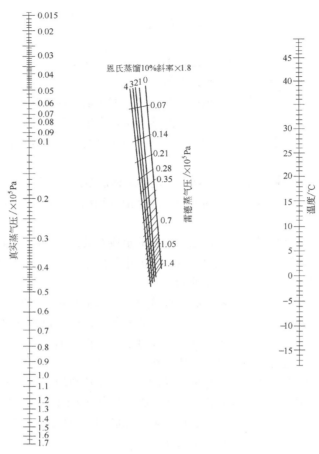

图 2-2　汽油和其他油品真实蒸气压图

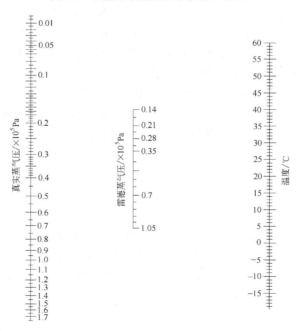

图 2-3　原油蒸气压图

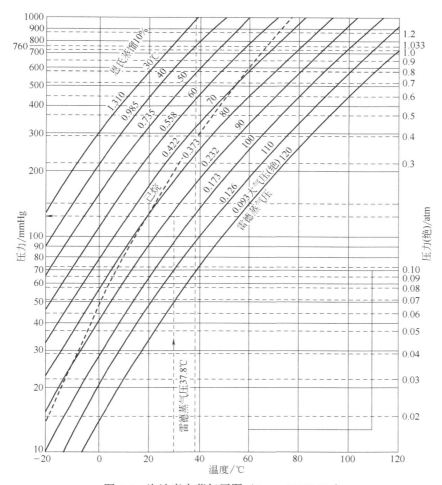

图 2-4　汽油真实蒸气压图（1atm=101325Pa）

　　（2）混合物的沸程　当液体为混合物时，在一定外压下其沸腾温度并不是恒定的，随着汽化过程中液相里较重组分的不断富集，其沸点会逐渐升高；对于石油馏分这类组成复杂的混合物，一般常用沸点范围来表征其蒸发和汽化性能，沸点范围又称沸程（馏程）。

　　（3）石油馏分的沸程测定　石油馏分的沸程是生产控制和工艺计算的重要数据，石油馏分沸程数据因所用蒸馏设备不同而不同。对于同一种油品，当采用分离精度较高的蒸馏设备时，其沸程较宽，反之则较窄。因此，在列举石油馏分的沸程数据时，需说明所用的蒸馏设备和方法。在石油加工生产和设备计算中，常常是以沸程来简便地表征石油馏分的蒸发和汽化性能。实验室常用比较粗略而又最简便的恩氏蒸馏装置来测定油品的沸程。恩氏蒸馏装置如图 2-5 所示。

　　对轻质石油产品的沸程测定是在标准设备中，按照 GB/T 6536—2010 规定的方法进行简单蒸馏，国外又将此方法称为 ASTM（American Society for Testing Material，美国材料试验学会）蒸馏或恩氏蒸馏（ASTM D86 标准）。由于这种蒸馏属于渐次汽化，基本不具有精馏作用，所以随着温度的逐渐升高，不断汽化和馏出的是组成范围较宽的混合物。因而恩氏蒸馏测定的沸程只能大概表示油品的沸点范围和一般蒸发性能，同时只有严格按照所规定的条件进行测定，其结果才有意义，才能相互比较。其测定过程是将 100mL 油品放入标准的蒸馏瓶中,按规定的加热速度进行加热,馏出的第一滴冷凝液的气相温度称为初馏点(initial boiling point,IBP)。随后,其温度逐渐升高,而液体不断馏出,依次记录下馏出液达 10mL、20mL、直至 90mL 时的气相温度,称为 10%、20%、…、90%馏出温度。当气相温度升高到一定数值后,它就不再上升反而回落,这个最高的气相温度称为终馏点(end point)或干点。有时根据产品规格要求,需要测定 95%、98%或 97.5%时的馏出温度。在大多数液体燃料规格中,只要求测定具有代表性的初馏点,10%、50%、90%的馏出温度及终馏点即可。

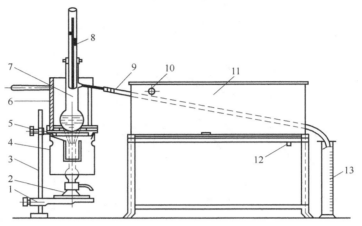

图 2-5　石油产品的沸程测定器

1—托架;2—喷灯;3—支架;4—下罩;5—石棉垫;6—上罩;7—蒸馏烧瓶;8—温度计;
9—冷凝管;10—排水支管;11—水槽;12—进水支管;13—接收器

将恩氏蒸馏所得的初馏点及各馏出温度为纵坐标,以相应的馏出体积分数为横坐标,绘制成的曲线称为油品的恩氏蒸馏曲线。

图 2-6 是大庆原油中汽油、喷气燃料、轻柴油馏分的恩氏蒸馏曲线。由图可见,其中 10%～90%这一段很接近于直线。因此,往往可以用蒸馏曲线的 10%～90%之间的斜率(℃/%)来表示该油品沸程的宽窄,即当石油馏分的沸程愈宽时,其蒸馏曲线的斜率愈大。具体计算如下:

$$斜率 = \frac{90\%的馏出温度 - 10\%的馏出温度}{90 - 10} \tag{2-5}$$

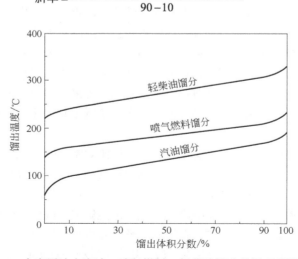

图 2-6　大庆原油中汽油、喷气燃料、轻柴油馏分的恩氏蒸馏曲线

恩氏蒸馏的斜率表示从馏出量 10%~90% 之间，每馏出 1% 沸点升高的平均温度（℃）。该斜率表示油品沸程的宽窄，斜率越大，沸程越宽。

沸程是石油产品蒸发性大小的主要指标。从沸程可以看出油品的沸点范围，又可以判断油品组分的轻重。根据沸程可确定原油加工和油品调和方案，检查工艺和操作条件，控制产品质量和使用性能。

由于石油中部分分子量较大的组分对热不稳定，所以当蒸馏温度超过 350℃ 时，重质馏分易发生分解。因此，对于较重的石油馏分需要在减压条件下蒸馏，以降低馏出温度。蒸馏时的液相温度一般不超过 350℃。蒸馏结束后，将减压下测得的馏分组成数据换算为常压馏分组成数据。

2.平均沸点

沸程在原油的评价和油品规格上虽然用处很大，但在工艺计算上却不能直接应用。因此，在求得石油馏分的各种物性参数时，为简化起见，常用平均沸点来表征其汽化性能。石油馏分的平均沸点有以下五种定义。

（1）体积平均沸点　体积平均沸点是油品恩氏蒸馏的 10%、30%、50%、70%、90% 五个馏出温度的平均值。其计算式如下：

$$t_v = \frac{t_{10} + t_{30} + t_{50} + t_{70} + t_{90}}{5} \tag{2-6}$$

式中　　　　　　　t_v——油品的体积平均沸点，℃。

t_{10}、t_{30}、t_{50}、t_{70}、t_{90}——油品恩氏蒸馏 10%、30%、50%、70%、90% 的馏出温度，℃。

体积平均沸点主要用来求其他难以直接测定的平均沸点。

（2）质量平均沸点　质量平均沸点是各组分质量分数和相应的馏出温度的乘积之和。

$$t_w = \sum_{i=1}^{n} w_i t_i \tag{2-7}$$

式中　t_w——油品的质量平均沸点，℃；

　　　t_i——i 组分的平均沸点，℃；

　　　w_i——i 组分的质量分数。

质量平均沸点用于求油品的真临界温度。

（3）实分子平均沸点　实分子平均沸点为各组分摩尔分数和相应的沸点乘积之和。

$$t_m = \sum_{i=1}^{n} x_i t_i \tag{2-8}$$

式中　t_m——实分子平均沸点，℃；

　　　t_i——i 组分的沸点，℃；

　　　x_i——i 组分的分子分率。

实分子平均沸点用于采用图表时，求烃类混合物或油品的假临界温度和偏心因子。

（4）立方平均沸点　立方平均沸点为各组分体积分数乘以各组分沸点（K）的立方根之和再立方。

$$T_{cu} = (V_1 T_1^{1/3} + V_2 T_2^{1/3} + \cdots + V_i T_i^{1/3})^3 \qquad (2-9)$$

式中　T_{cu}——油品的立方平均沸点，K；

　　　V_i——各组分的体积分数；

　　　T_i——各组分的馏出温度，K。

立方平均沸点可用来求油品的特性因数和运动黏度。

（5）中平均沸点　中平均沸点为立方平均沸点与实分子平均沸点的算术平均值。

$$t_{Me} = \frac{t_m + t_{cu}}{2} \qquad (2-10)$$

式中　t_{Me}——中平均沸点，℃；

　　　t_{cu}——立方平均沸点，℃。

中平均沸点用于求油品的氢含量、特性因数、假临界压力、燃烧热和平均分子量等。以上五种平均沸点，除体积平均沸点可根据油品恩氏蒸馏数据计算外，其他几种都难以直接计算，因此，通常的做法：

① 先根据恩氏蒸馏数据求体积平均沸点和恩氏蒸馏10%～90%斜率。

② 利用平均沸点温度校正图（图2-7），求出其他平均沸点。

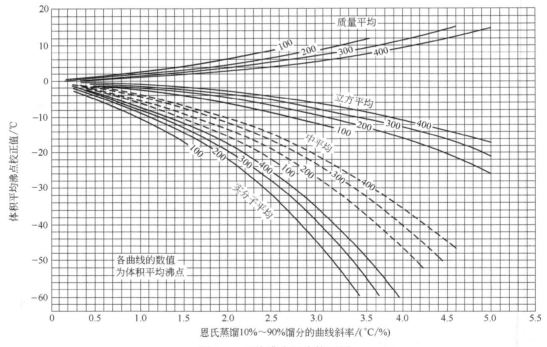

图 2-7　平均沸点温度校正图

这几种平均沸点各有其相应的应用场合，不能混淆，当涉及沸点时须注意所指的是何种平均沸点。对于沸点小于30℃的窄馏分，可以认为其各种平均沸点近似相等，用中平均沸点代替不会有很大误差。

第二节 常规物理性质

原油及油品的基本性质包括密度、相对密度、特性因数和平均分子量。密度和相对密度在控制石油产品质量、原料及产品的计量以及炼油装置的设计等方面都是必不可少的。如喷气燃料在质量标准中对其相对密度有严格的要求。此外，油品的相对密度还与其化学组成有密切的内在联系，以它为基础关联出油品的其他重要的性质参数（如特性因数 K 等）。

一、密度、相对密度和比重指数

1.密度、相对密度和比重指数的定义

密度是物质的质量与其体积的比值，其单位为 g/cm^3 或 kg/m^3。由于油品的体积随温度的升高而膨胀，而密度则随之变小，所以，密度还应标明温度。例如，油品在 t℃的密度用 ρ_t 来表示。我国规定油品在 20℃时的密度为其标准密度，表示为 ρ_{20}。

物质的相对密度是其密度与规定温度下水的密度之比。因为水在 4℃时的密度等于 $1000kg/m^3$，所以通常以 4℃水为基准，将 t℃的油品密度对 4℃时水的密度之比称为相对密度。常用 d_4^t 来表示，它在数值上等于油品在 t℃时的密度。我国常用的相对密度为 d_4^{20}，欧美各国用 $d_{15.6}^{15.6}$（$d_{60°F}^{60°F}$）表示，其换算见式（2-11）、表 2-1。

$$d_{15.6}^{15.6} = d_4^{20} + \Delta d \tag{2-11}$$

式中，Δd 为油品的相对密度校正值。

表 2-1 $d_{15.6}^{15.6}$ 与 d_4^{20} 换算表

$d_{15.6}^{15.6}$ 或 d_4^{20}	Δd	$d_{15.6}^{15.6}$ 或 d_4^{20}	Δd	$d_{15.6}^{15.6}$ 或 d_4^{20}	Δd
0.700～0.710	0.0051	0.780～0.800	0.0046	0.870～0.890	0.0041
0.710～0.730	0.0050	0.800～0.820	0.0045	0.890～0.910	0.0040
0.730～0.750	0.0049	0.820～0.840	0.0044	0.910～0.920	0.0039
0.750～0.770	0.0048	0.840～0.850	0.0043	0.920～0.940	0.0038
0.770～0.780	0.0047	0.850～0.870	0.0042	0.940～0.950	0.0037

对油品尤其是原油的相对密度，美国石油协会还常用比重指数（API°）来表示，它又可称为 API 度。API 度的定义为：

$$比重指数（API°）= \frac{141.5}{d_{15.6}^{15.6}} - 131.5 \tag{2-12}$$

由式（2-12）可见，相对密度愈小其 API° 愈大，而相对密度愈大则其 API° 愈小。

气体的密度一般用 kg/m^3 表示，相对密度是该气体的密度与空气在标准状态（0℃，0.1013MPa）下的密度之比，空气在标准状态下的密度为 $1.2928kg/m^3$。在较低压力下（小于0.3MPa），气体的密度和比体积（密度的倒数）可用理想气体状态方程计算。而当压力较高时，需要用真实气体状态方程式来求取。

2.液体油品密度与温度、压力的关系

（1）温度的影响　当温度升高时，油品受热膨胀，体积增大，密度减小，相对密度减小。当温度变化不大时，油品的体积膨胀系数只随油品相对密度的不同而有所变化，其范围为 $0.0006\sim0.0010\text{℃}^{-1}$。当温度在 $0\sim50\text{℃}$ 范围内，不同温度（t）下的相对密度可按下式换算：

$$d_4^t = d_4^{20} - \gamma(t-20) \tag{2-13}$$

式中，γ 为平均温度校正系数，即温度改变 1℃ 时油品相对密度的变化值。γ 可由表 2-2 查得。

表 2-2　油品相对密度的平均温度校正系数

d_4^{20}	$\gamma/\text{g}\cdot\text{mL}\cdot\text{℃}^{-1}$	d_4^{20}	$\gamma/\text{g}\cdot\text{mL}\cdot\text{℃}^{-1}$	d_4^{20}	$\gamma/\text{g}\cdot\text{mL}\cdot\text{℃}^{-1}$
0.7000～0.7099	0.000897	0.8000～0.8099	0.000765	0.9000～0.9099	0.000633
0.7100～0.7199	0.000884	0.8100～0.8199	0.000752	0.9100～0.9199	0.000620
0.7200～0.7299	0.000870	0.8200～0.8299	0.000738	0.9200～0.9299	0.000607
0.7300～0.7399	0.000857	0.8300～0.8399	0.000725	0.9300～0.9399	0.000594
0.7400～0.7499	0.000844	0.8400～0.8499	0.000712	0.9400～0.9499	0.000581
0.7500～0.7599	0.000831	0.8500～0.8599	0.000699	0.9500～0.9599	0.000568
0.7600～0.7699	0.000813	0.8600～0.8699	0.000686	0.9600～0.9699	0.000555
0.7700～0.7799	0.000805	0.8700～0.8799	0.000673	0.9700～0.9799	0.000542
0.7800～0.7899	0.000792	0.8800～0.8899	0.000660	0.9800～0.9899	0.000529
0.7900～0.7999	0.000778	0.8900～0.8999	0.000647	0.9900～1.0000	0.000518

在温度变化范围较大时，可根据 GB/T 1884—2000，将测得的油品密度换算成标准密度；如果对相对密度只要求满足一般工程上的计算时，可根据其特性因数 K、相对密度 $d_{15.6}^{15.6}$ 和中平均沸点三个参数中的任意两个参数，由图 2-8 查得。

（2）压力影响　液体受压后体积变化很小，通常压力对液体油品密度的影响可以忽略。只有在几十兆帕的极高压力下，才考虑压力的影响。但值得注意的是，当液体油品被加热时，如果保持体积不变，压力就会急剧增大。如果把装满油品的一段管路或容器的进出口阀门全部关闭，油品在受热时就可能产生极大压力，以致引起容器爆裂，造成事故。

3.油品的相对密度与馏分组成和化学组成的关系

油品的相对密度与烃类分子大小及化学结构有关。表 2-3 为各族烃类的相对密度。

从表 2-3 中数据可以看出，碳原子数相同的各族烃类，因分子结构不同，相对密度有较大差别，其中芳香烃的相对密度最大，环烷烃次之，烷烃最小，烯烃稍大于烷烃。正构烷烃、正构 α-烯烃和正烷基环己烷，其相对密度随碳原子数的增多而增大。正烷基苯则不同，其相对密度随着碳原子数的增加而减小，这是烷基侧链碳原子数增大，苯环在分子结构中所占的比重下降所致。

表 2-4 是原油及其馏分相对密度的一般范围。对同一种原油的各馏分，随着沸点的升高，相对密度随之增加。这是由于分子量的增大，但更重要的是由于较重的馏分中芳香烃的含量一般较高。至于减压渣油，其中含有较多的芳香烃（尤其是多环芳香烃），而且还含有较多的胶质和沥青质，所以其相对密度最大，接近甚至超过 1.0。

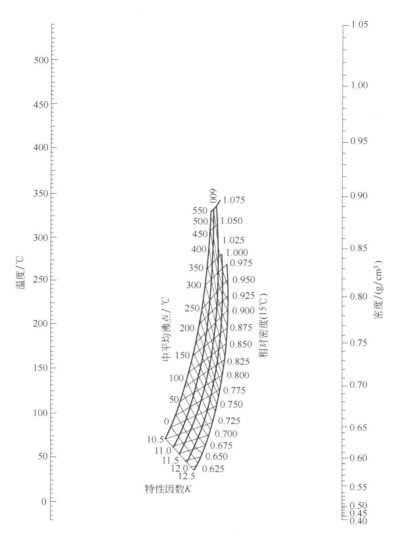

图 2-8　常压下的石油馏分液体密度图

表 2-3　各族烃类的相对密度

烃类	C_6	C_7	C_8	C_9	C_{10}
正构烷烃	0.6594	0.6387	0.7025	0.7161	0.7300
正构α-烯烃	0.6732	0.6970	0.7149	0.7292	0.7408
正烷基环己烷	0.7785	0.7694	0.7879	0.7936	0.7992
正烷基苯	0.8789	0.8670	0.8670	0.8620	0.8601

表 2-4　原油及其馏分相对密度的一般范围

原油及其馏分	原油	汽油	航空煤油	轻柴油	减压馏分	减压渣油
相对密度（ d_4^{20} ）	0.8～1.0	0.74～0.77	0.78～0.83	0.82～0.87	0.85～0.94	0.92～1.0

不同原油各馏分的相对密度见表 2-5。

表 2-5　不同原油各馏分的相对密度（d_4^{20}）

馏分/℃	大庆	胜利	孤岛	羊三木
IBP～200	0.7432	0.7446	—	0.7650
200～250	0.8039	0.8204	0.8652	0.8630
250～300	0.8167	0.8270	0.8804	0.8900
300～350	0.8283	0.8350	0.8994	0.9100
350～400	0.8368	0.8606	0.9149	0.9320
400～450	0.8574	0.8874	0.9349	0.9433
450～500	0.8723	0.9067	0.9390	0.9483
>500	0.9221	0.9698	1.0020	0.9820
原油	0.8554	0.9005	0.9495	0.9492
原油基属	石蜡基	中间基	环烷-中间基	环烷基

表 2-5 数据表明，不同原油的相同沸程的馏分，相对密度的顺序为环烷基原油＞中间基原油＞石蜡基原油。这是因为环烷基原油的馏分中环烷烃和芳香烃含量高，因而其相对密度较大；石蜡基原油的相应馏分中烷烃含量较高，因此其相对密度较小。

4.油品混合物的密度

（1）液体油品混合物的密度　当属性相近的两种或多种油品混合时，其混合物的密度可近似地按可加性计算，即

$$\rho_混 = \sum_{i=1}^{n} v_i \rho_i = \frac{1}{\sum_{i=1}^{n} \dfrac{w_i}{\rho_i}} \qquad (2\text{-}14)$$

式中　v_i、w_i——组分 i 的体积分数和质量分数；

ρ_i、$\rho_混$——组分 i 和混合油品的密度，g/cm³。

一般情况下，油品混合时，混合物的体积变化不大，体积基本上是可加的，按上式计算不会引起很大误差，进行工程计算是允许的。

高黏度油品的密度难于直接测定。利用油品密度的可加性，用等体积已知密度的煤油与之混合，然后测定混合物的密度，便可利用式（2-14）算出高黏度油品的密度。

（2）气液混合物的密度　在炼油生产过程中，油品有时处于气液混合状态。如果已知气相和液相的质量流率及密度或已知油品汽化率和气、液相密度，则可按下式计算气液混合物的密度。

$$\rho_混 = \frac{G_混}{V_气 + V_液} = \frac{G_混}{\dfrac{G_气}{\rho_气} + \dfrac{G_液}{\rho_液}} \qquad (2\text{-}15)$$

式中　$\rho_混$——气、液混合物的密度，kg/m³；

$\rho_气$、$\rho_液$——气相和液相的密度，kg/m³；

$G_混$——气、液混合物的质量流率，kg/h；

$G_气$、$G_液$——气相和液相的质量流率，kg/h；

$V_气$、$V_液$——气相和液相体积流率，m³/h。

油品密度的测定主要有密度计法和密度瓶法。密度计法在生产中应用最为广泛，密度瓶

法主要用于油品的科学研究。

二、特性因数和相关指数

1.定义

特性因数是表示烃类和石油馏分化学性质的一个重要参数。K 表示为：

$$K = \frac{1.216\sqrt[3]{T}}{d_{15.6}^{15.6}}$$ （2-16）

式中　K——石油馏分的特性因数；

　　　T——油品的平均沸点（中平均沸点）的热力学温度，K；

$d_{15.6}^{15.6}$——该馏分在 15.6℃时的相对密度。

除特性因数外，相关指数 BMCI（美国矿务局相关指数，United States Bureau of Mines Correlation Index）也是一个与相对密度及沸点相关联的指标。

$$BMCI = \frac{48640}{t_v + 273} + 473.7 d_{15.6}^{15.6} - 456.8$$ （2-17）

对于烃类混合物，式中的 t_v 为体积平均沸点（℃）；对于纯烃，t_v 为其沸点（℃）。

2.特性因数和相关指数与化学组成的关系

从表 2-6 可知，对同一族烃类，沸点高，相对密度也大，所以同一族烃类的特性因数很接近。当平均沸点相近时，特性因数 K 取决于相对密度，相对密度越大，K 值越小。当分子量接近时，相对密度的大小顺序为芳香烃＞环烷烃＞烷烃。所以，特性因数的顺序为烷烃＞环烷烃＞芳香烃，烷烃的 $K>12$，芳烃的 K 值最小（为 10～11），环烷烃居中（为 11～12）。

正构烷烃的相关指数最小，基本为 0，芳香烃的相关指数最高，环烷烃的相关指数居中。换言之，油品的相关指数越大表明其芳香性越强，相关指数越小表明其石蜡性越强，其关系与特性因数相反。

相对密度对特性因数的影响比平均沸点更大些，所以同一族烃类或同一原油的不同馏分，分子越大，馏分越重，特性因数越小。

表 2-6　烃类的特性因数和相关指数

化合物	特性因数 K	相关指数 BMCI	化合物	特性因数 K	相关指数 BMCI
正己烷	12.81	0.01	正丙基环己烷	11.51	34.21
正庚烷	12.71	0.10	正丁基环己烷	11.64	30.73
正辛烷	12.67	−0.03	苯	9.72	99.84
正壬烷	12.66	−0.21	甲基苯	10.14	82.91
正癸烷	12.67	−0.27	乙基苯	10.36	74.99
环己烷	10.98	51.57	正丙基苯	10.62	66.15
甲基环己烷	11.32	39.87	正丁基苯	10.83	59.32
乙基环己烷	11.36	38.58			

3.混合物和石油馏分的特性因数

混合物的特性因数具有可加性。

$$K_{混} = \sum_{i=1}^{n} w_i K_i \tag{2-18}$$

上述公式及结论对纯烃类适用。经过研究发现，富含烷烃的石油馏分 K 为 12.5～13.0，富含环烷烃和芳香烃馏分的 K 为 10～11。这说明特性因数 K 也可以用来大致表征石油馏分的化学组成特性，因而上式完全可以适用于石油馏分。对于石油馏分中的 T，最早用的是实分子平均沸点，后改用立方平均沸点，近年来又多使用中平均沸点。

特性因数对于了解石油及其馏分的化学性质、分类，确定原油加工方案等是很有用的，同时也可以利用特性因数及相对密度或平均沸点来求油品的其他理化常数，如分子量、热焓等。在工艺计算中，常用图表求石油馏分的特性因数，图 2-9 所示为石油馏分特性因数和平均分子量图。只要已知图中任意两个性质的数据，即可直接从图中查得石油馏分的特性因数。但其中氢碳质量比及苯胺点这两条线的准确性差。对于平均分子量高的石油馏分，由于难以取得可靠的平均沸点数据，常用易于得到的比重指数和黏度数据，从图 2-10、图 2-11 查得特性因数。

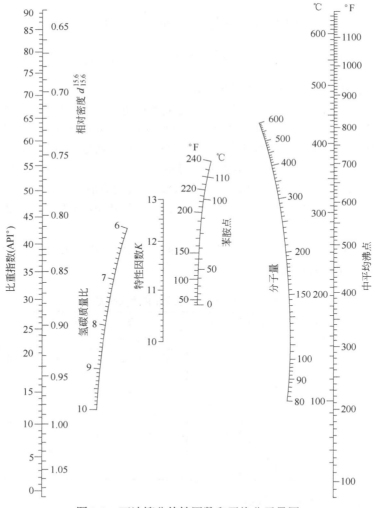

图 2-9　石油馏分特性因数和平均分子量图

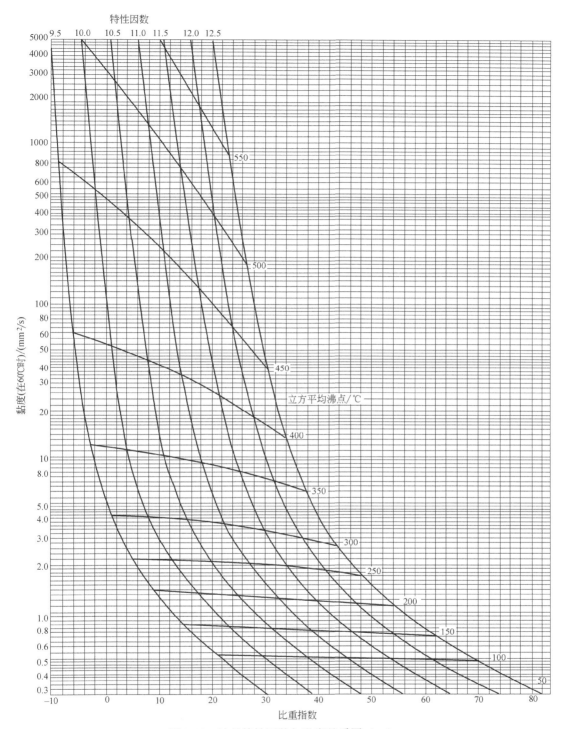

图 2-10　油品特性因数与黏度关系图（一）

　　用特性因数关联石油馏分的物理性质和热性质一般可得到满意的结果，但对大量含有烯烃、二烯烃或芳香烃的馏分，例如催化裂化循环油、催化重整生成油等，特性因数不能准确地表征其特性。

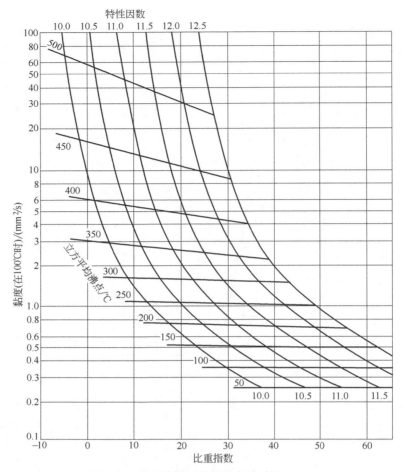

图 2-11 油品特性因数与黏度关系图（二）

三、平均分子量

由于石油和石油产品是各种烃类组成的复杂混合物，所以分子量为其各组分分子量的平均值，而常称为平均分子量。

石油馏分的平均分子量在工艺计算中是必不可少的。当已知石油馏分在气相时的质量流率，要求体积流率时，根据理想气体方程，必须先求平均分子量才能算出体积流率。在常减压蒸馏塔内常用水蒸气汽提，为求油气分压也必须先求分子量。此外，如热平衡计算中为求汽化潜热，也需要分子量数据等。

1.平均分子量的定义

对于石油及其产品这种含有众多分子量不同组分的不均一多分散体系，用不同的统计方法可以得到不同定义的平均分子量。

（1）数均分子量 M_n　数均分子量是应用最广泛的一种平均分子量，它是依据溶液的依数性（冰点下降，沸点上升等）来进行测定。

$$\bar{M}_n = \sum n_i M_i = \frac{\sum N_i M_i}{\sum N_i} = \frac{\sum W_i}{\sum N_i} \qquad (2\text{-}19)$$

式中　n_i——组分 i 的摩尔分数；

　　M_i——组分 i 的分子质量，g/mol；

　　N_i——组分 i 的摩尔数，mol；

　　W_i——组分 i 的质量，g。

（2）重均分子量 M_w　用光折射方法测定重均分子量。

$$\bar{M}_w = \sum w_i M_i = \frac{\sum W_i M_i}{\sum W_i} = \frac{\sum N_i W_i^2}{\sum N_i M_i} \qquad (2\text{-}20)$$

式中　W_i——组分 i 的质量分数。

（3）混合油品的平均分子量　当两种或两种以上油品混合时，混合油品的平均分子量可用加和法计算：

$$M_m = \frac{\sum\limits_{i=1}^{n} w_i}{\sum\limits_{i=1}^{n} w_i / M_i} \qquad (2\text{-}21)$$

式中　M_m、M_i——分别为混合油和 i 组分的分子量，g/mol；

　　w_i——组分 i 的质量，g。

2.石油馏分平均分子量的近似计算方法

石油馏分的平均分子量还可用一些经验公式进行计算，常用的经验公式有：

$$\bar{M}_n = a + bt + ct^2 \qquad (2\text{-}22)$$

式中　t——石油馏分的实分子平均沸点，℃；

a、b、c——随馏分的特性因数不同而变化的参数，见表 2-7。

表 2-7　计算分子量经验公式中的常数与特性因数的关系

特性因数 K	10.0	10.5	11.0	11.5	12.0
a	56	57	59	63	69
b	0.23	0.24	0.24	0.225	0.18
c	0.0008	0.0009	0.0010	0.00115	0.0014

除此之外，还有改进的 Riazi、寿德清-向正为关系式、杨朝合-孙昱东关联式。

3.石油馏分的平均分子量

原油是各种烃类组成的复杂混合物，所含化合物的分子量从几十到几千。表 2-8 列出了几种原油不同馏分的分子量，由表中数据可以看出，各馏分的平均分子量是随其沸程的上升而增大。当沸程相同时，各原油相应馏分的平均分子量还是有差别的。显然石蜡基原油如大庆原油的分子量最大，中间基原油如胜利原油的次之，而环烷基原油如欢喜岭原油的最小。

表 2-8　几种原油不同馏分的分子量

沸程/℃	大庆原油	胜利原油	欢喜岭原油
200～250	193	180	185
250～300	240	205	190
300～350	270	244	234
350～400	323	298	273
400～450	392	374	337
450～500	461	414	362
>500	1120	1080	1030
原油基属	石蜡基	中间基	环烷基

　　石油各馏分的平均分子量范围及与碳数的关系如表 2-9 所示。石油各馏分的平均分子量是随馏分沸程的上升而增大的。

表 2-9　石油各馏分的平均分子量范围及与碳数的关系

馏分	沸程/℃	碳数范围	平均碳数	平均分子量
汽油馏分	<200	$C_5 \sim C_{11}$	8	100～120
柴油馏分	200～350	$C_{11} \sim C_{20}$	16	220～240
减压馏分	350～500	$C_{20} \sim C_{35}$	30	370～400
减压渣油	>500	$>C_{35}$	70	900～1100

　　在工艺计算中常用图表来求平均分子量。在石油馏分的相对密度、中平均沸点、特性因数、苯胺点等中任意选两种性质数据，由图 2-9 求平均分子量，平均误差<2%。重质石油馏分和润滑油馏分的平均分子量可由图 2-12、图 2-13 求得。

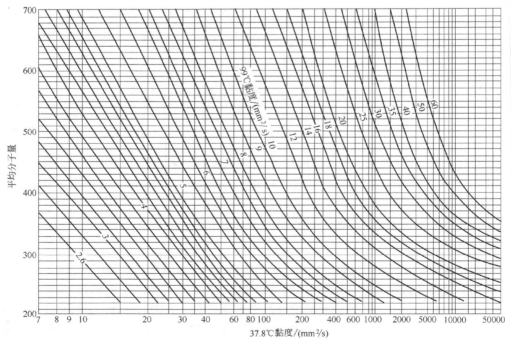

图 2-12　重质石油馏分平均分子量图

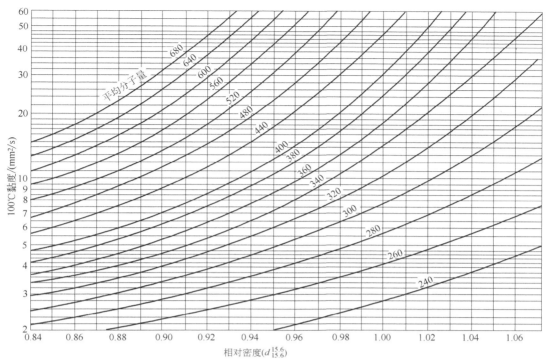

图 2-13　润滑油平均分子量图

第三节　黏度及黏温性能

黏度是评价原油及其产品流动性能的指标。在原油和石油产品加工、运输、管理、销售及使用过程中，黏度是很有用的物理常数。如输送过程中，黏度对流量、压力降影响很大。

黏度是喷气燃料、柴油、重油和润滑油的重要质量标准，特别是对各种润滑油的分级、质量鉴别和用途的确定具有重要的意义。黏度反映了油品中烃类组成的特点。

一、黏度的定义

流体流动时产生的内摩擦力称为黏度，黏度是用来表示流体流动时分子间摩擦产生阻力大小的指标。馏分越重，黏度越大。

1.绝对黏度

绝对黏度又称动力黏度，它由牛顿方程式定义为：

$$\frac{F}{A} = \eta \frac{\mathrm{d}v}{\mathrm{d}l} \tag{2-23}$$

式中　F——做相对运动的两流体层间的内摩擦力（剪切力），N；

A——两流体层间的接触面积，m^2；

$\mathrm{d}v$——两流体层间的相对运动速度，m/s；

d*l*——两流体层间的距离，m；

η——流体内部摩擦系数，即该流体的绝对黏度，Pa·s。

上式表示两液体层相距 1cm，其面积为 1cm²，相对移动速度为 1cm/s 时所产生的阻力叫动力黏度。在国际单位制中，绝对黏度（η）的单位为 Pa·s。图表中常用 P（泊）来表示动力黏度，其换算关系为 1Pa·s=10P=10³cP。

2.运动黏度

在石油产品质量标准中常用的黏度是运动黏度，它是绝对黏度 η 与相同温度和压力下的液体密度 ρ 之比值，即

$$\nu_t = \eta_t / \rho_t \tag{2-24}$$

式中　ν_t——运动黏度，cm²/s；

η_t——动力黏度，g/(cm·s)；

ρ_t——*t*℃时液体的密度，g/cm³。

在现用国际单位制中，运动黏度的单位是 mm²/s。油品质量指标中运动黏度的单位常用 cSt（厘斯），其换算关系为 1m²/s=10⁶mm²/s=10⁶cSt。

3.条件黏度

在石油产品质量标准中，还常能见到各种条件黏度指标。它们都是在一定温度下，在一定仪器中，使一定体积的油品流出，以其流出时间（s）或其流出时间与同体积水流出时间之比作为其黏度值。具体的条件黏度有下列几种：

（1）恩氏黏度（Engler viscosity）　它是在规定温度下，从仪器中流出 200mL 试油所需时间（s）与 20℃时流出 200mL 蒸馏水所需时间（s）之比，其单位为恩氏度（°E）或称条件度。恩式黏度源于德国，目前，我国燃料油的质量标准中仍用恩氏黏度作为指标。

（2）赛氏黏度（Saybolt viscosity）　它是在规定条件下，60mL 试油通过赛氏黏度计所需的时间（s），以赛氏秒表示。它分为通用型（Saybolt universal viscosity，单位为 SUS）和重油型（Saybolt furol viscosity，单位为 SFS）两种，未加说明的均为通用型。

（3）雷氏黏度（Redwood viscosity）　它是在规定条件下由雷氏黏度计中流出 50mL 试样所需的时间，单位为雷氏秒（RIS），分为商业用的 I 型（1 号）和军队用的 II 型（2 号），未注明的雷氏秒为 I 型。

条件黏度可以相对衡量油品的流动性，但它不具有任何物理意义，只是一个公称值。各种黏度之间的换算可通过图 2-14 和图 2-15 进行，图的误差约为 1%。这几种黏度之间的关系为：

运动黏度（mm²/s）：恩氏黏度（条件度，°E）：赛氏通用黏度（SUS）：雷氏黏度（RIS）
E=1：0.132：4.62：4.05。

二、黏度与化学组成的关系

黏度既然反映的是流体内部分子之间的摩擦力，那么它必然与流体的分子大小和分子结构有密切的关系。表 2-10～表 2-12 列出了几种烃类的黏度、环状分子中侧链长度对黏度的影响和烃类分子中环数对黏度的影响。

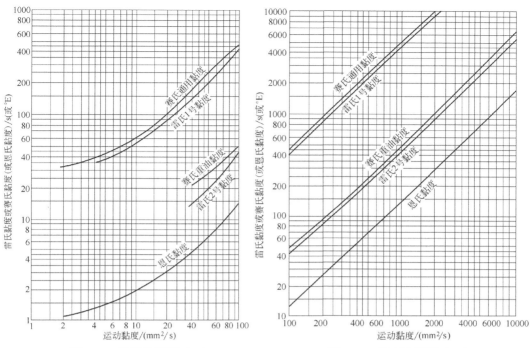

图 2-14　黏度换算图（一）　　　　　　图 2-15　黏度换算图（二）

表 2-10　烃类的黏度（25℃）　　　　　　　　　　　　　单位：mPa·s

化合物	绝对黏度	化合物	绝对黏度	化合物	绝对黏度
正己烷	0.298	环己烷	0.895	苯	0.601
正庚烷	0.396	甲基环己烷	0.683	甲苯	0.550
正辛烷	0.514	乙基环己烷	0.785	乙基苯	0.635
正壬烷	0.668	丙基环己烷	0.931	丙基苯	0.796
正癸烷	0.859	丁基环己烷	1.204	丁基苯	0.957

表 2-11　环状烃类的侧链长度对于黏度（100℃）的影响

化合物	赛氏黏度	化合物	赛氏黏度
——$C_{18}H_{37}$	148.0	——$C_{18}H_{37}$	113.5
——$C_{22}H_{45}$	208.0	——$C_{22}H_{45}$	168.0

表 2-12　烃类分子中环数对黏度的影响

化合物	运动黏度（ν_{98}）/（mm^2/s）	化合物	运动黏度（ν_{98}）/（mm^2/s）
$C_8-\overset{C_8}{\underset{}{C}}-C_8$	2.49	$C_8-\overset{C_2}{\underset{C_2}{C}}-C_2$	4.98
$C_8-\overset{C_2}{\underset{}{C}}-C_8$	3.29	$C_2-\overset{C_2}{\underset{C_2}{C}}-C_2$	10.10

化合物	运动黏度（ν_{98}）/（mm²/s）	化合物	运动黏度（ν_{98}）/（mm²/s）
C_8-C-C_8（带 C_2—苯基侧链）	2.53	苯基—C_2-C-C_2—苯基（带 C_2—苯基侧链）	3.82
C_8-C-C_2—苯基（带 C_2—苯基侧链）	2.74		

从表 2-10～表 2-12 中可以得出以下结论：

① 同一系列的烃类，其黏度随着碳数的增加而增加。碳数相同的不同烃类，环烷烃的黏度最大，烷烃的黏度最小。

② 当分子中的环数相同时，侧链越长的烃类化合物黏度越大。

③分子量相近（碳数相同）的烃类，环状结构分子的黏度大于链状结构分子的黏度，而且环数越多，黏度越大。因此分子中的环状结构可以看成是黏度的载体。

三、黏度与温度的关系

1.黏温性质的定义

油品的黏度随温度变化的特性，称为油品的黏温性质，油品的温度升高，黏度则减小；温度下降，黏度则增加。

油品黏度与温度的关系一般用经验式来确定：

$$\lg\lg(\nu_t + \alpha) = b + m\lg T \tag{2-25}$$

式中　ν_t——油品的运动黏度，mm²/s；

　　　α——与油品有关的经验常数，常数 α 在国外取 0.8，在我国取 0.6 较为适宜；

　　　T——油品的热力学温度，K；

b、m——随油品性质而定的经验常数。

根据式（2-25），若已知某油品在两个不同温度下的黏度，即可求出常数 b 及 m，这样就可以算出该油品在任意温度下的黏度。也可用以 $\lg\lg(\nu_t + 0.6)$ 纵坐标，以 $\lg T$ 为横坐标作图，求得该油品在这个温度范围内任何温度下的黏度。此方法比较简便，但不是很准确，外延过远时误差更大，而且只适用于牛顿体系。

2.黏温性质的表示方法

对于润滑油，其黏度随温度变化的情况是衡量其性质的重要指标。目前常用的表征黏温性质的指标有以下两种。

（1）黏度比　采用两个不同温度下的黏度之比来表示油品的黏温性质。常用 50℃ 和 100℃ 运动黏度比，即 ν_{50}/ν_{100}，也有 -20℃ 和 50℃ 运动黏度比，即 ν_{-20}/ν_{50}。

黏度比越小，说明油品的黏度随温度变化越小，黏温性质越好。这种表示方法比较直观，可以直接得出黏度变化的数值。油品黏度比大，其黏度随温度的变化就大。因此，黏度比只适用于比较黏度相近的油品的黏温性质，如果两种油品的黏度相差很大，用黏度比就不能判断其黏温性质的优劣。

（2）黏度指数　黏度指数（VI）是目前世界上通用的表征黏温性质的指标，我国目前也采用此指标。选定两种原油的馏分作为标准，一种是黏温性质良好的原油（称为 H 油），其黏度指数人为地规定为 100；另一种黏温性质不好的原油（称为 L 油），其黏度指数人为地规定为 0。将两种油切割成若干个窄馏分，分别测定各馏分在 100℃及 40℃的运动黏度，在这组标准油中分别选出 100℃黏度相同的两个窄馏分组成一组，列成表格。试样油品与两种标准油比较计算黏度指数。表 2-13 是两种标准油某些组的黏度数据。一般油样的黏度指数介于两者之间，黏度指数越大表明黏温性质越好。对于黏温性质很差的油品，其黏度指数可以是负值。

表 2-13　标准油某些组的黏度数据（L、D、H）

运动黏度（100℃）/（mm²/s）	运动黏度（40℃）/（mm²/s）		
	L	H	$D=L-H$
8.60	113.9	66.48	47.40
8.70	116.2	67.64	48.57
8.80	118.2	68.79	49.75
8.90	120.9	69.94	50.96
9.00	123.3	71.10	52.20

当黏度指数（VI）为 1～100 时：

$$VI = \frac{L-U}{L-H} \tag{2-26}$$

当黏度指数（VI）等于或大于 100 时：

$$VI = \frac{10^N - 1}{0.0715} + 100 \tag{2-27}$$

$$N = \frac{\lg L - \lg U}{\lg Y} \tag{2-28}$$

式中　U——试样在 40℃时的运动黏度，mm²/s；

Y——试样在 100℃时的运动黏度，mm²/s；

H——与试样 100℃时运动黏度相同、黏度指数为 100 的 H 油在 40℃时的运动黏度，mm²/s；

L——与试样 100℃时运动黏度相同、黏度指数为 0 的 L 油在 40℃时的运动黏度，mm²/s。

试油 100℃的运动黏度在 2～70mm²/s 内，可由表 2-13 直接查得 L 和 H 后利用公式直接计算。若数据在所给两个数据之间，可采用内插法求得 L 和 H，再代入公式计算。试油 100℃的运动黏度大于 70mm²/s 时，可按下列两个式子计算 L 和 H 后，再代入公式计算试样的黏度指数。

$$L = 0.8353\nu_{100}^2 + 14.67\nu_{100} - 216 \tag{2-29}$$

$$H = 0.1683\nu_{100}^2 + 11.85 - 97 \tag{2-30}$$

3.黏温性质与化学组成的关系

烃类的黏温性质与分子的结构有密切的关系，表 2-14 是各种烃类的黏度指数。

表 2-14　各种烃类的黏度指数（VI）

化合物	VI	化合物	VI
$n\text{-}C_{26}$	177	环己基—C_2—C（—C_2—环己基）—C_2—环己基	-6
C_{10}—C（—C_5）—C_{10}	125	C_8—C（—C_2—苯基）—C_8	108
C_5—C（—C_5）—C_4—C（—C_5）—C_5	72	C_8—C（—C_2—苯基）—C_2—苯基	77
C_8—C（—C_8）—C_8	117	苯基—C_2—C（—C_2—苯基）—C_2—苯基	-15
C_8—C（—C_2—环己基）—C_8	101	萘—C_{22}	144
环己基—C_{18}	160	萘—C（—C_4）—C_{17}	122
十氢萘—C_{18}	144	萘—C_{18}	140
三环—C_{14}	40	C_6—萘—C_6	53
四环—C_8	-70	萘—C_6	-66
C_8—C（—C_2—环己基）—C_2—环己基	70		

从表 2-14 可以看出如下规律：

① 正构烷烃的黏温性质最好，分支程度小的异构烷烃较正构烷烃的黏温性质差，分支程度增大，黏温性质变差。

② 环状烃（环烷烃和芳香烃）的黏温性质较链状烃差。当分子中只有一个环时，黏度指数虽有下降，但下降不多。但当分子中环数增多时，黏温性质显著变差，甚至黏度指数变为负值。

③ 分子环数相同时，其侧链越长黏温性质越好，侧链上有分支会使黏度指数下降。

总之，烃类中正构烷烃的黏温性质最好，带有分支长烷基侧链的少环烃类和分支程度不大的异构烷烃的黏温性质比较好，而多环短侧链的环状烃类的黏温性质很差。

四、黏度与压力的关系

当液体所受的压力增大时,其分子间的距离缩小,引力也就增强,导致其黏度增大。对于石油产品而言,只有当压力大到 20MPa 时,对黏度才有显著的影响,如压力达到 35MPa 时,油品的黏度约为常压下的两倍。当压力进一步增加时,黏度的变化率增大,直至油品变成膏状半固体。黏度的这种性质对于在重负荷下应用的润滑油(如齿轮油)特别重要。压力在 4MPa 以上时,应对油品黏度作压力校正。

石油馏分在高压下的黏度可用下列经验方程计算,也可由图 2-16 查得。

$$\lg\frac{\eta}{\eta_0} = \frac{p}{6.89476}(0.0239 + 0.01638\eta_0^{0.278}) \tag{2-31}$$

式中　η——在温度 T、压力 p 下的黏度,mPa·s;

　　　η_0——在温度 T 和大气压力下的黏度,mPa·s;

　　　p——压力,MPa。

上式不宜用于压力大于 70MPa 的情况。

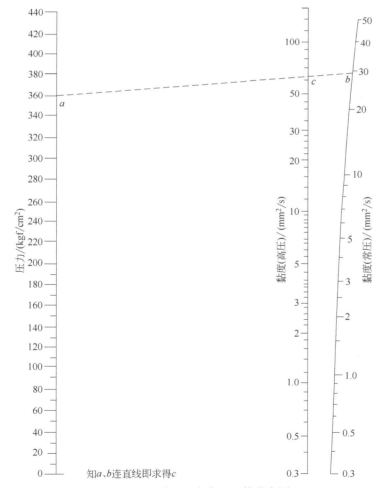

图 2-16　石油馏分在高压下的黏度图

油品的化学组成不同,压力对其黏度的影响也不同。一般芳香族油品的黏度随压力的变化最大,环烷类油品次之,烷烃类油品的黏度随压力变化最小。在 500～1000MPa 的极高压力下,润滑油因黏度增大而失去流动性,变为塑性物质。

五、石油及其馏分的黏度与黏温性质

石蜡基及中间基的原油均含有一定量的蜡,这样,它们在较低温度下往往呈现非牛顿流体的特性。所以,对于原油或其重馏分除测定其不同温度下的黏度外,往往还要测定其流变曲线,以便了解其黏度随剪切速率的变化情况,这对于原油和重质油的输送和利用都是很重要的。

表 2-15 列出了几种石油减压馏分油的黏度和黏温性质,由表中数据可以看出,同一种原油的不同馏分,各馏分油的黏度都是随其沸程的升高而增大的,而黏温性质变差。这是由于其分子量的增大;更重要的是由于随馏分沸程的升高,其中环状烃增多。不同的原油,当馏分沸程范围相同时,石蜡基原油的黏度最小,黏温性质最好;而环烷基原油的黏度最大,黏温性质也较差;中间基的原油的黏度与黏温性质介于二者之间。这些显然是由其化学组成所决定的,也就是说在石蜡基原油中含较多的黏度较小、黏温性质较好的烷烃和少环长侧链的环状烃,而在环烷基原油中,则含较多的黏度较大、黏温性质不好的多环短侧链的环状烃。

表 2-15　石油减压馏分的黏度比和黏度指数

原油	沸程/℃	$\nu_{50}/$ (mm²/s)	$\nu_{100}/$ (mm²/s)	黏度比（ν_{50}/ν_{100}）	黏度指数（VI）
大庆石蜡基	350～400	6.91	2.66	2.60	200
	400～450	15.82	4.65	3.40	140
新疆中间基	350～400	13.00	3.70	3.51	80
	400～450	39.74	7.45	5.33	70
	450～500	128.8	16.20	7.95	60
羊三木环烷基	350～400	23.27	4.72	4.93	0
	400～450	146.3	13.66	10.71	−35
	450～500	356.9	23.37	15.27	<−100

六、油品的混合黏度

在实际工作中,例如润滑油的调和,经常需要求两个油品混合后的黏度。实践证明,油品混合物的黏度是没有可加性的,相混合的两种油品的组成及性质相差愈远,黏度相差愈大,则混合后用加和法计算出的黏度相差就越大。因此,混合油品的黏度最好实测,不便实测时,可用经验公式和图表求取。图 2-17 为油品的混合黏度图。

图 2-17 有两种用途:

① 已知两种油品的黏度及调和比,求混合油的黏度。

② 已知两种油品的黏度及调和后混合油的黏度，求调和比。

把需混合的两种油品的黏度值分别标于图 2-17 中 A、B 两侧的纵坐标上，两点间连一直线，即可在此直线上求得两者以任何比例混合时的黏度。

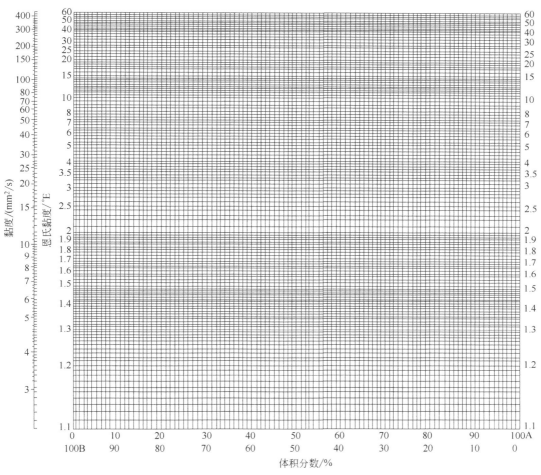

图 2-17　油品的混合黏度图

七、气体的黏度

气体的黏滞性与液体有本质区别。液体的黏滞性源于其分子间的引力，当温度升高时其分子能量增大，从而更易相互脱离，导致黏度变小。而气体的黏滞性取决于分子间的动量传递速度。当温度升高时，气体分子的运动加剧，其动量传递速度加大，从而导致在相对运动时其层间的阻力增大。所以，气体的黏度是随着温度的升高而增大的。

在工程计算中，当压力较低时，不同温度下石油馏分蒸气的黏度可从图 2-18 中查得。

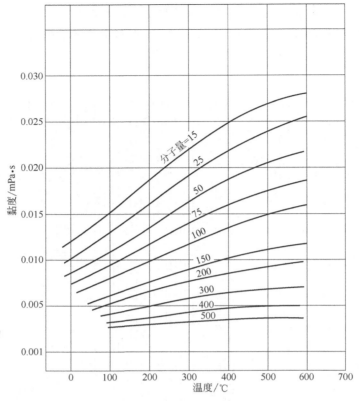

图 2-18　石油馏分蒸气黏度图

第四节　油品的低温流动性能

原油和油品的低温性能是一个重要的质量标准，它直接影响石油及产品的输送、储存和使用条件。燃料和润滑油通常需在冬季、室外、高空等低温条件下使用，只有具有良好的低温性能，才能顺利地泵送、过滤，保证正常供油。由于用途不同以及不同国家采用不同的测定方法，油品低温性能有多种评定指标，如浊点、结晶点、冰点、凝点、倾点、冷滤点等。

一、石油及油品在低温下失去流动性的原因

油品在低温下失去流动性与纯化合物的凝固不同，失去流动性主要有如下两种情况：

① 黏温凝固。含蜡很少或不含蜡的原油和油品，随着温度下降，黏度不断增加，温度下降到一定程度，最后因黏度过高而失去了流动性，变成无定形的玻璃状物而失去流动性，就可以说是"凝固"了，这种凝固称为黏温凝固。但这个"凝固"并不是油品凝固的主要原因。

② 构造凝固。对于含蜡量较多的原油或油品来说，在冷却过程中，其中所含的蜡逐渐结晶出来，当析出的蜡逐渐增多长成一个网状的骨架后，便将尚处于液态的油品包在其中，使整个油品失去了流动性。这种现象称为构造凝固。油品经常是由于这种原因而凝固的。

当然，温度下降后，应该说是蜡的结晶和油品本身黏度的增大这两个因素共同发挥作用

才导致油品凝固，只是蜡的结晶是主要因素。

二、评价石油及其产品低温流动性的指标

对于油品来说，并不是在失去流动性的温度下才不能使用，而是在比凝固点更高的温度下就有结晶析出，就会妨碍油品作用的发挥。因此对不同油品规定了浊点、结晶点、冰点、凝点、倾点和冷滤点等一系列评定其低温性能的指标，这些指标都是在特定仪器中按标准方法测定的。

1.浊点、结晶点和冰点

浊点是试油在规定条件下冷却，开始呈现浑浊时的最高温度。这是由油品中出现了许多肉眼看不到的微小晶粒，使其不再呈现透明状态所致，在油品到达浊点后，若将其继续冷却，则出现肉眼可观察到的结晶，此时的最高温度为结晶点。浊点的测定方法见 GB/T 6986—2014，结晶点的测定方法见 NB/SH/T 0179—2013。

冰点是油料在测定条件下，冷却至出现结晶后，再使其升温至所形成的烃类结晶消失时的最低温度。冰点的测定按 GB/T 2430—2008 标准方法进行。

浊点是灯用煤油的质量指标之一，浊点高的灯用煤油在冬季使用时会出现堵塞灯芯现象。

同一油品的冰点比结晶点稍高，相差 1~3℃。结晶点和冰点主要是用来评定航空汽油和喷气燃料的使用性能，我国习惯用结晶点，我国航空汽油和 1 号、2 号喷气燃料以结晶点作为质量指标，3 号喷气燃料以冰点作为质量指标。而欧洲、美国等国家及地区多采用冰点作为质量指标。

航空汽油和喷气燃料在低温下使用时，若出现结晶就会堵塞输油管路和滤清器，使供油不足甚至中断，这对高空飞行来说是非常危险的。

水在油品中有一定的溶解度，油会吸收空气中的水汽，这些水的含量虽然极微，但在低温下会成为真正的冰结晶析出，引起油品结晶点和冰点上升。

2.凝点和倾点

纯化合物在一定压力下由液态转变为固态的温度（冰点）和由固态转变为液态的温度（熔点）是相同的，且是一个定值，如纯水的冰点和熔点都是 0℃。

油品作为复杂混合物没有固定的冰点、熔点或凝点。油品的凝固过程是一个渐变的过程，所以与测定条件有关。凝点是将盛有油品的试管在一定条件下冷却到某一温度时，将试管倾斜 45°，并经过 1min 后液面不再流动的最高温度。测定按 GB/T 510—2018 标准方法进行。

凝点是评定原油、柴油、润滑油、重油等油品低温性能的指标。

倾点是油品在试验规定的条件下冷却时，能够继续流动的最低温度，又称流动极限，是按 GB/T 3535—2006 标准方法测定的。由于倾点比凝点能更好地反映油品的低温性能，因而国际标准方法采用倾点评价油品。我国已开始采用倾点，并逐渐取代凝点作为油品的质量指标。

3.冷滤点

前面介绍的浊点、倾点、凝点均可作为评定柴油低温流动性能的指标，但实践证明，柴油在浊点时仍能保持流动，若用浊点作为柴油最低使用温度的指标则过于苛刻，不利于节约能源。倾点是柴油的低温流动极限，凝点时已失去流动性能，因此若以倾点或凝点作为柴油的最低使用温度的指标又偏低，不够安全。大量行车试验和冷启动试验表明，柴油的最低使

用温度是在浊点和倾点之间的某一温度——冷滤点。

冷滤点是指在规定条件下冷却试油，使试油通过规定的过滤器，当试油冷却到开始不能通过过滤器 20mL 时的最高温度。冷滤点测定时模拟柴油在低温下通过滤清器的工作状况，它能较好地反映柴油的泵送和过滤性能，与实际情况有较好的对应关系。冷滤点测定按 NB/SH/T 0248—2019 标准方法进行。

4.熔点、滴点和软化点

熔点是石蜡、地蜡和高熔点石油产品的一个质量指标。在特定的仪器中测定已预先熔化试样的降温曲线，取降温曲线中温度下降最慢的一段曲线的开始温度作为试样的熔点。熔点测定按 GB/T 2539—2008 标准方法进行。

对于润滑脂和沥青等软膏状或固体状物质，很难判断其物态转变的情况。因而只能用更富有条件性的滴点和软化点指标来表示。

滴点是润滑脂的重要质量标准，表示润滑脂使用温度范围的界限。滴点是在规定条件下，固态或半固态石油产品达到一定流动性时的最低温度。滴点测定按 GB/T 4929—1985 标准方法进行。

软化点是沥青使用的界限温度，它是在一定条件下加热，沥青软化到一定稠度时的温度，采用环球法测定（GB/T 4507—2014）。

三、石油及油品的低温流动性与化学组成的关系

油品的低温流动性取决于油品的烃类组成和含水量的多少。在分子量相近时，正构烷烃的低温流动性最差，即倾点和凝点最高，其次是环状烃，异构烷烃的低温流动性最好。对同一族烃类，分子量越大低温流动性越差。油品含水可使浊点、结晶点和冰点显著升高。轻质油品有一定的溶水性，由于温度的变化，这些水常以悬浮态、乳化态和溶解状态存在。在低温下，油品中的微量水可呈细小冰晶析出，能直接引起过滤器或输油管路的堵塞。更为严重的是，细小的冰晶可作为烃类结晶的晶核，有了晶核，高熔点烃类可迅速形成大的结晶，可能使滤网堵塞，甚至中断供油，造成事故。

第五节 热性质

在石油加工过程中，石油及其馏分的温度、压力和相状态都可能发生变化，同时还往往伴随热效应。要计算热效应的大小，就必须知道其焓值、质量热容、汽化潜热等热性质。这些性质还常用作关联石油馏分其他物性的参数。若过程中还发生化学变化，则还需知道其反应热、生成热等。本节只涉及与石油及其馏分的物理变化有关的热性质。

一、质量热容

1.质量热容的定义

单位质量物质温度升高 1℃所需要的热量称为比热容或质量热容，用 C 表示，其国际单

位是 J/(kg·℃)。质量热容与其所处的温度有关。

油品的质量热容随温度升高而增大，如在极小的温度范围内（dT）加热，可以得到油品在该温度下的真实质量热容：

$$C_{真} = \frac{dQ}{dT} \qquad (2-32)$$

在工艺计算中，常用平均质量热容 $C_平$，1kg 油品温度由 T_1 升高到 T_2 所需的热量为 Q，则油品在 $T_1 \sim T_2$ 间的平均质量热容为：

$$C_平 = \frac{Q}{T_2 - T_1} T \qquad (2-33)$$

温度变化范围不大时，可以近似地取平均温度（$T_1 + T_2$）/2 的质量热容为平均质量热容。温度范围越小，平均质量热容越接近于真实质量热容。但温度变化范围较宽或接近临界点时，则不能这样计算。

气体和石油蒸气的质量热容随着压力及体积的变化而变化，所以有质量定压热容（C_p）与质量定容热容（C_v）之分，质量定压热容 C_p 比质量定容比热 C_v 大。对于液体和固体，质量定压热容和质量定容热容相差很少。对于气体，两者相差较大，差值相当于气体膨胀时所做的功。对于理想气体，两者的差值为气体常数[8.314kJ/(kmol·K)]：

$$C_p - C_v = R \qquad (2-34)$$

2.烃类的质量热容

烃类的质量热容随温度和分子量的升高而逐渐增大。压力对于液态烃类质量热容的影响一般可以忽略。但气态烃类的质量热容随压力的升高而明显增大，当压力高于 0.35MPa 时，质量热容需作压力校正。

表 2-16 中列出了一些烃类在 25℃时的液相质量热容。由表中数据可知，分子量相近的烃类中，质量热容的大小顺序是烷烃＞环烷烃＞芳烃；同一族烃类，分子量越大质量热容越小；烃类组成相近的石油馏分中，密度越大，质量热容越小。因为分子量的变化较相对密度变化更为明显，所以油品愈重，分子量愈大时以单位质量计算的质量热容反而下降。

表 2-16　烃类的质量热容和汽化热

化合物		液相质量热容（25℃）/[kJ/(kg·℃)]	汽化热（常压沸点下）/（kJ/kg）
正构烷烃	n-C$_6$	2.37	334.8
	n-C$_7$	2.25	316.3
	n-C$_8$	2.22	301.3
	n-C$_9$	2.22	287.8
环烷烃	⬡	1.86	356.0
	⬡—C$_1$	1.88	317.0
	⬡—C$_2$	1.89	305.7
	⬡—C$_3$	1.92	285.7

化合物		液相质量热容（25℃）/[kJ/(kg·℃)]	汽化热（常压沸点下）/（kJ/kg）
芳香烃		1.74	393.8
	C₁	1.71	360.1
	C₂	1.75	335.0
	C₃	1.79	318.2

3.石油馏分的质量热容

液相石油馏分的质量热容可以根据温度、相对密度和特性因数从图 2-19 查得。

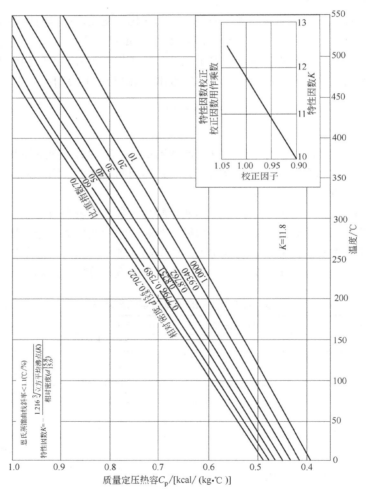

图 2-19　石油馏分液相质量热容图

[1kcal/(kg·℃)=4.1868kJ/(kg·℃)]

气相石油馏分的质量定压热容，可根据温度和特性因数从图 2-20 中查得。该图仅适用于压力小于 0.35MPa，且含烯烃和芳香烃不多的石油馏分蒸气压。当压力高于 0.35MPa 时，可根据有关图表及公式对气相石油馏分的质量定压热容进行压力校正。

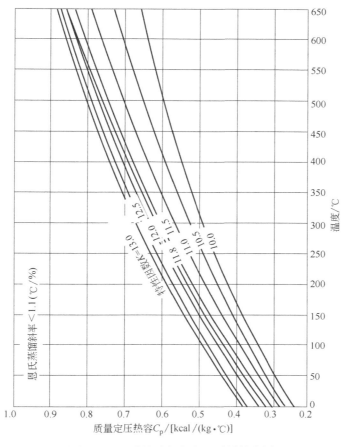

图 2-20　石油馏分气相常压质量热容图

4.气体混合物

气体混合物的质量热容可由加和法求得。

$$C_混 = \sum C_i W_i \qquad (2-35)$$

式中　$C_混$——混合物的比热容，J/(kg·K)；

　　　C_i——混合物中各组分的比热容，J/(kg·K)；

　　　W_i——混合物中各组分的质量分数。

由于各种条件下的各种热容是较难求的，而焓的数值又比较可靠，因此在计算中只要有可能都应该用热焓代替热容来进行。除非焓的变化很小，以致读图误差占焓的总变化量相当大的一部分时，或者是质量热容计算不能避免时，才用质量热容进行计算。

二、汽化潜热

单位质量物质在一定温度下由液态转化为气态所需的热量称为汽化潜热，用 Δh 表示，单位为 kJ/kg。所谓潜热是指物质在汽化或冷凝时所吸收或放出的热量，此时并无温度的变化。如果没有特别注明，通常指常压沸点下的汽化潜热。当温度和压力升高时，汽化潜热逐渐减小，到临界点时，汽化潜热等于零。

液体在低压 P_1 下的沸点为 t_1，在相同 t_1 下，将液态转变为气态所需的蒸发潜热为 Δh_1。液体在高压 P_2 下的沸点为 t_2，在相同 t_2 时，将液态转变为气态所需的汽化潜热为 Δh_2。因 $t_2 > t_1$，所以以液体分子在 t_2 时所具有的能量比在 t_1 时为多，因此在它转变为气态时，需要的蒸发潜热就较少，即 $\Delta h_1 > \Delta h_2$。到临界状态，气相与液相界限消失，故蒸发潜热为零。

各种油品在常压下的蒸发潜热如表 2-17 所示。油品越重，蒸发潜热越低。油品蒸发潜热随分子量的增加而减小。

表 2-17　各种油品在常压下的蒸发潜热

油品名称	汽油	煤油	柴油	润滑油
蒸发潜热/（kJ/kg）	293~314	251~272	230~251	188~230

油品烃类组成对蒸发潜热也有影响，由表 2-17 可以看出，同一种烃类，随着分子量增加，蒸发潜热减小。碳原子数相同时，烷烃蒸发潜热最小，环烷烃较大，芳香烃最大。这就是说当分子量与平均沸点相同时，含烷烃多的油品蒸发潜热比含芳香烃多的低。

石油馏分常压汽化潜热根据中平均沸点、相对密度和分子量这三个数据中的两个，直接从图 2-21 查出常压沸点时的汽化潜热。在其他温度条件下的汽化潜热，可用图查得校正因数

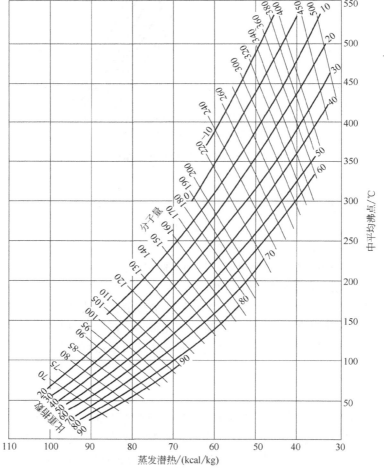

图 2-21　石油馏分常压汽化热图

ϕ，再按以下式子进行校正：

$$\Delta h_T = \Delta h_{\mathrm{b}} \phi \frac{T}{T_{\mathrm{b}}} \qquad （2\text{-}36）$$

式中　Δh_T——在温度 T（K）时的汽化潜热，J/kg；

　　　Δh_{b}——在常压沸点 T_{b} 时的汽化潜热，J/kg；

　　　ϕ——由图 2-22 查得的校正因子。

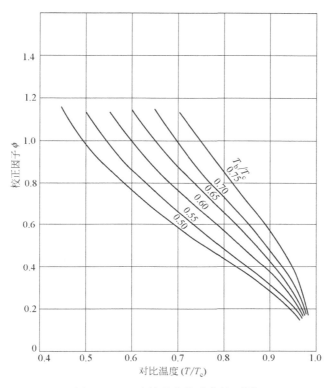

图 2-22　石油馏分汽化潜热校正图

三、热焓

在炼油工艺设计计算中广泛地应用热焓，因为它比质量热容、汽化潜热应用起来更为简便。

1.焓的定义

焓是物系的热力学状态函数之一，通常用 H 表示。定义如下：

$$H=U+PV \qquad （2\text{-}37）$$

式中，U、P、V 为体系的热力学能、压力、体积。

对热力学计算来说，重要的不是物系焓的绝对值，而是焓的变化值。焓的变化值只与物系的始态和终态有关，而与变化的途径无关。在恒压且只做膨胀功的条件下，物系焓值的变化等于体系所吸收的热量。

$$\Delta H = H_2 - H_1 = \Delta U + P\Delta V = Q_p \qquad (2\text{-}38)$$

式中　ΔH——物系焓变；

H_1——物系始态的焓；

H_2——物系终态的焓；

ΔU——物系热力学能的变化；

ΔV——物系体积的变化；

P——物系压力；

Q_p——物系恒压热。

物系热力学能的绝对值无法测得，因此焓的绝对值也无法确定，只能测定焓的变化值。为了便于计算，人为地规定某个状态下的焓值为零，称该状态为基准状态，而将物系从基准状态变化到某状态时发生的焓变称为该物系在该状态下的焓值。基准状态的压力通常都选用常压，即 101kPa；基准状态的温度则各不相同，对烃类来说，多采用–129℃，油品热焓的基准温度一般为–17.8℃，而有些常用气体焓的基准温度为 0℃。工程上焓的单位常为 kJ/kg 或 kJ/kmol。

焓值随所选基准状态的不同而不同，只有相对意义。所以，在计算某个物系物理变化的焓变时，物系的始态和终态焓值的基准状态必须相同，否则无法比较。

2.石油馏分焓值的求定

油品的焓值是油品性质、温度和压力的函数。不同性质的油品从基准温度恒压升温至某个温度时所需的热量不同，因此其焓值也不同。在相同温度下，相对密度小及特性因数大的油品具有较高的焓值，烷烃的焓值高于芳香烃的焓值，轻馏分的焓值高于重馏分的。压力对液相油品的焓值影响很小，可以忽略。但是压力对气相油品的焓值却有较大的影响，因此对于气相油品，在压力较高时必须考虑压力对焓值的影响。

在工艺计算中，纯烃及常用气体的焓可由有关图表查得。按可加性法则，石油馏分的焓可根据组成通过纯烃的焓求定，但多数情况下是利用石油馏分焓图（图 2-23）。此图的基准温度是–17.8℃，用 $K=11.8$ 的石油馏分的实验数据制成。当石油馏分的特性因数 K 不等于 11.8 时则要进行校正。图中有两组主要曲线，上方是气相石油馏分的焓值，下方是液相石油馏分的焓值，同一种油品在相同温度时查得的两组曲线上的焓值之差即为该油品在同一温度下的汽化潜热。两组曲线是根据常压下的实验数据制得，当压力高于常压时查得的焓值要进行校正。对 K 和压力的校正，气相油品可利用左上方的两张小图，液相油品 K 的校正可利用右边小图。

当压力高于 7MPa 时图 2-23 不适用，此时需要根据假临界温度、假临界压力、偏心因数和平均分子量在其他图表中求给定压力下的校正值。

当油品处于气、液混相状态时，应分别求定气、液相的性质，在已知汽化率的情况下按可加性求定其焓的变化。

对于恩式蒸馏曲线斜率小于 2 的石油窄馏分，相同温度时查得的气液相的焓值之差，即为该窄馏分在同一温度下的汽化热。

例如，将一相对密度 d_4^{20} 为 0.7796、特性因数 K 为 11.0 的石油馏分，从 100℃、1atm 下加热并完全汽化至温度为 316℃、压力为 27.2atm 时，其所需的热量可用图 2-23 求取：

① 由图 2-23 下方曲线，可查得 d_4^{20} 为 0.7796、特性因数 K 为 11.8 的液相石油馏分在 100℃时的焓值为 58kcal/kg；

② 由液相的焓对 K 的校正图可查得 $K=11.0$ 时的校正因子为 0.955，这样校正后的液相

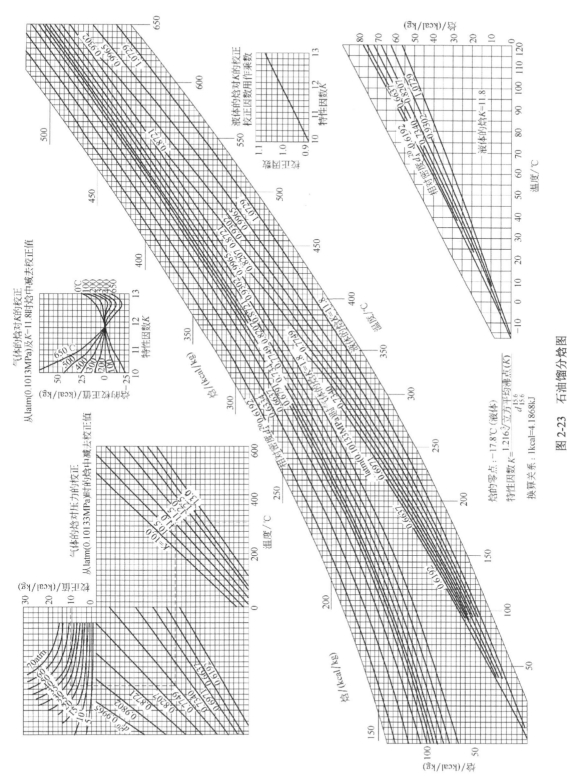

图 2-23 石油馏分焓图

焓值为 58×0.955=55（kcal/kg）；

③ 由图 2-23 上方曲线，可查得 d_4^{20} 为 0.7796、特性因数 K 为 11.8 的气相石油馏分在常压、316℃时的焓值为 251kcal/kg；

④ 由气相的焓对 K 的校正图可查得 K=11.0 时的校正值为 6kcal/kg，再由气相的焓对压力的校正图查得压力为 27.2atm 时的校正值为 11kcal/kg，如此校正后在 316℃、27.2atm 下的气相焓值为 251−6−11=234（kcal/kg）；

⑤ 由此可见，相对密度 d_4^{20} 为 0.7796、特性因数 K 为 11.0 的石油馏分，从 100℃、1atm 下加热并完全汽化至温度为 316℃、压力为 27.2atm 时，其所需的热量为 234−55=179（kcal/kg）=749（kJ/kg）。

第六节　燃烧性能

石油产品绝大多数都用作燃料，是易燃易爆的物质。因此研究油品与着火、爆炸有关的性质如闪点、燃点和自燃点等，对石油及其产品的加工、储存、运输和应用的安全有着极其重要的意义。石油产品燃烧放出的热量，更是获得能量的重要来源。

一、闪点

1.定义

闪点（或称闪火点）是指可燃性液体（如烃类及石油产品）的蒸气同空气的混合物在有火焰接近时，能发生闪火（一闪即灭）的最低温度。

在闪点下，只能使油蒸气与空气组成的混合物燃烧，而不能使液体油品燃烧。这是因为在闪点温度下液体油品蒸发较慢，油气混合物很快烧完后，来不及蒸发出足够的油气使之继续燃烧，所以在此温度下，点火只能一闪即灭。

油气和空气的混合气并不是在任何浓度下都能闪火爆炸。闪火的必要条件是混合气中烃或油气的浓度要在一定范围。低于这一范围，油气不足；高于这一范围，则空气不足，均不能闪火爆炸。因此这一浓度范围就称为爆炸极限，其下限浓度称为爆炸下限，上限浓度称为爆炸上限。

表 2-18 中列出了各种可燃气体及油品与空气混合时的爆炸极限及闪点、燃点、自燃点，这些数据是由实验测定的。

表 2-18　某些可燃气体及油品与空气混合时的爆炸极限、闪点、燃点和自燃点

名称	爆炸极限/%		闪点/℃	燃点/℃	自燃点/℃
	下限	上限			
甲烷	5.0	15.0	<−66.7	650～750	645
乙烷	3.22	12.45	<−66.7	472～630	530
丙烷	2.37	9.50	<−66.7	481～580	510
丁烷	1.36	8.41	<−60（闭）	441～550	490
戊烷	1.40	7.80	<−40（闭）	275～550	292

名称	爆炸极限/%		闪点/℃	燃点/℃	自燃点/℃
	下限	上限			
己烷	1.25	6.90	−22（闭）		247
乙烯	3.05	28.6	<−66.7	490～550	540
乙炔	2.5	80.0	<0	305～440	335
苯	1.41	6.75	—	—	580
甲苯	1.27	6.75	—	—	550
石油气（干气）	约3	约13	—	—	650～750
汽油	1	6	<28	—	510～530
灯用煤油	1.4	7.5	28～45	—	380～425
轻柴油	—	—	45～120	—	约350
重柴油	—	—	>120	—	300～330
润滑油	—	—	>120	—	300～380
减压渣油	—	—	>120	—	230～240
石油沥青	—	—	—	—	230～240
石蜡	—	—	—	—	310～432
原油	—	—	−6.7～32.2	—	约350

将油品加热时，温度逐渐升高，液面上方的蒸气压也升高，在与空气的混合气中，油蒸气的浓度逐渐增加到一定程度就达到爆炸下限，然后再增至爆炸上限。油品的闪点通常都是指达到爆炸下限的温度，而汽油则不同，在室温下汽油的蒸气压较高。在混合气中其蒸气浓度已大大超过爆炸上限，只有冷却降低汽油的蒸气压，才能达到发生闪火时的蒸气浓度，故测得汽油的闪点是它的爆炸上限时的温度。

闪点是评价油品安全性的指标，可燃液体的危险等级就是根据闪点来划分的（见表2-19）。

表2-19 石油产品的危险等级

油品名称	闪点/℃	失火危险等级	备注
溶剂油类、汽油类、苯类	<28	1级	易燃石油产品
煤油类	28～45	2级	易燃石油产品
柴油、重油类	45～125	3级	可燃石油产品
润滑油、润滑脂类	>120	4级	可燃石油产品

2.闪点与油品组成的关系

油品的闪点与馏分组成、烃类组成及压力有关。油品的沸点越高，其闪点也越高，但只要有极少量轻质油品混入高沸点油品中，就可以使其闪点显著降低。烯烃的闪点比烷烃、环烷烃和芳香烃的都低。闪点随大气压力的下降而降低。实验表明，当大气压力降低133.33Pa时，闪点降低0.033～0.036℃。

3.闪点的测定方法

测定油品闪点的方法有闭口杯法（GB/T 261—2008）和开口杯法（GB 267—1988）两种，都是条件性实验。闭口杯法测定时油品蒸发是在密闭的容器中进行，对于轻质石油产品和重质石油产品都能测定；开口杯法测定时油蒸气可以自由地扩散到空气中，一般用于测定重质油料，如润滑油和残油等的闪点。同一油品的开口杯闪点值比闭口杯闪点值高，且油品闪点越高，两者的差别越大。

二、燃点和自燃点

1.定义

在油品达到闪点以后，如果继续提高温度，则会使闪火不立即熄灭，生成的火焰越来越大，熄灭前所经历的时间也越来越长，当达到某一温度时，引火后所生成的火焰不再熄灭（不少于5s），这时油品就燃烧了。发生这种现象的最低温度称为燃点。显然，燃点也是条件性的数值。

汽化器式发动机燃料、喷气燃料以及锅炉燃料等的燃烧性能都与燃点有关。测定闪点和燃点的时候需要从外部引火。如果将油品预先加热到很高温度，然后使之与空气接触，则无须引火，油品即可因剧烈的氧化而产生火焰自行燃烧，这就是油品的自燃。能发生自燃的最低温度，称为自燃点。

油品的沸点越低，则越不易自燃，故自燃点也就越高。这一规律似乎与通常的概念——油愈轻愈容易着火相矛盾。事实上这里所谓的着火，应该是指被外部火焰所引着，相当于闪点和燃点。油越轻，其闪点和燃点越低，但自燃点却越高。

2.自燃点与烃类组成的关系

自燃点与化学组成有关。烷烃比芳香烃容易氧化，所以烷烃的自燃点比较低，环烷烃介于两者之间。含烷烃多的油品自燃点较低，含芳香烃多的油品自燃点较高。在同族烃中，随着分子量的升高，自燃点降低。

当炼油装置高温管线接头、法兰或炉管等地方漏出热油时，一遇空气往往会燃烧起来而发生火灾，这种现象与油品自燃点有密切关系。我国原油大多数为石蜡基原油，自燃点较低，应特别注意安全。

因此，从安全防火角度来说，轻质油品应特别注意严禁烟火，以防遇外界火源而燃烧爆炸；重质油品则应防止高温油品泄漏，以防遇到空气引起自燃，酿成火灾。

三、热值

1.定义

单位质量的油品完全燃烧时所放出的热量，称为质量热值，单位是 kJ/kg；单位体积的油品完全燃烧时所放出的热量，称为体积热值，单位是 kJ/m^3。热值是加热炉工艺设计中的重要数值，也是某些燃料规格中的指标。

石油和油品主要是由碳和氢组成的。完全燃烧后的主要生成物为二氧化碳和水。依照油品燃烧后水存在的状态不同，发热值可分为高热值和低热值。

高热值又称为理论热值，它是燃料燃烧的起始温度和燃烧产物的最终温度均为15℃，且燃烧生成的水蒸气完全被冷凝成水所放出的热量。

低热值又称为净热值，它与高热值的区别在于燃烧生成的水是以蒸汽状态存在。如果燃料中不含水分，高、低热值之差即为15℃和其饱和蒸气压下水的蒸发潜热。

在实际燃烧中，排出烟气的温度要比水蒸气冷凝温度高得多，水分并没有冷凝，而是以水蒸气状态排出。所以在通常计算中，均采用低热值。

2.热值与油品组成的关系

组成石油产品的各种烃类的低热值为 39775～43961kJ/kg。由于氢的质量热值远比碳高，因此，氢碳比越高的燃料其质量热值也越大。在各类烃中，烷烃的氢碳比最高，芳香烃最低。因此对碳原子数相同的烃类来说，其质量热值的顺序为烷烃＞环烷烃、烯烃＞芳香烃。但对于体积热值来说，其顺序正好与此相反，即芳香烃＞环烷烃、烯烃＞烷烃。这主要是由于芳香烃的密度较大，而环烷烃密度较小。对于同类烃而言，随着沸点升高，密度增大，则其体积热值变大，而质量热值变小。

从表 2-20 可以看出，从己烷到苯，它们的热值相差超过 4187kJ/kg。

表 2-20　热值与烃类组成的关系

烃类	分子式	组成（质量分数）/%		热值/（kJ/kg）	
		C	H	高	低
己烷	C_6H_{14}	83.74	16.26	48399	44790
环己烷	C_6H_{12}	85.72	14.28	46683	43455
苯	C_6H_6	92.31	7.69	41808	40164

3.热值的求定

油品的热值可用实验方法测定，也可以用经验公式及图表来求。

用航空燃料的苯胺点和相对密度根据经验公式可计算航空汽油和喷气燃料的净热值，其计算式为：

$$Q_p = a + b（AG） \tag{2-39}$$

式中　Q_p——无硫油样的净热值，MJ/kg；

　　　A——苯胺点，℉；

　　　G——相对密度，API 度；

　　a、b——常数，不同规格的航空燃料其常数见 GB 2429—1988。

各种石油产品的热值见表 2-21。

表 2-21　石油产品热值

石油产品	汽油	煤油	锭子油	机械油	重油
热值/（kJ/kg）	47018	46302	45632	45611	45397

注：工程上热值通常都用低热值。

第七节　石油的临界性质

一、临界性质

为了制取更多的高质量的燃料和润滑油等石油产品，常要将石油馏分在高温、高压下加工。但是在高压状态下，实际气体已不符合理想气体分压定律（道尔顿定律），实际溶液也不符合理想溶液蒸气压定律（拉乌尔定律），因此在高压条件下应用理想气体和理想溶液定律时需要校正，这就要借助于临界性质。

不论在什么压力之下也不能将气体液化的最低温度称为临界温度，以 T_c 表示。在临界温度时相应的压力称为临界压力，以 P_c 表示。当温度低于临界温度时升高压力可以将气体变为液体，而高于临界温度时，无论加多大压力也不能使气体变为液体。因此，临界温度是纯物质或烃类能处于液体状态的最高温度。在临界点时，气液界面消失，气体和液体呈浑浊状无法区别。所以在该点两相变化时，体积不变，也没有热效应，不需要汽化热。

纯物质和烃类的临界常数均可从有关图表集或手册中查到。

1.二元混合物的临界性质

对烃类混合物和石油馏分而言，其临界点的情况要复杂得多。要分析这个问题，需先从二元系统在不同温度和压力下的相变化入手。图 2-24 是正戊烷 47.6%（质量分数）和正己烷 52.4%（质量分数）的二组分混合物的 P-T 图。

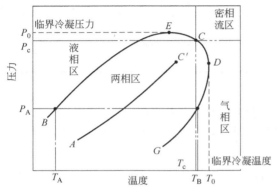

图 2-24 正戊烷-正己烷的 P-T 关系图

图 2-24 中在 BEC 线上是液体刚刚开始沸腾的温度，称为泡点线；在 GDC 线上是气体刚刚开始冷凝的温度，称为露点线。泡点线左方是液相区，露点线右方是气相区，两曲线之内是两相区。此混合物在某一压力 P_A 下加热，升温至 T_A（在泡点线上）时开始沸腾，但一经汽化液相中正戊烷的组分质量就减少了，为保持饱和蒸气压仍为 P_A 必须相应地提高液相温度，于是边沸腾边升温，直至达到露点线上的 T_B 混合物才刚好全部

汽化。$T_A \sim T_B$ 是该混合物在压力 P_A 下的沸点范围。泡点线与露点线的交点 C 称为临界点，在 C 点气液两相性质无从区分。但它与纯烃不同，C 点既非气液相所能共存的最高温度，又非气液相所能共存的最高压力点（即 T_c 和 P_c 点）。而对于纯化合物这三个点是重合的，如 AC'线上的 C'点。

这就是说混合物在高于其临界点的温度下仍可能有液体存在，一直到 T_0 点为止，故 T_0 点的温度称为临界冷凝温度。同样在高于临界点的压力下仍可能有气体存在，一直到 P_0 点为止。故 P_0 点的压力称为临界冷凝压力。

当二组分混合物的组成发生变化，则临界点 C 也随混合物组成变化而改变。以上所说的混合物的临界点 C 是根据实验测定的，通常称为真临界温度 T_C 与真临界压力 P_C。

在图 2-24 中，如果用一种挥发度与二元混合物相当的纯烃作蒸气压曲线 AC'，C'点即称为该二元混合物的假临界点（或称虚拟临界点），用 T_C' 与 P_C' 表示假临界点的温度和压力。假临界点是混合物中各组分的临界常数的分子平均值，可按下式计算得到：

$$T_C' = \sum X_i T_{Ci} \tag{2-40}$$

$$P_C' = \sum X_i P_{Ci} \tag{2-41}$$

式中　T_{Ci}、P_{Ci}——混合物中 i 组分的临界温度与临界压力；

X_i——混合物中 i 组分的摩尔分数，%。

石油馏分显然比上述二元混合物复杂得多，但基本情况大致相似。石油馏分也有真临界

温度、真临界压力、假临界温度和假临界压力。石油馏分的假临界常数是一个假设值，是为了便于查阅油品的一些物理常数的校正值而引入的一种特性值，不能用实验方法测得。

石油馏分的真临界常数和假临界常数的数值不同，在工艺计算中用途也不同。在计算石油馏分的汽化率时常用真临界常数。假临界常数则用于求定其他一些理化性质。

表2-22是几种油品临界常数，由此可见，油品越重，其临界温度越高，而临界压力越低。

表2-22　油品的临界常数

油品	相对密度 d_4^{20}	沸点范围/℃	临界温度/℃	临界压力/MPa
汽油	0.759	54～220	316	3.47
煤油	0.836	188～316	436	2.11
粗柴油	0.836～0.887	—	453～478	约1.03
润滑油	0.834	—	455	—

2.石油馏分的临界常数的求取方法

石油馏分临界常数的实际测定比较困难，一般常借助其他物性数据用经验关联式或有关图表求取。

石油馏分的真、假临界温度（T_C、T_C'）可以从图2-25和图2-26根据平均沸点和相对密度求定。假临界压力 P_C' 可从图2-27根据相对密度和中平均沸点求定。真临界压力（P_C）可从图2-28根据真临界温度与假临界温度的比值以及假临界压力来求定。

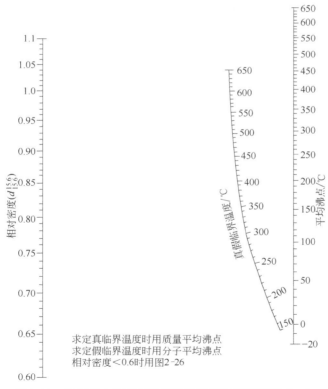

图2-25　烃类混合物和石油馏分的真假临界温度图（一）

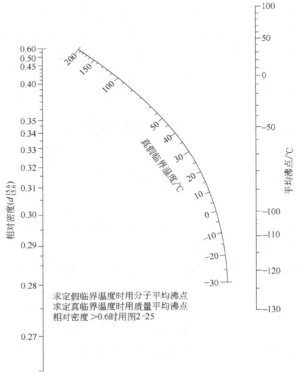

图 2-26　烃类混合物和石油馏分的真假临界温度图（二）

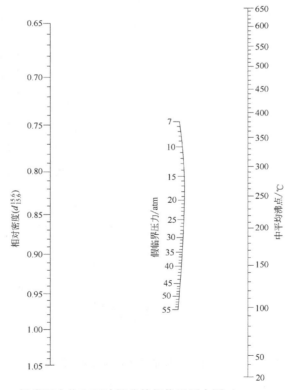

图 2-27　烃类混合物和石油馏分的假临界压力图（1atm=101.3kPa）

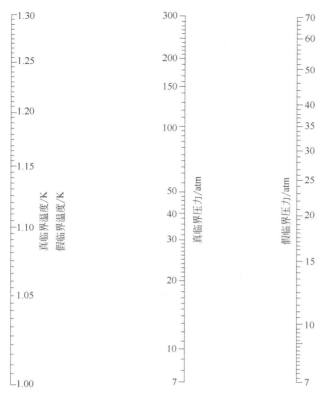

图 2-28　烃类混合物和石油馏分的真假临界压力图

二、压缩因数

每种物质的临界常数随物质本身的性质不同而异。但对许多物质的研究发现，在临界状态时，各种物质的 P、V、T 的关系相近似，若两种物质的状态和它们的临界状态相比也相近似时，则认为这两种物质的状态也相近似。

对比状态是用来表示物质的状态与临界状态的接近程度，也叫对应状态。各种物质的对比温度 T_r、对比压力 P_r、对比体积 V_r 是各自的温度、压力、体积与临界常数 T_C、P_C、V_C 的比值。

$$T_r = \frac{T}{T_C} \tag{2-42}$$

$$P_r = \frac{P}{P_C} \tag{2-43}$$

$$V_r = \frac{V}{V_C} \tag{2-44}$$

石油蒸气在高压下，其温度 T、压力 P 和体积 V 的关系已不符合理想气体状态方程。若用理想气体状态方程式的形式来表示实际气体状态方程式，则要进行校正。

$$PV=ZnRT \tag{2-45}$$

上式中的 Z 为压缩因数，它是与温度、压力、气体性质有关的系数，对于理想气体 $Z=1$。

在对比状态下各种物质有相似的特性，因此可以用对比状态来求压缩因数（也称压缩系数）。这时的压缩因数就不受物质性质的影响，简化了求压缩因数的过程。图 2-29 是物质的对比状态与压缩因数的关系图。

混合物的压缩因数按下式计算：

$$Z_{混} = \sum n_i Z_i \tag{2-46}$$

式中　$Z_{混}$——混合物的压缩因数；

　　　n_i——混合物中 i 组分的摩尔分数；

　　　Z_i——混合物中 i 组分的压缩因数。

三、偏心因数

液体有简单流体与非简单流体之分。简单流体是指升高压力条件下，物质分子间引力恰好在分子中心的一类流体，一般是球形对称分子，例如氢、氩等。它们的特点是压缩因数只是对比温度 T_r 与对比压力 P_r 的函数。非简单流体是指在升高压力的条件下，物质分子间的引力不在分子中心的一类流体，如乙烷、丙烷等各种烃类分子和 H_2S、CO_2 等。它们的分子具有极性或微极性。它们的特点是压缩因数不但是对比温度 T_r 和对比压力 P_r 的函数，而且还是偏心因数 θ 的函数。非简单流体的压缩因数 Z 用下式表示：

$$Z = Z^0 + \theta Z' \tag{2-47}$$

式中　Z——非简单流体的压缩因数；

　　　Z^0——简单流体的压缩因数，其 $\theta=0$；

　　　Z'——非简单流体的压缩因数，其 $\theta \neq 0$；

　　　θ——偏心因数，因物质及组成不同而不同。

偏心因数 θ 是反映非简单流体分子几何形状和极性的一个特征参数。它随分子结构的复杂程度和极性的增加而增大。对于同一系列烃类，分子量越大，其偏心因数也越大；当分子中的碳数相同时，烷烃的偏心因数较大，环烷烃和芳香烃的较小。对于实际体系，应引入偏心因数，否则会引起较大误差。愈接近简单流体的物质，其 θ 愈小，如甲烷的 θ 为 0.0104，可以看作简单流体。

纯烃的偏心因数 θ 可自有关图表中查出。已知组分混合物的偏心因数通常可按可加性法则计算。

$$\theta_{混} = \sum X_i \theta_i \tag{2-48}$$

式中　X_i——混合物中 i 组分的摩尔分数；

　　　θ_i——混合物中 i 组分的偏心因数。

石油馏分的偏心因数也可用以下经验式进行估算：

$$\theta = \frac{3}{7}\left(\frac{\lg P_c}{T_c / T_b - 1}\right) - 1 \tag{2-49}$$

式中　P_c——临界压力，atm（绝）；

　　　T_c——临界温度，K；

　　　T_b——分子平均沸点。

偏心因数在石油加工设备设计中应用很广泛，可用于求取石油馏分的压缩因数、饱和蒸气压、热焓、比热容等，以及用于某些物性参数的关联。气体通用压缩因数图见图2-29。

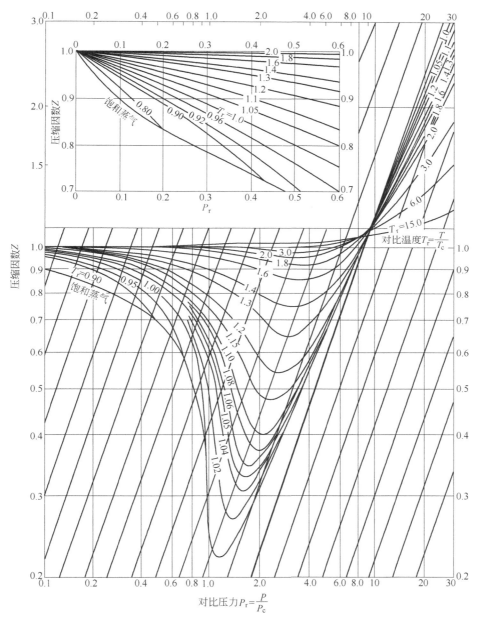

图2-29　气体通用压缩因数图

注：此图只有在 $T_r > 2.5$ 时才能用于氢气、氮气和氖气，此时 $T_r = \dfrac{T}{T_c + 8}$，$P_r = \dfrac{P}{P_c + 8}$

第八节 其他性质

一、溶解性质

1.苯胺点

苯胺点是石油馏分的特性数据之一，它也能反映油品的组成和特性。

烃类在溶剂中的溶解度取决于烃类和溶剂的分子结构，两者的分子结构越相似，溶解度也越大，升高温度能增大烃类在溶剂中的溶解度。在较低温度下将烃类与溶剂混合，由于两者不完全互溶而分成两相，加热此混合物，因为溶解度随温度升高而增大，当加热至某温度时，两者就达到完全互溶，界面消失，此时的温度即为该混合物的临界溶解温度。因此，临界溶解温度低反映了烃类和溶剂的互溶能力大，同时也说明了两者的分子结构相似程度高。溶剂比不同时，临界溶解温度也不同，苯胺点就是在规定的试验条件下，油品与等体积苯胺达到临界溶解的温度。

分子量相近的各类烃中，芳香烃的苯胺点比烷烃和环烷烃都低很多，而多环芳烃的苯胺点则比单环芳烃更低。至于对同族烃类而言，苯胺点虽然随着分子量增大而升高，但是上升的幅度却很小，因此油品或烃类的苯胺点可以反映它们的组成特性，根据油品的苯胺点可以求得柴油指数、特性因数、分子量等。

2.水在油品中的溶解度

水在油品中的溶解度很小，但对油品的使用性能却会产生很坏的影响，其原因主要是水在油品中的溶解度随温度而变化，当温度降低时溶解度变小，溶解的水就析出成为游离水。从炼油厂装置中送出的汽、煤、柴油成品的温度往往在40℃左右，储运过程中温度降低时就有游离水析出，这些水大部分沉积在罐底，一部分仍保留在油品中。微量的游离水存在于油品中使油品储存安定性变坏，引起设备腐蚀，同时使油品的低温性能变差（如航空燃料的结晶点升高）。因此，在生产过程中，应密切注意水在油品中的溶解度随温度变化的问题。

油品的化学组成对水的溶解度是有影响的，一般来说，水在芳香烃和烯烃中的溶解度比在烷烃和环烷烃中的溶解度大。因此，富含环烷烃的航空煤油馏分，当除去大部分芳香烃后，则对水的溶解度很低，低温性能良好。在同一类烃中，随着分子量的增大和黏度增加，水在其中的溶解度减小。

二、光学性质

石油及油品的光学性质对研究石油的化学组成具有重要的意义。利用光学性质可以单独进行单体烃类或石油窄馏分化学组成的定量测定，或与其他方法联合起来研究石油宽馏分的化学组成。石油和油品的光学性质中以折射率最为重要。

1.评价光学性质的指标

折射率即光的折射率，旧称折光率，是真空中光的速度（$2.9986 \times 10^8 \text{m/s}$）和介质中光的速度之比，以 n 表示，其数值均大于1。

2.光学性质的影响因素

油品的折射率一方面取决于其化学组成，碳原子数相同时，芳香烃的折射率最高，其次是环烷烃和烯烃，烷烃的折射率最低。在同族烃中，分子量变化时折射率也随之一定范围内增减，但远不如分子结构改变时的变化显著。烃类混合物的折射率服从可加性规律。

另一方面与光的波长、温度有关。光的波长越短，物质越致密，光线透过的速度就越慢，折射率就越大。温度升高，折射率变小。为了得到可以比较的数据，通常以 20℃时，钠的黄色光（波长 5892.6Å，1Å=10^{-10}m）来测定折射率，以 n_D^{20} 表示。对于含蜡较多、熔点较高的油品，则须在 70℃下测定折射率，用 n_D^{70} 表示。有机化合物在 20℃时的折射率一般为 1.3～1.7。

3.折射率的求定

不同温度下的折射率按下式换算：

$$n_D^{t_0} = n_D^t - \alpha(t - t_0) \tag{2-50}$$

式中　$n_D^{t_0}$ ——规定温度下的（例如 20℃）折射率；

　　　n_D^t ——测定温度下的折射率；

　　　α ——温度系数，其值大多在 0.0004～0.0006 之间。

油品的折射率常用以确定油品的族组成，也用以确定柴油、润滑油的结构族组成。此外，炼油厂的中间控制分析也采用折射率来求定残炭值。

三、电性质

纯净的油品是非极性介质，呈电中性，不带电不导电，电阻很大，是很好的绝缘体。如变压器油在变压器和油开关等电器中是很好的绝缘介质。但石油产品不可避免地含有某些杂质，杂质含量以及杂质分子极性强弱影响油品导电性的大小。

油品中的杂质包括各种氧化物、胶质、沥青质、有机酸、碱、盐以及水分等。这些杂质分子都能电离，极性越强越易电离。这些活性化合物只要极低的浓度，就可使液体介质带电。所以油品一般都有一定的导电性。

油品在加注、输送过程中，与管壁、容器壁、阀门等强烈摩擦，产生静电。由于油品的导电性很差，油品中积累大量静电荷，有时可达数千甚至数万伏高压，从而引起火花放电。而静电火花能量超过 0.25MJ，可燃性气体会被电火花点燃，引起燃烧爆炸。

为防止静电着火事故，广泛采用改进输油操作方法、改进加油设备、在航空汽油和喷气燃料中加入抗静电添加剂等措施，取得很好效果。

四、表面张力及界面张力

1.表面张力

在石油加工过程中，蒸馏、萃取、吸收等工艺过程常涉及有关表面张力及界面张力的问题。界面张力也是变压器油等石油产品的质量指标之一。

（1）表面张力的定义　液体表面分子与其内部分子所处的环境不同，存在一种不平衡力场。内部分子所受到其他分子的引力各方向相同，相互平衡，合力为零。表面分子受上方气相分子的引力远小于受下方液相分子的引力，合力不等于零，形成一个垂直于表面指向液体内部的内向引力。这个内向引力使液体有尽量缩小其表面积的倾向。

表面张力定义为液体表面相邻两部分单位长度上的相互牵引力，其方向与液面相切且与分界线垂直，单位 N/m，常用符号 σ 表示。表面张力还可定义为液体增大单位表面积时所需要的能量（$J/m^2 = N/m$），也称为液体的表面能或表面自由能。

（2）表面张力的影响因素　液体的表面张力的大小与液体的化学组成、温度、压力以及所接触气体的性质等因素有关。烃类等纯化合物的表面张力数据从有关图表集中查得（如表2-23）。当温度相同，碳原子数相同时，芳香烃的表面张力最大，环烷烃的次之，烷烃的最小。正构烷烃的表面张力随分子量的增大而增大，环烷烃则不一定如此，芳香烃的表面张力随分子量变化的程度较小，烃类的表面张力均随温度的升高而减小。温度趋近临界温度时，表面张力趋近于零。

表 2-23　烃类在不同温度下的表面张力

烃类		表面张力/（$\times 10^{-3}$N/m）			
		20℃	40℃	60℃	80℃
正构烷烃	正戊烷	16.0	13.9	11.8	9.7
	正己烷	18.4	16.0	14.0	12.1
	正庚烷	20.3	18.2	16.3	14.4
	正辛烷	21.8	19.6	17.8	16.0
环烷烃	环戊烷	22.0	19.6	17.2	14.9
	环己烷	25.2	22.9	20.6	18.4
	甲基环己烷	23.5	21.5	19.5	17.5
	乙基环己烷	25.2	23.3	21.5	19.6
芳香烃	苯	28.8	26.3	23.7	21.2
	甲苯	28.5	26.2	23.9	21.7
	乙苯	29.3	27.1	25.0	22.9
	丙苯	29.0	27.0	24.9	23.0

液体的表面张力随压力的增大而减小，减小的幅度随所接触气体性质的不同而不同。

（3）石油馏分的表面张力　石油馏分在常温下的表面张力一般在 $24\times 10^{-3} \sim 39\times 10^{-3}$N/m 之间，汽油、煤油、润滑油的表面张力分别约为 26×10^{-3}N/m、30×10^{-3}N/m 和 34×10^{-3}N/m。未经精制的石油馏分中还有一些具有表面活性的非烃类物质，这些物质富集在表面而使表面张力降低。

石油馏分的表面张力可由石油馏分的特性因数、温度、临界温度查图求取，或用下列经验式求取。

$$\sigma = \{673.7[(T_c - T)/T_c]^{1.232}/K\} \times 10^{-3} \tag{2-51}$$

式中　σ——液体的表面张力，N/m；

　　　T_c——临界温度，K；

　　　T——体系温度，K；

　　　K——特性因数。

2.界面张力

界面张力是指增加单位液-液相界面面积时所需的能量。与液体的表面能相似，两个液相界面上的分子所处的环境和内部分子所处的环境不同，因而能量也不同。界面张力的单位也是 N/m。界面张力对于萃取等液-液传质过程有重要影响。虽然温度和压力对于界面张力都有影响，但温度的影响要大得多。

石油及石油馏分在生产和应用过程中常与水接触，如原油的脱盐脱水、油品酸碱精制后的水洗、柴油乳化等。油-水界面上的界面张力受两相化学组成及温度等因素的影响。油水体系中少量的表面活性物质会显著影响其界面张力，可增加或降低其界面膜的强度，从而导致油水乳状液的稳定或破坏。原油电脱盐工艺中的破乳，就是利用表面活性物质（破乳剂）破坏油水乳状液界面膜的典型例子。

对于烃类与水的界面张力可近似用下式计算：

$$\sigma_{HW} = \sigma_H + \sigma_W - 1.10(\sigma_H \sigma_W)^{1/2} \tag{2-52}$$

式中　σ_{HW}——烃、水间的界面张力，N/m；

　　　σ_H——烃类的表面张力，N/m；

　　　σ_W——水的表面张力，N/m。

习　　题

一、单选题

1. 石油馏分的蒸气压随着温度的升高而（　　）。
   A.减小　　　　　　B.增大　　　　　　　C.不变　　　　　　　D.无法确定

2. 用石油馏分的馏程测定数据直接算得的平均沸点是（　　）。
   A.质量平均沸点　B.实分子平均沸点　C.体积平均沸点　　D.中平均沸点

3. 我国标准规定，温度为（　　）时的密度为标准密度。
   A.15℃　　　　　　B.20℃　　　　　　　C.25℃　　　　　　　D.0℃

4. 在碳原子数相同的情况下，（　　）的密度最大。
   A.烷烃　　　　　　B.环烷烃　　　　　　C.烯烃　　　　　　　D.芳香烃

5. 以下烃类中，（　　）的特性因数最大。
   A.烷烃　　　　　　B.环烷烃　　　　　　C.芳香烃　　　　　　D.烯烃

6. 在现行国际单位制中，运动黏度的单位是（　　）。
   A.Pa·s　　　　　　B.Pa　　　　　　　　C.mm^2/s　　　　　　D.cSt

7. 油品黏度随温度变化的这种性质通常称为（　　）。
   A.黏度比　　　　　B.黏度指数　　　　　C.混合黏度　　　　　D.黏温性质

8. 在测定汽油的闪点时，测出的是（　　）。
   A.闪火的上限　　B.闪火的下限　　　C.自燃点　　　　　　D.燃点

9. 在一定的试验条件下，当油品冷却到某一温度，并且将储油的试管倾斜45°角，而且经过 1min 后，肉眼看不出管内液面位置有所移动，产生这种现象的最高温度就是该油品的（　　）。
   A.冰点　　　　　　B.凝点　　　　　　　C.浊点　　　　　　　D.倾点

10. 以下烃类中，（   ）的苯胺点最高。

    A.烷烃   B.环烷烃   C.芳香烃   D.多环芳香烃

二、判断题

1. 石油及油品的物理化学性质同它们的化学组成和结构特点密切相关。   （   ）

2. 低硫石蜡基原油的相对密度比环烷基原油的相对密度大。   （   ）

3. 特性因数是表征烃类和石油及其馏分的化学性质的一个重要参数。   （   ）

4. 油品的沸点低，则其燃点高。   （   ）

5. 分子量相近的烃类，环状结构分子的黏度大于链状结构分子的黏度，而且环数越多，黏度越大。   （   ）

6. 多环短侧链环状烃的黏温性质很差。   （   ）

7. 实践证明，油品的黏度具有可加性。   （   ）

8. 低热值又称为净热值，它与高热值的区别在于燃烧生成的水是以蒸汽状态存在。

    （   ）

9. 苯胺点就是以苯胺为溶剂，与油品以 1∶1（体积比）混合时的临界溶解温度。

    （   ）

10. 折射率即光的折射率，是真空中光的速度（2.9986×10^8 m/s）和物质中光的速度之比，以 n 表示。   （   ）

三、简答题

1. 纯物质及混合物的蒸气压各与哪些因素有关？为什么？

2. 什么是油品的特性因数？为什么根据特性因数的大小可以大致判断石油及其馏分的化学组成？

3. 烃类的黏度与其化学组成结构有何关系？

4. 黏度与温度之间有什么关系？黏温性质的表示方法是什么？

5. 油品在低温下失去流动性的原因是什么？表示石油及其产品流动性的质量指标是什么？

第三章

石油产品的分类和发动机燃料

第一节　石油产品的分类

石油产品可以按其性质和用途分为若干类别。每一类中又可以按照使用对象和使用效能分为不同品种。每一品种中还可以按照油品在使用条件和使用特点上的区别而分为若干牌号。如在燃料这个类别中有航空汽油、车用汽油等汽油品种，在每一种汽油中又分为若干牌号，如车用汽油有 92 号、95 号、98 号等。

一、石油产品总分类

1987 年，参照国际标准化组织 ISO 8681 标准，我国颁布了 GB 498—87《石油产品及润滑剂的总分类》，2014 年对其进行了修订，相应颁布了 GB/T 498—2014。GB/T 498—2014 规定，根据石油产品的主要特征将石油产品分为：燃料、溶剂和化工原料、润滑剂和有关产品、蜡、沥青等 5 类。其类别代号是按反映各类产品主要特征的英文名称的首字母确定的，见表 3-1。

表 3-1　石油产品的总分类表

GB/T 498—2014		ISO 8681	
类别	各类别含义	类别	各类别含义
F	燃料	F	fuels
S	溶剂和化工原料	S	solvents and raw materials for chemical industry
L	润滑剂、工业润滑油和有关产品	L	lubricants, industrial oil and related products
W	蜡	W	waxes
B	沥青	B	bitumen

其中，各种燃料产量最大，约占总产量的 90%；各种润滑油品种最多，虽其产量仅占原油加工总量的 2%左右，但因其使用对象、条件千差万别，品种繁多，应用广泛，而且使用要求严格，是除石油燃料之外最重要的一类石油产品。

二、石油燃料分类

石油燃料占石油产品总量的 90%以上，其中以汽油、柴油等发动机燃料为主。GB/T 12692.1—2010《石油产品 燃料（F 类）分类 第 1 部分：总则》将燃料分为四组，见表 3-2。

表 3-2　石油燃料的分组

组别	燃料类型	各类别含义
C	气体燃料	主要由甲烷或乙烷，或它们混合组成
L	液化气燃料	主要由 C_3、C_4 的烷烃和烯烃混合组成，并经加压液化
D	馏分燃料	常温常压下为液态的石油燃料，包括汽油、煤油和柴油，以及含有少量蒸馏残油的重质馏分油（锅炉燃料）
R	残渣燃料	主要由蒸馏残油组成

三、气体燃料分类

石油炼制过程中产生的烃类气体，即炼厂气，主要是常温常压下为气态的 $C_1 \sim C_4$ 各种烃类，即石油燃料中的气体燃料类（C 和 L 组）。作为石油商品的气体燃料主要是瓦斯、液化石油气和丁烷（加压液化），它们的产品概况见表 3-3。

表 3-3　气体燃料类产品概况

产品名称	状态	主要用途
瓦斯	C_1，C_2 气体	燃料，制氢原料
液化石油气	C_3，C_4 混合烃加压液态	工业及民用燃料，汽车燃料，化工原料
丁烷	加压液态	玻璃加工等专用燃料，打火机专用气，人工发泡剂

气体燃料根据其用途可分为发动机燃料和民用燃料。

1.发动机燃料

尽管气体燃料作为发动机燃料在储运时并不方便，但由于它有挥发性很高和抗爆震性能好等特点，在某些情况下还要使用。例如燃气汽车类型及其所用燃料见表 3-4。

表 3-4　燃气汽车类型及其所用燃料

汽车类型	燃料
压缩天然气（CNG）	将天然气经多级加压到 20MPa 左右，储存在高压气瓶内作为燃料
液化天然气（LNG）	将天然气经低温液化后，储存在绝热气瓶内作为燃料
吸附天然气（ANG）	将天然气吸附在储罐内的活性炭中，作为燃料
液化石油气（LPG）	将烃类混合物稍加压（1.6MPa 左右），使之成为液态存储在气瓶中作为燃料

2.民用燃料

天然气、管道煤气和液化石油气都是很好的家庭生活用燃料，其中液化石油气的热值远高于一般的城市煤气。由于纯净的气体燃料没有味道，如果它从容器或管道中泄漏出来，就会引起火灾或中毒。为了避免这类事故发生，增强使用时的安全性，在以上燃料中加入一种添加剂——臭味剂。

四、馏分燃料分类

根据发动机工作原理的不同将馏分燃料（D组）分为四大类，见表3-5。

表3-5 馏分燃料的分类和使用范围

类别	种类	名称	使用范围
汽油机燃料	航空燃料	航空汽油	活塞式航空发动机、快速舰艇发动机
	汽车燃料	车用汽油	汽油机汽车、摩托车、舰艇汽油发动机
柴油机燃料	高速柴油机燃料	轻柴油军用柴油	各种柴油机汽车及牵引机、坦克柴油发动机、拖拉机、内燃机车和舰艇柴油发动机
	中速柴油机燃料	重柴油	中速柴油机
	大功率低速柴油机燃料	船用燃料	大功率低速柴油机
喷气发动机燃料	喷气燃料	煤油型宽馏分型高闪点型大密度型	涡轮喷气发动机、涡轮风扇发动机、涡轮轴发动机、涡轮螺桨发动机、桨扇发动机
锅炉燃料	锅炉燃料	舰用燃料油	舰船锅炉

不同使用场合对所用燃料的质量要求不同。产品质量标准的制定是综合考虑产品使用要求、所加工原油的特点、加工技术水平及经济效益等因素，经一定标准化程序，对每一产品制定出相应的质量标准（俗称规格），作为生产、使用、储运和销售等各部门必须遵守的具有法规性的统一指标。在我国主要执行的有中华人民共和国强制性国家标准（GB）、推荐性国家标准（GB/T）、国家军用标准（GJB）、石油和石油化工行业标准（SY、SH）和企业标准（QB）等数种。

第二节 汽油

热能转化为机械能的热力发动机有内燃机和外燃机。液体燃料直接在发动机气缸内燃烧做功的机械称为内燃机，如汽油机、柴油机及喷气发动机等，所用的燃料主要是汽油、柴油和喷气燃料（统称为发动机燃料），用量最大也最重要。外燃机是在单独的设备（如锅炉）中燃烧，产生蒸汽或燃气用以推动透平做功的机械，如蒸汽透平、燃气轮机等，可用煤、天然气或重油等作燃料。

使用汽油作燃料的有小汽车、摩托车、载重汽车和螺旋桨飞机等。这种类型的发动机称为汽化器式发动机，又可称为点燃式发动机或汽油机。它们有单位功率所需金属质量小，发动机比较轻巧，转速高等优点。汽油分两类，一类是车用汽油，另一类是航空汽油。这里主要介绍车用汽油的有关知识。汽车的设计制造与汽油的使用性质是密切相关的，汽油的质量必须满足点燃式发动机的要求。

一、汽油机的工作过程及对汽油的使用性能要求

汽油的使用要求来源于汽油机的工作要求，因此必须先讨论汽油机的工作原理和过程。

1.汽油发动机工作过程

按燃料与空气混合及供给方式不同，汽油机可分为化油器及喷射式两大类。化油器式汽油发动机现在基本上已淘汰。

喷射式汽油发动机就是用喷油器将一定数量和压力的汽油直接喷射到气缸或进气歧管中，与进入的空气混合而形成可燃混合气，它是主动式的燃油供给方式，可以主动控制燃油的数量和压力。它具有空气流动阻力小、充气系数高、汽油雾化与蒸发好、混合气配制质量较好、混合气分配均匀性好、可以采用较高的压缩比、可以使发动机燃烧稀薄可燃混合气、冷启动性和加速性能好、可随工况及使用场合变化而配制最佳混合气成分、过渡性能较好等优点，并可以降低油耗以及减少废气中的有害成分，有利于节能减排以及大气污染的防治。喷射式汽油发动机的结构如图3-1所示。

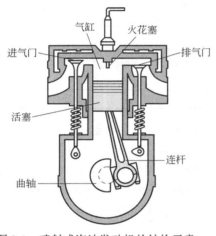

图3-1　喷射式汽油发动机的结构示意

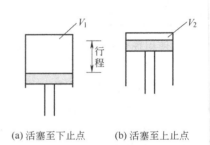

(a) 活塞至下止点　　(b) 活塞至上止点

图3-2　活塞上止点与下止点示意

活塞在气缸中运动时所能达到的最高位置为"上止点"，活塞下行所能达到的最低位置为"下止点"。活塞由上止点移到下止点所走的距离为行程。所让出的容积为气缸工作容积。活塞达到上止点时，活塞以上的容积为燃烧室的容积 V_2。活塞处于下止点时，活塞以上的气缸的全部容积为气缸总容积 V_1。图3-2为活塞至上止点与下止点示意图。压缩比是活塞到达下、上止点时活塞上部的气缸体积之比，即 V_1/V_2。

汽油机若按一个工作循环活塞运动的行程数可分为二行程发动机和四行程发动机。一个工作循环是指完成一次进气、压缩、燃烧膨胀做功和排气的过程。四行程发动机是指活塞需要移动四个行程（即活塞上下运动四次），才完成一个工作循环的发动机。图3-3是四行程

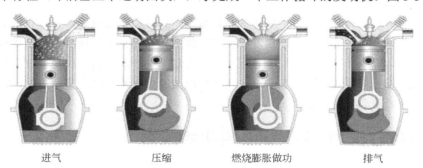

　　进气　　　　　　　压缩　　　　燃烧膨胀做功　　　　排气

图3-3　四行程汽油发动机的工作过程示意图

汽油发动机的工作示意图。

（1）进气过程　活塞从上止点向下止点运动，活塞上方的体积增大，压力降低，进气阀打开，排气阀关闭，活塞下行，气缸内压力逐渐下降到 $(0.7 \sim 0.9) \times 10^5 Pa$，空气经喉管以 $70 \sim 120 m/s$ 的高速进入混合室，空气和汽油在混合室形成可燃性混合气，经进气阀吸入气缸。当活塞运行至下止点时，进气阀关闭。此时混合气温度可达 $85 \sim 130 ℃$。

（2）压缩过程　当进气过程终止时，活塞处于下止点，此时活塞在飞轮惯性的作用下转而上行，开始压缩过程，气缸中的可燃性混合气被压缩，压力和温度随之升高。当活塞上行接近上止点，压缩过程结束，此时气缸内可燃性混合气压力和温度分别可达 $0.7 \sim 1.5 MPa$ 和 $300 \sim 450 ℃$。压缩混合气体的温度、压力取决于发动机的压缩比。

（3）燃烧膨胀做功过程　当活塞运动到接近上止点时，进气阀和排气阀仍关闭，火花塞发出电火花而引燃混合气体，火焰以 $20 \sim 50 m/s$ 的速度向四周传播燃烧，同时产生大量的热能，最高燃烧温度达 $2000 \sim 2500 ℃$，最高压力达 $3.0 \sim 5.0 MPa$。高温高压燃气推动活塞下行，活塞通过连杆使曲轴旋转对外做功，曲轴连杆机构将燃料燃烧时放出的热能转变为机械能，使活塞的往复直线运动变为曲轴旋转运动，再通过飞轮对外输出动力。当活塞到达下止点时，做功过程结束。此时燃气温度降至 $900 \sim 1200 ℃$，压力为 $0.4 \sim 0.5 MPa$。

（4）排气过程　活塞下行到下止点时，做功过程结束，活塞靠惯性转而上行，排气阀开启，活塞由下止点向上运动，排出废气，排出废气温度 $700 \sim 800 ℃$。

当活塞再次到达上止点时，排气结束，这样完成一个工作循环，继而重复上述工作循环。一般汽油机有四个或六个气缸，按一定顺序排列，使不连续的点火燃烧和膨胀做功过程变成连续的经连杆带动曲轴旋转的过程。

由汽油机的工作过程可知，汽油进入气缸前已经汽化，因此汽油发动机也称为汽化式发动机。因需要火花塞点燃，因此又称为点燃式发动机。

2.汽油的使用性能要求

根据汽油发动机的工作原理和过程，对汽油的使用性能要求是：

① 良好的供油性能。汽油在油箱及输油管中汽化会产生气阻，而造成汽油供应中断。在冬季使用易汽化的汽油便于发动机启动；在加速过程中喷油嘴喷出的油要迅速汽化，保障加速性能；在正常使用中喷入气缸中的油要完全汽化并燃烧，以提高燃油效率。

② 良好的燃烧。要求汽油具有较高的热值、适当的燃烧速度和较高的燃烧完全度。

③ 良好的安定性。要求汽油在储存、运输及使用过程中，具有较高的抗热和抗氧化性能，避免发生化学反应造成油品变质而影响其正常使用。

④ 对设备危害性要小。要求汽油在储存、运输及使用过程对设备材质造成破坏要小，以免影响设备的正常使用。

⑤ 对环境危害性要小。要求汽油本身及燃烧后的产物对环境危害性要小。

二、车用汽油的主要性能

（一）供油性能

关于汽油发动机的供油，主要涉及三个环节：一是油箱中的油通过输油管输送到喷油嘴；二是通过喷油嘴雾化的油进入进气管或气缸；三是喷入的油迅速汽化与空气形成均匀的油气和空气的混合物。即输油、雾化、汽化三个过程。

1.输油性能

在输油过程中，主要解决两个问题。一是在正常输油过程中不要发生油路中断，造成油路中断的原因主要有设备、使用环境及油问题。汽油在油管中发生汽化现象，产生气阻造成供油中断。因此供油是否中断取决于汽油的汽化性能，常用汽油蒸气压评价其性能。二是汽油供应量的控制，其控制策略是保持发动机油路中油压一定，喷油时流速一定，喷油量通过喷油持续时间来控制。

汽油的蒸气压是用雷德蒸气压表征。它是衡量汽油在汽油机燃料供给系统中是否易于产生气阻的指标，同时还可相对地衡量汽油在运输中的损耗倾向。汽油的蒸气压过大，说明汽油中轻组分含量过多，蒸发性强，发动机就容易冷启动，但产生气阻的倾向大，蒸发损耗以及火灾危险性也大。试验表明，不致引起气阻的汽油蒸气压和大气温度的关系如表3-6所示。通过规定汽油的10%蒸发温度和饱和蒸气压，既保证了发动机的启动性，又可防止气阻的产生。

表3-6 大气温度与不致引起气阻的汽油蒸气压的关系

大气温度/℃	10	16	22	28	33	38	44	49
不致引起气阻的蒸气压/kPa	97.3	94.0	76.0	69.3	56.0	48.7	41.3	36.7

我国国Ⅵ车用汽油的饱和蒸气压规定：从11月1日至4月30日为45～85kPa，从5月1日至10月31日为40～65kPa。航空汽油质量标准中严格规定了蒸气压标准，75号和95号的饱和蒸气压为27～48kPa，100号的饱和蒸气压为38～48kPa。

2.雾化性能

雾化的目的主要是提高油滴的汽化面积，缩短汽化所用时间。雾化效果主要取决于油温、油压、油的黏度及喷嘴结构等因素。汽油发动机目前对汽油的雾化性能还没有指标要求。

3.汽化性能

现代汽油发动机的转速很高，车用汽油在发动机内蒸发和形成混合气的时间十分短促，例如在进气管中停留时间只有0.005～0.05s，在气缸内的蒸发时间也只有0.02～0.03s，要在这样短的时间内形成均匀的可燃混合气。在保证汽油良好的雾化效果前提下，汽油的汽化性能是保障汽油发动机启动、加速、燃烧完全的重要因素。

汽油中轻馏分含量愈多，汽化性能就愈好，同空气混合就愈均匀，进入气缸内燃烧愈平稳，发动机工作也愈正常。若汽油的汽化性能不好，汽油发动机在低温环境下，汽化量不足，达不到燃烧条件，造成启动困难；发动机加速时，喷入油不能及时汽化、燃烧而造成加速能量不足；在可燃混合气体中悬浮有未汽化的油滴，便破坏了混合气体的均匀性，使发动机工作变得不均衡，不稳定，不完全，造成发动机效率下降，油耗增加；一些汽油未经燃烧就随废气排出或燃烧不完全使排气冒黑烟，造成环境污染；另外，未汽化油滴会窜入润滑油中，稀释了润滑油。但汽油的汽化性能过高，汽油在进入汽化器之前，就会在输油管中汽化，形成气阻，中断供油，迫使发动机停止工作，在储存和运输过程中蒸发损失也会增大。

馏程是判断燃料蒸发性能的重要指标，是按照GB/T 6536—2010规定的简单蒸馏进行测定，一般要求测出初馏点，10%、50%、90%馏出温度和干点等，大体表示汽油的沸点范围和蒸发性能，也反映了不同工作条件下汽油的蒸发性能。

（1）初馏点和10%馏出温度　保证汽油具有良好的启动性能，反映汽油中轻组分的相对含量。汽油10%馏出温度过高，在冬季严寒地区使用时冷车启动就困难。10%馏出温度过低，汽油容易在输油管路中迅速汽化，产生气阻现象中断燃料供应。表3-7是汽油10%馏出温度与开始产生气阻温度之间的关系，10%馏出温度愈低，发动机产生气阻的倾向愈大。表3-8列出了汽油10%馏出温度与保证汽车发动机易于启动的最低温度间的关系，可见10%馏出温度愈低，愈能保证发动机在低温下的启动。

表 3-7　汽油 10%馏出温度与开始产生气阻温度的关系

10%馏出温度/℃	40	50	60	70	80
开始产生气阻温度/℃	−13	7	27	47	67

表 3-8　汽油 10%馏出温度与发动机迅速启动的最低温度的关系

10%馏出温度/℃	54	60	66	71	77	82
最低启动温度/℃	−21	−17	−13	−9	−6	−2

综上所述，汽油10%馏出温度不宜过高，否则低温下不易启动。但该温度也不宜过低，否则有产生气阻的危险。要提高10%馏出温度，汽油产量必然减少，成本也相应增加，而且还会降低车用汽油的抗爆性和启动性，因此汽油的规格应在国家生产能力保证供应的条件下合理规定。我国车用汽油质量标准中要求其10%馏出温度不高于70℃，航空汽油10%馏出温度不高于80℃，同时又规定初馏点不得低于40℃，大多在43～55℃。

（2）50%馏出温度　表示汽油的平均蒸发性能，与发动机启动后升温时间的长短以及加速是否及时有密切关系。为了延长发动机的使用寿命和避免熄火，冷车在启动以后到车辆起步，需要使发动机的温度上升到50℃左右时，才能带负荷运转。如果汽油的平均汽化性能良好，则在启动时参加燃烧的汽油数量较多，发出的热量较多，因而能缩短发动机启动后的升温时间，并相应地减少耗油量。表3-9是汽油50%馏出温度对发动机预热时间的影响。

表 3-9　汽油 50%馏出温度对发动机预热时间的影响

汽油 50%馏出温度/℃	发动机预热时间/min
104	10
127	15
148	>28

表3-9中的数据说明，50%馏出温度越低，发动机预热时间越短。

50%馏出温度还直接影响汽油发动机的加速性能和工作稳定性。50%馏出温度低则发动机加速灵敏，运转平和稳定。50%馏出温度过高，当发动机由低速骤然变为高速时，加大油门，进油量多，燃料就会来不及完全蒸发，因而燃烧不完全，甚至难以燃烧，发动机就不能发出所需要的功率。汽车爬坡太慢或中途停顿，如果机件正常，可能是汽油不能保证发动机加速性能的缘故。

我国车用汽油质量标准中要求50%馏出温度不高于120℃，航空汽油50%馏出温度不高于105℃。

（3）90%馏出温度和干点　这两个温度表示汽油中重组分含量的多少。前者表示燃料中重质馏分的含量，后者表示燃料中含有的最重馏分的沸点。它们与燃料是否完全燃烧以及发动机的耗油率和磨损率均有密切关系。表 3-10 列出了汽油干点与发动机活塞磨损及汽油消耗量的关系。

表 3-10　汽油干点与发动机活塞磨损及汽油消耗量的关系

汽油干点/℃	发动机活塞相对磨损/%	汽油相对消耗量/%
175	97	98
200	100	100
225	200	107
250	500	140

从表 3-10 中可知，干点越高，说明汽油中重质成分过多，不能完全汽化而燃烧，还会因燃烧不完全在燃烧室内生成积炭，这时除了增加汽油消耗量以及未汽化的汽油稀释润滑油而缩短润滑油的使用周期外，还降低了发动机的功率和经济性并增加磨损。

我国车用汽油要求 90% 馏出温度不高于 190℃，干点不高于 205℃。

（4）残留量　在规定条件下，对 100mL 汽油进行蒸馏时，汽油中不能被蒸发的残留物质与 100mL 汽油的体积百分比，称为残留量。残留量表征汽油中不易蒸发的重质馏分和在存储过程中氧化生成的胶质物质含量的多少。

如果汽油的残留量过大，会使燃烧室积炭增加，进气门、喷油器（嘴）、火花塞安装孔等部位严重结胶，从而影响发动机的正常工作。因此，在汽油的生产和使用过程中应对其进行严格限制。

（二）燃烧性能

按一定比例（空燃质量比约为 14.7）混合均匀的油气和空气混合物，在气缸内按合适的燃烧速度完全燃烧，将燃料的化学能转化为热能，进而转化为机械能输出。因此，汽油在发动机中良好燃烧是保障发动机正常、高效运行的关键。抗爆性是评价汽油发动机燃料燃烧性能的主要指标之一。汽油的牌号就是由抗爆性来划分的。

1.汽油机的正常燃烧与爆震燃烧

（1）汽油机的正常燃烧　要提高点燃式发动机的动力性和经济性，除了正确设计和合理操作外，在燃料方面，很重要的一点就是要使充入气缸的燃料或可燃混合气能完全、及时和正常地燃烧。因为只有完全燃烧，才能产生最大的热能并提高发动机的热效率，使之变为有效的机械功；只有正常燃烧，才能保证发动机最稳定和可靠地工作，既能提高功率，也能节约燃料并延长发动机的寿命。因此，燃烧的完全、及时和正常，就是对点燃式发动机燃烧过程的三个基本要求。

燃料在气缸内正常燃烧时，整个燃烧过程可分为三个时期。

① 燃烧初期。在汽油机的压缩过程中，可燃混合气的温度和压力上升很快，汽油开始发生氧化反应并生成一些过氧化物。火花塞点火后，在火花附近的混合气温度急剧增加，出现最初的火焰中心。

燃烧初期是燃料着火前进行物理和化学准备所必需的时期。在这一时期燃料着火的数量不多，所释出的热量除提高本身的温度外，还消耗于加热邻近一层混合气，使其温度提高。因此，在此阶段中点火气体压力上升极为平缓，与不点火时的情况无明显的差别。燃烧初期虽然只占整个燃烧过程时间的 15% 左右，但对燃烧的好坏有很大影响。燃烧初期的长短取决于汽油的性质、点火前气缸内的温度和压力、混合气的成分、残余废气量的多少和进气的涡流强度等。

② 燃烧期。火焰中心形成之后，发生火焰传播现象。焰的前锋逐层向未燃混合气推进，未燃混合气因受到热辐射而温度升高，同时已燃混合气因燃烧膨胀而压缩未燃混合气导致其压力也升高。这样火焰以球面形状向周围扩散，如图 3-4 汽油正常燃烧的示意图，燃料逐层发火燃烧，直到绝大部分燃料燃尽为止。火焰传播速度为 20～30m/s，压力变化也比较平缓。

由于在这阶段内大部分燃料参与反应，产生的热量剧增，而活塞正处在上止点附近，容积变化不大，因此，燃烧室内的温度迅速上升，压力也急剧升高到最大值，如图 3-4 所示。从火焰中心形成到气缸压力达到最大值的这段时间就称为明显燃烧期。

明显燃烧期是绝大部分燃料进行剧烈氧化燃烧的时期，大部分热量都在此时放出做功，因此，它是燃烧过程中最重要的阶段。这个阶段持续时间的长短，与燃料的性质、混合气的成分、燃烧室的温度和压力，以及燃烧室设计、火花塞位置、气体紊流强度等有关。

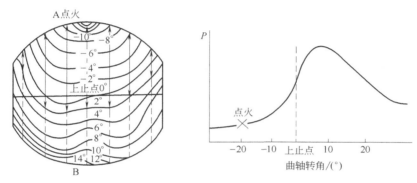

图 3-4　汽油正常燃烧过程示意图

③ 补燃期。由于混合气中燃料与空气的混合和分布不可能完全均匀，所以明显燃烧期以后和膨胀过程中，仍然有少量的未燃气体或燃烧不完全的产物在继续燃烧，直到燃烧结束为止。补燃期没有明确的结束时间，它的长短随燃料的燃烧完全程度而定。一般燃料蒸发性良好，雾化混合均匀，气缸温度正常，燃烧完全程度就高，补燃期在膨胀行程初期便可结束。反之，如后燃严重，甚至在排气过程中还会有燃烧现象。

在补燃期中，燃料放出的热量很少，而且活塞已经下行，气缸的容积迅速增大，气缸内压力开始下降，因此燃料的热能不能充分利用。补燃期对整个燃烧过程的影响较小，但补燃期过长会使发动机的功率和经济性降低，所以补燃期越短越好。

汽油正常燃烧时，发动机工作平稳柔顺，动力和经济性能均较好。

（2）汽油机的爆震燃烧

① 爆震现象。汽油在发动机中燃烧不正常时，会出现机身强烈震动的情况，并发出金属敲击声，同时发动机功率下降，排气管冒黑烟。严重时还导致机件损坏，又称为敲缸或爆燃。

② 爆震燃烧过程。在燃烧过程的后期，火焰中心在气缸的传播过程中，未燃混合气因受到已燃混合气的热辐射和压缩，导致其温度和压力急剧升高，氧化反应的速度加快，形成大量的过氧化物并发生分解反应。在最初的火焰前锋尚未到达之前，未燃混合气的局部温度已超过其自燃点而发生自燃，这样就出现两个或多个燃烧中心，火焰前锋不像正常燃烧时的那

样逐层推进，而是对立推进，如图 3-5 爆震燃烧过程示意图，产生爆震波，使火焰传播速度急剧上升达 1500~2500m/s，比正常情况下大几十倍。同时气缸内局部的温度和压力急剧升高，气缸内的局部温度达 2000~2500℃，燃气局部压力为 10MPa 以上。

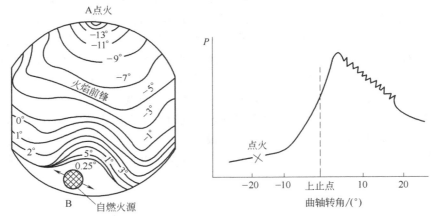

图 3-5　汽油机爆震燃烧过程示意图

③ 汽油爆震燃烧的危害。爆震波撞击燃烧室壁、活塞顶、气缸壁，引起震动，并发出尖锐的金属敲击声，机件磨损增加，发动机因局部过热而被烧坏；燃料燃烧不完全而冒黑烟，造成燃料的浪费，能耗增加，发动机功率降低；燃料燃烧不完全的产物排放到大气中后，会造成环境的污染。

④ 汽油爆震燃烧的主要原因。在火焰还没有传递到的区域发生了自燃，汽油产生爆震燃烧主要与燃料的性质和发动机的结构有关。

燃料的性质是产生爆震的内因，在发动机构造已确定的情况下，燃料抗爆性的好坏对产生爆震具有决定性的影响，如果燃料很容易氧化，氧化后的过氧化物又不易分解，自燃温度较低，易发生自燃，就容易发生爆震现象。

爆震燃烧与发动机的压缩比有密切的关系，还与发动机的着火提前角、气缸尺寸、燃烧室形状及火花塞位置有关。提高压缩比，混合气被压缩的程度增大，使压力和温度迅速上升，大大加速了未燃混合气中过氧化物的生成和聚积，使其更容易自燃，爆震燃烧的倾向增强。对于压缩比越大的汽油机就应该选用抗爆性越好的汽油，才能保证不产生爆震现象。也就是说，不同压缩比的发动机，必须使用抗爆性与其相匹配的汽油，才能提高发动机的功率而不会产生爆震现象。压缩比越高，在正常燃烧的情况下，汽油机热效率越高，油耗越低。

2.汽油抗爆性的表示方法

车用汽油的抗爆性是指车用汽油在发动机气缸内燃烧时抵抗爆震的能力，用辛烷值（商品汽油的牌号）评定。

（1）辛烷值的测定方法　辛烷值测定是在标准单缸发动机中进行的。所用标准燃料由抗爆性很高的异辛烷（2,2,4-三甲基戊烷，其辛烷值定为 100）和抗爆性很低的正庚烷（辛烷值定为 0）按不同体积分数混合而成。在同样发动机工作条件下，若待测燃料与某一标准燃料的爆震情况相同，则标准燃料中异辛烷的体积分数即为所测燃料的辛烷值。例如标准燃料含有 70%的异辛烷，它与某一汽油进行比较试验时，二者抗爆性相同，则此汽油的辛烷值即为

70。汽油的辛烷值越高，表示其抗爆性能越好。

评定辛烷值的方法主要有马达法和研究法两种。

① 马达法辛烷值（MON）。试验工况规定为发动机转速 900r/min，冷却水温度 100℃，混合气温度 150℃。表示车用汽油在发动机重负荷条件下高速运转时的抗爆性。

② 研究法辛烷值（RON）。试验工况规定为转速 600r/min，冷却水温度 100℃，混合气温度不控制。表示车用汽油在发动机加速条件下低速运转时的抗爆性。

研究法的试验条件不如马达法苛刻，所以比较不容易产生爆震，研究法所测辛烷值结果一般比马达法高出 5～10，MON=RON×0.8+10。

RON 和 MON 之差，称为汽油的敏感性，它反映其抗爆性随发动机工况剧烈程度的增加而降低的情况。它的高低取决于化学组成，以烷烃为主的直馏汽油，敏感性一般为 2～5；以芳香烃为主的重整汽油，敏感性一般为 8～12；烯烃含量较高的催化裂化汽油，敏感性一般为 7～10。

此外，还有一种叫道路辛烷值（也称为行车辛烷值），它是用汽车进行实测或在全功率试验台上模拟汽车在公路上行驶的条件下进行测定的，它的数值介于 RON 及 MON 之间。在实际工作中，通常采用经验公式计算：

道路辛烷值（MUON）= 28.5 + 0.431×RON + 0.311×MON − 0.04×烯烃百分率　　　（3-1）

也有一些国家采用了一个新指标，称为抗爆指数（ONI），即 MON 和 RON 的平均值（MON+RON）/2，也叫平均实验辛烷值。

（2）品度值的测定方法　车用汽油的牌号按研究法辛烷值（RON）的大小来划分。航空汽油的抗爆性除用辛烷值表示外，还用品度值表示。这主要是因为辛烷值只能反映飞机在巡航时，发动机用贫混合气（过剩空气系数 $\alpha=0.8～1.0$）工作时的抗爆指数。当飞机起飞、爬高或战斗时，为了得到最大功率，发动机必须用富混合气（$\alpha=0.6～0.65$）工作，此时用品度值来衡量汽油的抗爆性。

航空汽油的品度值测定是以纯异辛烷为标准燃料，规定异辛烷的品度值为 100。在规定的发动机和操作条件下，将待测航空汽油在富混合气条件下无爆震工作时所能发出的最大功率和纯异辛烷所能发出的最大功率之比规定为航空汽油的品度值。例如航空汽油的品度值为 130，即表明该汽油在富混合气下无爆震工作时所能得到的最大功率比异辛烷发出的最大功率高 30%。

航空汽油牌号由马达法辛烷值和品度值确定，分子表示马达法辛烷值，分母表示品度值。例如 100 号航空汽油用 100/130 表示，意思是马达辛烷值不低于 99.6，品度值不低于 130。

3.汽油的辛烷值与化学组成的关系

（1）各族烃类的辛烷值　对于结构固定的汽油发动机，其发生爆震的根本原因是汽油组分容易氧化、自燃点低而发生自燃产生多个火焰中心，而烃类的氧化与其化学组成有关，表 3-11 为各族烃类的辛烷值。

从表 3-11 的数据可以看出，对于同一族烃类，其辛烷值随分子量增大而降低；分子量相近的异构烷烃，支链增多，辛烷值增加；分子量相近的烯烃，双键越接近分子链中间，辛烷值越高；环烷烃的环数相同时，侧链越长辛烷值越低；不同碳数的环烷烃，环戊烷辛烷值高于环己烷辛烷值。当分子量相近时，各族烃类抗爆性优劣的大致顺序为：正构烷烃＜环烷烃＜异构烷烃＜芳香烃，正构烷烃＜正构烯烃＜异构烷烃。

表 3-11　各族烃类的辛烷值

烃类	研究法（RON）	马达法（MON）	烃类	研究法（RON）	马达法（MON）
正戊烷	62	62	2-辛烯	56	56
2-甲基丁烷	92	90	3-辛烯	72	68
2,2-二甲基丙烷	85	80	2,2,4-三甲基-1-戊烯	>100	86
正己烷	25	26	环戊烷	—	85
2-甲基戊烷	73	73	甲基环戊烷	91	80
2,2-二甲基丁烷	92	93	乙基环戊烷	67	61
正庚烷	0	0	正丙基环戊烷	31	28
2-甲基己烷	42	46	异丙基环戊烷	81	76
2,2-二甲基戊烷	93	96	环己烷	83	77
2,2,3-三甲基丁烷	>100	>100	甲基环己烷	75	71
正辛烷	—	−17	乙基环己烷	46	41
2-甲基庚烷	22	13	正丙基环己烷	18	14
2,2-二甲基己烷	72	77	苯	>100	>100
2,2,3-三甲基戊烷	100	100	甲苯	>100	>100
2,2,4-三甲基戊烷	100	100	二甲苯	>100	>100
1-己烯	76	63	乙基苯	>100	98
2-己烯	93	81	正丙基苯	>100	98
4-甲基-2-戊烯	99	84	异丙基苯	>100	99
1-辛烯	29	35	1,3,5-三甲基苯	>100	>100

（2）各种汽油的辛烷值　从馏分组成来看，由同一种原油蒸馏得到的直馏汽油馏分，其终馏点温度越低，抗爆性越好。表 3-12 为直馏汽油的辛烷值与馏分轻重的关系。不同基属原油中的直馏汽油馏分由于化学组成不同，其辛烷值差别较大。

表 3-12　直馏汽油的辛烷值与馏分轻重的关系

原　油	不同沸程直馏汽油的 MON		
	IBP～130℃	IBP～180℃	IBP～200℃
大庆原油	53	42	37
胜利原油	63	58	55
大港原油	62	54	50
华北原油	52	44	41
江汉原油	63.5	55	52
双喜岭原油	—	62	60

催化裂化装置是我国炼油厂中最重要的原油二次加工装置，催化裂化汽油是我国目前车用汽油的主要来源，占 60%以上，由于它含有较多的芳烃、异构烷烃和烯烃，因而其抗爆性较好，RON 为 88～90。

催化重整汽油因含有较多的芳烃和异构烷烃，因而其 RON 可达 90 以上。烷基化汽油的主要组分是异辛烷，因而其抗爆性很好，RON 可达 93～96。催化重整汽油和烷基化汽油都是高辛烷值汽油的调和组分。

由于热转化（热裂化、延迟焦化、减黏裂化）过程的汽油含有较多的烯烃和二烯烃，其安定性相当差，抗爆性也不是很好，因而基本不用作车用汽油。

商品汽油一般由辛烷值较高的催化裂化汽油和催化重整汽油以及高辛烷值汽油组分（烷基化汽油和甲基叔丁基醚等）调和而成。目前我国车用汽油的主要组分是催化裂化汽油，因含有较多的芳香烃、异构烷烃和烯烃，所以其抗爆性较好，研究法辛烷值接近90。

4.提高汽油辛烷值的方法

目前，提高汽油辛烷值的途径有以下几种。

（1）改变组成　由于汽油的辛烷值主要取决于组成，因此，改变汽油调和馏分的组成和汽油中各调和馏分所占的比例，是提高汽油辛烷值的核心和关键。

① 改变汽油调和馏分的辛烷值，通过生产装置改变调和汽油馏分的组成。如异构化和催化重整过程，将低辛烷值组分转化为高辛烷值组分。

② 在调和汽油时增加高辛烷值调和馏分的比例。如增加烷基化汽油、叠合汽油、重整汽油等高辛烷值汽油调和馏分的比例。

在汽油中加入甲醇、乙醇、叔丁醇、甲基叔丁基醚（MTBE）等含氧有机化合物醚类和醇类，其辛烷值虽然较高，但与石油馏分的相容性差、热值低等因素，限制了其加入比例。其意义在于提供了将煤、天然气、生物有机质转化为车用汽油的途径。

某公司汽油的调和方案见表3-13。

表 3-13　国Ⅵ A 汽油调和方案

项目		92 号		95 号		98 号	
单价/（元/t）		4297		4689		5035	
各组分量：		kt	%	kt	%	kt	%
重整汽油		0.0	0.00	24.6	8.20	0	0.00
脱苯混合芳烃		1.4	0.29	25.1	8.37	4.7	18.72
催化裂化汽油		375.9	77.57	227.8	75.96	15.5	61.75
MTBE		30.4	6.27	22.4	7.47	3.2	12.75
烷基化油		0.8	0.16	0.0	0.00	1.7	6.77
混合石脑油		76.1	15.70	0.0	0.00	0.0	0.00
合计		484.6	99.99	299.9	100.00	25.1	99.99
汽油性质：							
研究法辛烷值		92.2		95.2		98.2	
抗爆指数		87.1		90.2		93.5	
馏程/℃	10%	57		58		6	
	50%	108		98		97	
	90%	190		163		151	
蒸气压/kPa		63		58		54	
硫/（μg/g）		1.9		1.9		1.9	
烯烃/%		16.0		15.9		13.0	
芳烃/%		33.0		33.0		33.0	
苯/%		0.8		0.7		0.5	
氧/%		2.6		1.4		2.4	
密度（20℃）/(kg/m³)		770		750		752	

注：烯烃、芳烃、苯以体积分数计，氧以质量分数计。

（2）加添加剂　在汽油中加入少量能提高汽油辛烷值的物质，即抗爆剂。最常用的抗爆剂是四乙基铅。由于此抗爆剂有剧毒，在车用汽油中已禁止使用。国Ⅵ汽油锰系和铁系抗爆剂也被加以严格限制使用（锰检出限量低于0.002g/L，铁检出限量低于0.01g/L）。

（三）安定性能

油品在生产、储存、运输及使用过程中，化学反应发生使其组分发生了一定的变化，从而导致其对设备及自身的正常使用产生了相应的影响。

安定性差的汽油，在储存和运输的过程中易发生氧化反应生成胶质，使油品颜色变深，并产生胶状沉淀；在油箱、滤网、进气管中形成胶状物，影响供油；沉积在火花塞上的胶质在高温下形成积炭而短路，使发动机损坏；沉积在进、排气阀上的积炭，导致阀门关闭不严，甚至粘住，或积炭着火烧坏阀门；沉积在气缸盖、活塞上的积炭，造成气缸散热不良，温度升高，以致增大爆震燃烧的倾向。

1.评定汽油安定性的指标

评定汽油安定性的指标有实际胶质和诱导期。

（1）实际胶质　实际胶质就是指100mL燃料在试验条件下所含胶质的质量（以mg计），单位mg/100mL表示。测定时将过滤后的试油放入油浴中加热，同时用流速稳定的热空气吹扫油面直至蒸发完毕。杯中不能蒸发所留下的棕色或黄色残余物就是实际胶质。实际胶质是燃料在试验条件下测得的胶质，它包括燃料中已有的胶质和试验过程中产生的胶质。实际胶质一般用来说明进气管道和进气阀上可能生成沉积物的倾向。实际胶质小的燃料在进气系统中很少产生沉淀，能保证发动机的顺利工作。实际胶质愈大，发动机能正常行驶的里程就越短。根据实验，汽车使用不同胶质含量的汽油时能正常行驶的里程见表3-14。

表3-14　汽油中胶质含量对汽车正常行驶里程的影响

实际胶质含量 /（mg/100mL）	汽车发动机无故障行驶 里程/km	实际胶质含量 /（mg/100mL）	汽车发动机无故障行驶 里程/km
10以下	不限	21～25	8000
11～15	25000	26～50	不超过5000
16～20	16000	50～120	不超过2000

我国车用汽油的实际胶质要求有两个指标：

① 未洗胶质含量（加入清洁剂前）不大于30mg/100mL；

② 溶剂洗胶质含量不大于5mg/100mL。

应当注意的是，实际胶质虽然是燃料的安定性指标，但实际胶质的大小本身并不能反映燃料安定性的好坏，而只能在一定程度上反映燃料的氧化程度。然而在一定时间内实际胶质的变化则可以反映燃料安定性好坏，实际胶质增加越快，说明燃料氧化安定性越差，储存中越容易发生氧化。

（2）诱导期　燃料的诱导期是指在规定的温度和压力下，由试油和氧接触的时间算起，到试油开始大量吸入氧为止的这一段时间，以分（min）为单位。诱导期是评定车用汽油抗氧化安定性的一种指标，用以表示汽油在储存期间产生氧化和形成胶质的倾向。诱导期愈长，一般表示汽油的抗氧化安定性愈好。表3-15列举了两种诱导期不同的国产汽油诱导期与胶质变化的关系。可以看出，诱导期较长的汽油在储存中胶质增长速度较慢，比较适于长期储存。

根据进一步的研究，燃料中胶质的生成有两种过程，一种是吸氧氧化生成胶质，另一种是通过聚合缩合生成胶质。通常燃料在氧化过程中，两种生成胶质的方式都会存在，但不同燃料两种方式所占比例不同。对于一些形成胶质过程是以吸氧氧化反应占优势的汽油，诱导期可以代表油品储存安定性的相对数值。但对于形成胶质的过程是以聚合和缩合反应占优势的汽油，吸氧只占次要地位，诱导期就不能代表油品储存安定性的相对数值。当然，对大多数汽油，吸氧氧化都是生成胶质的主要方式。

表 3-15　车用汽油诱导期与胶质变化的关系

项目		汽油 I	汽油 II
诱导期/min		270	360
实际胶质 / （mg/100mL）	出厂时	0.4	0.4
	一年后	22.0	4.6
	二年后	32.0	8.8
	三年后	95.6	10.4

2.汽油的安定性与化学组成的关系

在常温及液相条件下，汽油中的烷烃、环烷烃、芳香烃不易发生氧化反应，但其中的各种不饱和烃容易发生氧化、分解、聚合、缩合反应生成胶质，是导致汽油不安定的主要根源。

在各种不饱和烃中，由于化学结构不同，氧化的难易程度也有差异。其生成胶质的倾向为二烯烃＞环烯烃＞链烯烃。在链烯烃中，直链的 α-烯烃比双键位于中心附近的异构烯烃更不稳定。在二烯烃中，特别是以共轭二烯烃、环二烯烃（如环戊二烯）最不安定，如果燃料中含有此类二烯烃，除它们本身很容易被氧化生成胶质外，还会促使其他烃类氧化。此外，带有不饱和侧链的芳香烃也较易发生氧化。

除不饱和烃外，汽油中的含硫化合物，尤其是硫酚和硫醇对促进胶质的生成有很大作用，含氮化合物也会导致胶质的生成。

汽油中所含的不饱和烃和非烃类组分是导致汽油安定性差的根本原因。在各种汽油中，直馏汽油的安定性很好，而热加工如催化裂化汽油和焦化汽油因含有较多的烯烃，其安定性较差。

3.外界条件对汽油安定性的影响

汽油安定性差除与其本身的化学组成有关外，还和许多外界条件有关，如温度、金属表面的作用、与空气的接触面积和水分等。

（1）温度　温度升高，汽油中的烃类分子受热而产生的最初自由基浓度增加，促使链反应变得容易。同时还会使分子运动速度增加，加速了汽油中烃类分子与氧分子反应以及过氧化物分解，因而汽油诱导期缩短，生成胶质的倾向增大 。许多实验表明，当油品储存温度升高 10℃，汽油中胶质生成速度加快 2.4～2.6 倍。

（2）金属表面的作用　液体燃料在储存、运输及使用过程中，不可避免地要和不同的金属表面接触。汽油在金属表面的作用下安定性降低，颜色易变深，胶质的生成速度也特别快。在常用的金属中，铜的影响最大，表 3-16 为金属表面对汽油氧化诱导期的影响。

由表 3-16 中数据可知，铜具有最大的催化活性，它使汽油的诱导期降低 75%，铁、锌、铝、锡也能使汽油的诱导期缩短，安定性降低。金属的催化作用主要是促使过氧化物分解，生成自由基，从而加速氧化反应。

表 3-16　金属表面对汽油氧化诱导期的影响

金属	（有金属存在时诱导期/原诱导期）×100%	金属	（有金属存在时诱导期/原诱导期）×100%
铜	25	铝	83
铁	71	锡	85
锌	79		

（3）与空气的接触面积　燃料与空气的接触面积愈大，容器剩余空间愈大，促使燃料与空气接触的机会增多，氧化的倾向也增大。显然，增大燃料液面上空气的对流、搅动或增加与燃料接触的空气中氧的浓度，都会促进燃料的氧化变质。因此在储存汽油时应采取避光、降温及降低与空气的接触面积等保护措施。

（4）水分　储存中水分对燃料的氧化变质有不良影响，如表 3-17 所示。

表 3-17　水分对汽油生成胶质的影响

储存条件	储存中汽油的实际胶质/（mg/100mL）			
	开始	1 月后	3 月后	6 月后
无水时	4	4	6	8
有水时	4	6	11	22

从表 3-17 可以看出，汽油在储存中如有水分存在时，胶质生成的速度比没有水分时要快很多。

燃料中水分促进氧化变质的原因主要是燃料中添加的抗氧剂和燃料中原来含有的天然抗氧化物质大多在水中具有一定的溶解度，因而水分能将它们从汽油中逐渐抽提出来而影响燃料本身的安定性。此外，水分中溶解的氧和杂质对燃料的变质也有一定影响。

4.提高汽油安定性的方法

改善汽油的安定性要从油品的化学组成和存储条件等方面考虑。

（1）改变组成

① 改善汽油调和馏分的安定性能，通过生产装置改变调和汽油馏分的组成。如热裂化、焦化汽油因含有较多的烯烃，其安定性差，采用适当的精制方法，如酸碱精制、加氢精制等，以除去其中某些不饱和烃（主要是二烯烃）和非烃类化合物等不安定组分。

② 在调和汽油时增加安定性高的调和馏分的比例。如增加直馏汽油、FCC 汽油、加氢裂化汽油、催化重整汽油等汽油的调和馏分比例。

（2）加添加剂　改善汽油的安定性比较经济的方法是在适当精制的基础上，加入适量的抗氧剂和金属钝化剂来改善汽油的安定性，延缓氧化反应的进行，延长诱导期。抗氧剂的作用是抑制燃料氧化变质进而生成胶质，金属钝化剂是用来抑制金属对氧化反应的催化作用，通常两者复合使用。在燃料中常用的抗氧剂是受阻酚型的添加剂，主要是 2,6-二叔丁基对甲酚（T501）。我国目前使用最多的金属钝化剂是 N,N-二水杨基丙二胺（T1201），这种金属钝化剂能与铜反应生成稳定的螯合物，从而抑制铜对生成胶质的催化作用。金属钝化剂的加入量一般比抗氧防胶剂小，为 0.0003%~0.001%（质量分数）。金属钝化剂的用量虽然少，效果却很明显。

（3）改善储存条件　对于已生产出来的汽油，应改善汽油的储存条件，加强油品管理，提升储油技术，延缓汽油氧化进程，相当于改善了汽油安定性。如降低储油温度；减少与空气接触，尽可能密封储存；油罐尽量装到安全容积，减少上方气体空间；减少不必要的倒装；减少与铜和其他金属接触等。

（四）对设备的危害性

油品在生产、储存、运输及使用过程中不可避免要与设备的表面材质接触，目前设备表面材质主要有金属和合成材料。油品对设备危害性主要涉及对金属材料的腐蚀和对合成材料的溶胀。在此，主要讨论对金属材料的腐蚀。汽油对发动机危害性主要涉及汽油本身和汽油燃烧后的产物对金属材料造成的腐蚀。汽油中会引起腐蚀的物质主要有硫及含硫化合物、有机酸和水溶性酸或碱等；汽油燃烧产物中主要有硫的氧化物、氮的氧化物等。还有一种危害是油品中固体物杂质，对设备尤其是高速运行的摩擦面造成磨损也要值得注意。

1.评定汽油对设备危害性的指标

评定汽油对设备危害性的指标主要有硫含量、硫醇含量、水溶性酸碱、水含量、铜片腐蚀、酸度、机械杂质等。

（1）硫及含硫化合物　硫及各类含硫化合物在燃烧后均生成 SO_2 及 SO_3，它们对金属有腐蚀作用，特别是当温度较低遇冷凝水形成亚硫酸及硫酸后，更具有强烈腐蚀性。硫的氧化物排放到大气中还会造成环境污染，因此对汽油的总硫含量有严格要求。目前，在国Ⅵ车用汽油质量标准中规定其硫含量不大于 10mg/kg。元素硫在常温下即对铜等有色金属有强烈的腐蚀作用，当温度较高时，对铁也有腐蚀作用。汽油中所含的硫化物中相当一部分是硫醇，硫醇不仅具有恶臭还有较强的腐蚀性，同时对元素硫的腐蚀具有协同效应。当汽油中不含硫醇时，元素硫的含量达到 0.005%会引起铜片腐蚀；而当汽油中含有 0.001%的硫醇时，只要有 0.001%的元素硫就会在铜片上出现腐蚀。为此，在汽油的质量标准中对硫醇含量也做了要求，规定硫醇硫含量不大于 0.001%或用博士实验定性不含硫醇。

（2）水溶性酸或碱及水含量　正常生产出的汽油本不应该含有水溶性酸或碱，但是，如果生产中控制不严，或在储存运输过程中容器不清洁，均有可能混入少量水溶性酸或碱。

水溶性酸不仅对钢铁，而且对其他金属都有强烈的腐蚀作用，它们与金属作用后生成相应的盐类。水溶性碱主要对铝及铝合金有强烈的腐蚀。当燃料中有少量水溶性碱时，它能与铝及铝合金表面的氧化铝薄膜作用生成 $NaAlO_2$，反应如下：

$$Al_2O_3+2NaOH \longrightarrow 2NaAlO_2+H_2O$$

新暴露的金属铝则容易与溶液中的水分作用，生成胶状的 $Al(OH)_3$ 沉淀。这种沉淀能堵塞滤清器的滤网、喷油嘴或导管。

由于水溶性酸或碱的严重危害，汽油的质量指标中规定不允许含有水溶性酸或碱。

油品中水溶性酸或碱若被油中所含的水溶解，形成酸性或碱性水，会加重对设备的腐蚀。水分本身对金属也有锈蚀作用。水分的存在会加速汽油的氧化，降低安定性，并且在低温下易于结冰堵塞油路。汽油中水含量被加以限制，规格中要求燃料不含水分，通常是指游离水和悬浮水，因为炼制中的溶解水是很难去掉的。

（3）有机酸　汽油中的有机酸一般情况下主要是原油中原来就含有的环烷酸，环烷酸溶于汽油，对金属有腐蚀作用，能与金属作用生成环烷酸盐，环烷酸盐能加速汽油氧化。同时，环烷酸盐类逐渐聚积在油中形成沉积物，破坏机器的正常工作。在储存过程中也可能由于氧化而生成少量的有机酸。这些有机酸对金属的腐蚀作用比环烷酸还要强，其中分子量较小的有机酸腐蚀性更强。它们的一部分能溶于水中，所以当汽油中有水分落入时，便会增加其腐蚀金属容器的能力。汽油中有机酸的含量用酸度来表示，所谓酸度，就是指中和100mL汽油中的酸性物质所需KOH质量，用mg/100mL表示。在汽油质量指标中规定其酸度不大于3mgKOH/100mL。

（4）铜片腐蚀　铜片腐蚀试验最直观地反映汽油腐蚀性。腐蚀试验时，用一定尺寸的专用铜片投入试油中，在50℃水浴加热3h不变色，则认为试油合格。若铜片有斑点或变色，则试油不合格。腐蚀试验的目的是判断汽油有无活性含硫化合物（包括元素硫、硫化氢和硫醇）。

（5）机械杂质　国内外大量使用经验证明，汽油发动机发生故障50%以上是由车用汽油中的机械杂质所致。机械杂质的存在使发动机零件磨损增加，导致发动机功率下降，耗油率上升。

2.减小汽油对设备危害的方法

若汽油含有硫及含硫化合物、有机酸和水溶性酸或碱、水及机械杂质，不仅对储存运输设备及发动机燃料系统的金属产生破坏作用，而且对发动机的工作带来严重危害，因而在汽油的生产和使用过程中，都应设法尽量除去这些有害成分，努力减轻或防止汽油中杂质对金属的腐蚀和磨损。

（1）选用原料及加工过程　石油产品中的非烃成分主要来自原油。原油含硫高的，其加工产品中含硫成分也会相应提高。采用脱硫工艺或加氢精制可有效地降低汽油中的硫含量和其他非烃成分。

（2）加强汽油储运过程中的质量管理　即使是质量合格的汽油，如果在储运过程中不注意质量管理，汽油也会逐渐产生腐蚀性。例如，储油容器不清洁，剩余胶质及水分杂质未除尽，汽油很快氧化产生酸性；油桶用酸碱洗涤后未洗去残余的酸或碱；储运过程中水分凝聚未及时排除，引起电化学腐蚀等。因此，必须认真做好汽油储运过程中的质量管理工作。

（3）改善金属结构的防腐蚀性能　为了改善储油容器的防腐蚀性能，可在金属表面加涂防腐层，例如在油罐内壁涂漆或环氧树脂，或其他耐油耐腐蚀材料。汽车油箱内壁加涂防护层可以大大减少燃料对油箱的腐蚀，同时延缓燃料的氧化过程。

为减少发动机燃料系统及燃烧室金属零件的腐蚀，应选用对燃料腐蚀抵抗力强的金属或合金，例如在某些汽油机中使用耐酸能力较强的铸铁作气缸衬套。

（4）加添加剂　在汽油中添加少量防腐蚀添加剂，从而大量减少或防止燃料对金属表面的腐蚀，这是防止汽油对金属腐蚀的重要措施之一。

抗腐蚀添加剂分为防止硫腐蚀的添加剂和防止燃料氧化产物引起腐蚀的添加剂。

（五）对环境危害性

汽油在生产、储运、使用过程中发生泄漏或挥发，会造成向环境释放。为了减轻其对环境的影响，一方面应加强管理，采用先进技术减小对环境的排放量；另一方面限制汽油中对环境有害物质的含量，如采用汽油加氢方法减小汽油中硫及含硫化合物、含氮化合物、芳烃、烯烃等对环境和人体造成危害物质的含量。为了减小汽油燃烧产生尾气对环境造成的影响，采取措施减少尾气污染物产生物质在汽油中含量，如硫、氮、铅、铁、锰、芳烃、烯烃等含量；采用先进的燃烧技术，保障油品完全燃烧，以减少尾气中碳氢物、颗粒物、一氧化碳的含量；采用尾气处理技术，如通过三元催化转化、吸附尾气中的环境危害物。

综上所述，就汽油本身而言，为了减轻汽油对环境的影响，有关限制的评价指标有：蒸气压、馏程、终馏点、硫含量、硫醇含量、苯含量、芳烃含量、烯烃含量、甲醇含量、铅含量、铁含量、锰含量等。

三、汽油的产品标准

作为燃料的汽油按其使用工具类型分为车用汽油和航空汽油，各种燃料汽油均按辛烷值划分牌号。

1.车用汽油的质量标准及使用

（1）车用汽油的种类、牌号　我国车用汽油国五标准中，按其研究法辛烷值（RON）分为 89 号、92 号及 95 号三个牌号，它们分别适用于压缩比不同的各型汽油机。实施日益严格的排放标准是改善环境、治理雾霾等污染、促进绿色发展的重要举措，也有利于扩大投资、促进企业技术改造和消费需求。汽油国六标准指的是国家第六阶段机动车污染物排放标准。这个标准分为国六 a 和国六 b 两个阶段，a 阶段开始实施时间是 2020 年，b 阶段开始实施时间是 2023 年，国六 a 和国六 b 标准主要区别是烯烃含量（a 为 18%，b 为 15%）。表 3-18 和表 3-19 是车用汽油标准（Ⅴ）和车用汽油标准（Ⅵ）的技术要求和试验方法。而国五和国六主要区别于四个方面：

① 苯含量：由 1%降至 0.8%；
② 芳烃含量：由 40%降至 35%；
③ 烯烃含量：由 24%降至 18%（国六 a 阶段）和 15%（国六 b 阶段）；
④ 50%蒸发温度：由 120℃降至 110℃。

表 3-18　车用汽油标准（Ⅴ）的技术要求和试验方法

项目		质量指标			实验方法
		89	92	95	
抗爆性					
研究法辛烷值(RON)	不小于	89	92	95	GB/T 5487
抗爆指数(RON+MON)/2	不小于	84	87	90	GB/T 503、　GB/T 5487
铅含量/（g/L）	不大于		0.005		GB/T 8020
馏程					
10%蒸发温度/℃	不高于		70		
50%蒸发温度/℃	不高于		120		
90%蒸发温度/℃	不高于		190		GB/T 6536
终馏点/℃	不高于		205		
残留量（体积分数）/%	不大于		2		
蒸气压/kPa					
11 月 1 日～4 月 30 日			45～85		GB/T 8017
5 月 1 日～10 月 31 日			40～65		
胶质含量/（mg/100mL）	不大于				
未洗胶质含量（加入清净剂前）			30		GB/T 8019
溶剂洗胶质含量			5		
诱导期/min	不小于		480		GB/T 8018
硫含量/（mg/kg）	不大于		10		SH/T 0689

项目		质量指标			实验方法
		89	92	95	
硫醇（需满足下列要求之一）					
博士实验			通过		SH/T 0174
硫醇硫含量（质量分数）/%	不大于		0.001		GB/T 1792
铜片腐蚀（50℃，3h）/级	不大于		1		GB/T 5096
水溶性酸或碱			无		GB/T 259
机械杂质及水分			无		目测
苯含量（体积分数）/%	不大于		1.0		SH/T 0713
芳烃含量（体积分数）/%	不大于		40		GB/T 11132
烯烃含量（体积分数）/%	不大于		24		GB/T 11132
氧含量（质量分数）/%	不大于		2.7		SH/T 0663
甲醇含量（质量分数）/%	不大于		0.3		SH/T 0663
芳烃+烯烃含量（体积分数）/%	不大于		60		SH/T 11132
锰含量/（g/L）	不大于		0.002		SH/T 0711
铁含量/（g/L）	不大于		0.01		SH/T 0712
密度（20℃）/（kg/m³）			0.720～0.775		GB/T 1884、　GB/T 1885

表 3-19　车用汽油标准（Ⅵ）和技术要求和试验方法

项目		质量指标			实验方法
		89	92	95	
抗爆性					
研究法辛烷值(RON)	不小于	89	92	95	GB/T 5487
抗爆指数(RON+MON)/2	不小于	84	87	90	GB/T 503、　GB/T 5487
铅含量/（g/L）	不大于		0.005		GB/T 8020
铁含量/（g/L）	不大于		0.01		SH/T 0712
锰含量/（g/L）	不大于		0.002		SH/T 0711
馏程					
10%蒸发温度/℃	不高于		70		
50%蒸发温度/℃	不高于		110		
90%蒸发温度/℃	不高于		190		GB/T 6536
终馏点/℃	不高于		205		
残留量（体积分数）/%	不大于		2		
蒸气压/kPa					
3 月 16 日～5 月 14 日			45～70		
5 月 15 日～8 月 31 日			42～62		GB/T 8017
9 月 1 日～11 月 14 日			45～70		
11 月 15 日～3 月 15 日			47～80		
胶质含量/（mg/100mL）	不大于				
未洗胶质含量（加入清净剂前）			30		GB/T 8019
溶剂洗胶质含量			5		
诱导期/min	不小于		480		GB/T 8018
硫含量/（mg/kg）	不大于		10		SH/T 0689
硫醇（博士实验）			通过		SH/T 0174
铜片腐蚀（50℃，3h）/级	不大于		1		GB/T 5096

项目		质量指标			实验方法
		89	92	95	
水溶性酸或碱		无			GB/T 259
机械杂质及水分		无			目测
苯含量（体积分数）/%	不大于	0.8			SH/T 0713
芳烃含量（体积分数）/%	不大于	35			GB/T 11132
烯烃含量（体积分数）/%	不大于	18			GB/T 11132
氧含量（质量分数）/%	不大于	2.7			SH/T 0663
甲醇含量（质量分数）/%	不大于	0.3			SH/T 0663
密度（20℃）/（kg/m³）		720～775			GB/T 1884、 GB/T 1885

（2）车用汽油的选用　车用汽油牌号的选用主要是根据汽车生产厂家推荐的汽油牌号或发动机的压缩比，发动机的压缩比越高，所需使用的汽油牌号就越高，可在汽车的使用说明书中查到发动机的压缩比和汽车生产厂家推荐的汽油牌号，车用汽油的一般选用原则是：

压缩比在 8.0 以下应选用 89 号车用汽油；压缩比在 8.0～9.0 应选用 92 号车用汽油；压缩比在 9.0～9.5 应选用 95 号车用汽油；压缩比在 9.5～10 应选用 98 号车用汽油。

汽油的牌号越大，说明汽油的辛烷值越高，抗爆性越好。虽然使用高辛烷值汽油可以改善汽车燃料的经济性，但从节能观点出发，应将炼油厂因提高辛烷值多消耗的能量，与提高压缩比后少消耗的能量作比较来确定发动机的压缩比和汽油的辛烷值的最佳值。在用车辆压缩比不能调整，因而不能说使用的汽油牌号越高，其发动机效率越好。

车用汽油产品的标记为：牌号+汽油+（类别）。

例如：92 号汽油（Ⅵ）。

2.航空汽油的质量标准与选用

（1）航空汽油的种类、牌号　航空汽油也称为航空活塞式发动机燃料，根据 GB 1787—2018，航空活塞式发动机燃料根据马达法辛烷值不同分为 75 号、UL91 号、95 号、100 号和 100LL 号五个牌号，前两种油不要求品度，后三种油的品度不低于 130。其中"UL"代表无铅，"LL"代表低铅。其标准列于表 3-20。

航空活塞式发动机燃料产品标记为：牌号+航空活塞式发动机燃料。

例如：100 号航空活塞式发动机燃料。

表 3-20　航空活塞式发动机燃料的技术要求和试验方法（GB 1787—2018）

项目		质量指标					试验方法
		75 号	UL91 号	95 号	100 号	100LL 号	
抗爆性							
马达法辛烷值（MON）	不小于	75.0	91.0	95.0	99.6	99.6	GB/T 503
品度	不小于	—	—	130	130	130	SH/T 0506
铅含量							
四乙基铅/（g/kg）	不大于	—	0.028	3.2	2.4	1.2	ASTM D5059
铅/（g/L）	不大于		0.013	1.48	1.12	0.56	
净热值/（MJ/kg）	不小于	—	43.5				GB/T 384
颜色		无色	无色	橙色	绿色	蓝色	ASTM D2392

项目		质量指标					试验方法
		75 号	UL91 号	95 号	100 号	100LL 号	
染色剂加入量/（mg/L） 蓝色 黄色 橙色	不大于	— — —	— — —	— — 14.5	2.7 2.8 —	2.7 — —	
密度（20℃）/（kg/m³）		报告					GB/T1884、 GB/T 1885
馏程							GB/T 6536
初馏点	不低于	40	报告	40	报告		
10%蒸发温度/℃	不高于	80	75	80	75		
40%蒸发温度/℃	不低于		75		75		
50%蒸发温度/℃	不高于	105	105	105	105		
90%蒸发温度/℃	不高于	145	135	145	135		
终馏点/℃	不高于	180	170	180	170		
10%与50%蒸发温度之和/℃	不低于	—	135	—	135		
残留量（体积分数）/%	不大于	1.5	1.5	1.5	1.5		
损失量（体积分数）/%	不大于	1.5	1.5	1.5	1.5		
蒸气压/kPa		27.0～ 48.0	38.0～ 49.0	27.0～ 48.0	38.0～49.0		SH/T 0794
酸度/（mg KOH/g）	不大于	1.0	—	1.0	—		GB/T 258
冰点/℃	不高于	−58.0					GB/T 2430
硫含量（质量分数）/%	不大于	0.05					SH/T 0689
氧化安定性（5h 老化）		—					SH/T 0585
潜在胶质/（mg/100mL）	不大于	6					
显见铅沉淀/（mg/100mL）	不大于	—		3			
铜片腐蚀（100℃，2h）/级		1					GB/T 5096
水溶性酸或碱		无					GB/T 259
机械杂质及水分		无					目测
芳烃含量（体积分数）/%	不大于	30	—	35			GB/T 11132
水反应（体积变化）/mL	不大于	±2					GB/T 1793

（2）航空汽油的选用 航空活塞式发动机燃料主要区别是抗爆性不同。选用时，应遵循重负荷、高速度的飞机，选用抗爆性好的航空活塞式发动机燃料；轻负荷、低速度的飞机，选用抗爆性稍差的航空活塞式发动机燃料的原则。因此，75 号航空汽油只适用于初级教练机；95 号航空汽油适用于运输机和直升机等中等负荷、高速活塞式航空发动机；100 号航空汽油适用于水上飞机和重负荷、高速度活塞式航空发动机。

航空活塞式发动机燃料中含四乙基铅多，会在气缸内产生铅沉积，增加大气污染，产生一系列的有害影响。所以，高辛烷值的航空汽油不宜在汽车上使用。

第三节　柴油

柴油分轻柴油和重柴油两种。轻柴油是 1000r/min 以上的高速柴油机的燃料，重柴油是 500～1000r/min 的中速柴油机和 500r/min 以下的低速柴油机的燃料。

柴油发动机和汽油发动机都是内燃机，然而前者属于压燃式，后者属于点燃式，它们虽有很多相似之处，但在工作过程上却有较大的区别，因而对其所用燃料柴油与汽油的质量要求也不尽相同。

近数十年来，柴油机得到日益广泛的应用，其主要原因是柴油机与汽油机相比，具有以下优点：较高的经济性；所用燃料的沸点高、馏程宽、来源多、成本低；较好的加速性能，不需要经过预热阶段即可以转入全负荷运转；工作可靠、耐久，使用保管容易；柴油闪点比汽油高，在使用管理中着火危险性小。

一、柴油机的工作过程和对燃料的使用要求

1.柴油机的工作过程

柴油机（压燃式发动机）系统构成，从功能的角度看，几乎和汽油机相同。最大的区别在于汽油机有点火装置，而柴油机没有。图 3-6 为柴油机原理构造图。

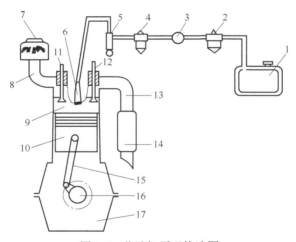

图 3-6　柴油机原理构造图

1—油箱；2—粗过滤器；3—输油泵；4—细过滤器；5—高压油泵；6—喷油嘴；
7—空气滤清器；8—进气管；9—气缸；10—活塞；11—进气阀；12—排气阀；13—排气管；
14—消声器；15—连杆；16—曲轴；17—曲轴箱

从图 3-6 中可以看到，有一套复杂和精准的燃料系统来保证燃料供应，以便及时向气缸提供一定数量的柴油。柴油经喷嘴雾化喷入已经过压缩的高温空气，迅速汽化形成可燃性的油气和空气的化合物，通过燃烧产生高温、高压气体膨胀做功。现以四冲程柴油机为例说明其工作过程。

柴油机和汽油机的工作循环是一样的，都包括进气、压缩、膨胀做功、排气四个过程。

① 进气。当活塞从气缸顶往下运动时，进气阀打开，空气经空气滤清器吸入气缸，活塞

运行到下止点时，进气阀关闭。近代有些柴油机装有空气涡轮增压机，以增加空气的进入量和压力，回收烟气能量，提高柴油机的效率。

② 压缩。当活塞自下止点往上运动时，空气受到压缩（压缩比可达 16～20）。压缩是在近于绝热的情况下进行的，因此空气温度和压力急剧上升，压缩过程结束时，温度可达 500～700℃，压力可达 3.5～4.5MPa。压缩比越大，压缩终了时的温度、压力越高，发动机的功率越大。

③ 喷入燃料、自燃（做功）。当活塞快到上止点时，柴油经粗、细过滤器由高压油泵将其通过雾化喷嘴喷入气缸。由于气缸内空气温度已超过燃料的自燃点，因此喷入的柴油迅速着火燃烧，燃烧温度高达 1500～2000℃，压力可达 4.6～12.2MPa。燃烧产生的大量高温气体迅速膨胀，推动活塞向下运动做功。

④ 排气。当活塞经过下止点靠惯性往上运动时，排气阀打开，燃烧产生的废气被排出。然后再开始一个新的循环。

从以上的工作过程可以看出柴油机和汽油机都属于内燃机，工作循环过程一样，但是也有本质的区别，见表3-21柴油机和汽油机的比较。

表 3-21　柴油机与汽油机工作过程的比较

项目	柴油机	汽油机
压缩比	16～20	8～10
压缩终了温度/℃	500～700	300～450
压缩终了压力/MPa	3～5	0.7～1.5
供油方式	高压油泵直喷	汽化器、高压油泵喷油
启燃方式	自燃	电火花点燃
进入气缸的气体	空气	油气混合气
压缩的气体	空气	油气混合气
燃烧气体的最高温度/℃	1500～2000	2000～2500
燃烧气体的最高压力/MPa	5～12	3～4
相同功率下的相对油耗/%	70～80	100

2.柴油机对燃料的使用要求

柴油在柴油机气缸中发火和燃烧都是在气态下进行的，因而必须先汽化并与空气形成可燃混合气后，才能使柴油机启动和正常工作。由于柴油机可燃混合气的形成与气缸内的空气运动有关，所以不同类型燃料燃烧室的柴油机对柴油蒸发性能的要求也有所差异。柴油机的转速越快，它的每一工作循环的时间越短，要求柴油的蒸发速度越快，所用的馏分也就应该越轻。

柴油机根据转速高低分为三种类型，各种类型柴油机对燃料的要求也不同。本节主要讨论使用于转速为1000r/min以上高速柴油机的轻柴油。

根据柴油发动机工作原理和过程，对柴油的使用性能提出如下要求：

① 良好的供油性能。保证柴油在油箱及输油管中不能发生凝固现象（会造成柴油供应中断）；喷嘴喷出的柴油在气缸中要达到理想的雾化形态和较小的雾化液滴；雾化液滴在高温空气中能迅速汽化，在气缸中形成均匀的油气和空气混合物，以提高燃油效率。

② 良好的燃烧。要求柴油具有较高的热值、适当的燃烧速度和较高的燃烧完全度。

③ 良好的安定性。要求柴油在储存、运输及使用过程中，具有较高的抗热和抗氧化性能。避免发生化学反应造成油品变质而影响其正常使用。

④ 对设备危害性要小。要求柴油在储存、运输及使用过程对设备材质造成破坏要小，以免影响设备的正常使用。

⑤ 对环境危害性要小。要求柴油本身及燃烧后的产物对环境危害性要小。

二、柴油的主要性能

（一）供油性能

柴油发动机供油方面与汽油发动机对比，同样涉及输油、雾化、汽化三个环节和过程。

1.输油性能

柴油发动机在输油过程中，同样要解决两个问题。一是在正常输油过程中不能发生油路中断，油路中断的原因主要有设备、使用环境及油问题。柴油在油管中发生凝固现象，会使柴油供应中断。因此供油是否中断取决于柴油的低温流动性能。二是柴油供应量的控制，目前采用较多的是电控喷油系统，如每个气缸配置一个喷油泵，由发动机电子控制模块（ECM）直接控制每个喷油泵的喷油时间和喷油量。再如高压共轨技术，它是由高压油泵将高压燃油输送到公共供油管，通过喷油器上的电磁阀控制喷射时间、喷射油量以及喷射速率。喷油量的大小取决于燃油轨中的油压和电磁阀开启时间的长短，以及喷油嘴液体流动特性。

柴油的低温流动性是关系到柴油在低温下供油、储存和运输等作业能否正常进行的性能。

柴油的低温流动性与柴油的烃类、表面活性剂以及柴油的含水量有关。柴油中正构烷烃含量越高，其凝点、倾点和冷滤点越高，柴油的低温流动性越差。为了使柴油具有良好的低温性能，柴油不能含有较多的正构烷烃；而只有一个或两个支链的异构烷烃的凝点较低，又具有较高的十六烷值，因而它是柴油的理想组分。表面活性剂能吸附在石蜡结晶中心的表面上，阻止石蜡结晶的生长，致使油品的凝点、倾点下降。所以柴油中加入某些表面活性剂（如柴油降凝剂），则可以降低柴油的凝点，改善柴油的低温流动性。

柴油含有水分会提高其浊点和凝点。低温时水分呈冰晶悬浮在柴油中，即使此时不存在蜡结晶，也会堵塞过滤器，影响正常供油。水分的存在还能降低柴油的发热值，恶化燃烧过程，增加对金属的腐蚀性。如果柴油中含有无机盐类，盐类随柴油进入气缸中，会使积炭增多，磨损增大。

（1）评价指标　我国评定柴油低温流动性能的指标为凝点（或倾点）和冷滤点等。

① 凝点。我国的轻柴油质量标准按 GB/T 510 测定凝点，重柴油质量标准中规定按 GB/T 3535 测定倾点。凝点是柴油质量的一个重要指标，轻柴油的牌号是根据凝点划分的。

② 冷滤点。冷滤点是指按照 NB/SH/T 0248 规定的测定条件，当试油通过过滤器的流量不足 20mL/min 时的最高温度。由于冷滤点测定的条件近似于使用条件，所以可以用来粗略地判断柴油可能使用的最低温度。冷滤点高低与柴油的低温黏度和蜡含量有关。低温下黏度大或出现的蜡结晶多，都会使柴油的冷滤点升高。

③ 水含量。水含量测定可用目测法，即将试样注入 100mL 玻璃量筒中，在室温（20℃±5℃）下观察，应当透明，没有悬浮和沉降的杂质。对结果有异议时，按 GB/T 260 测定，要求为痕迹。

（2）改善柴油低温流动性的方法

① 改变组成。柴油的凝点高低主要取决于其蜡含量的高低。柴油的烷烃（尤其是正构烷烃）含量越多或其分子量越大则凝点越高。国产原油石蜡基的较多，其直馏柴油的凝点一般都较高，为了降低其凝点，可通过与凝固点较低的催化裂化和加氢柴油调和，稀释其蜡含量；可对其脱蜡或加氢降凝，降低其蜡含量；也可选择合适的原油（如克拉玛依低凝点原油）生产低凝点柴油。因正构烷烃十六烷值高，所以采用脱蜡工艺生产低凝点柴油不仅产率要降低，而且十六烷值也要降低，因而生产成本较高，很少单独采用。

② 加添加剂。为了改善柴油的低温流动性，通常在柴油中加入降凝剂（又称低温流动改进剂）。柴油中加入降凝剂后，可在低温下阻止石蜡结晶形成网状结构，降低柴油的冷滤点和凝点，改善柴油在低温下的流动性。采用加入降凝剂改善柴油低温流动性仅对石蜡基原油生产的柴油有效。

目前柴油低温流动改进剂品种类型齐全，主要有乙烯-乙酸乙烯酯共聚物、烯基丁二酰胺酸盐、乙酸乙烯酯-富马酸酯共聚物、马来酸酐类共聚物、丙烯酸酯类聚合物、烷基芳烃、极性含氮化合物等。

其中，乙烯-乙酸乙烯酯共聚物是目前使用最广、效果最好的柴油低温流动改进剂。

2.雾化性能

柴油的雾化性能由喷嘴喷入气缸雾化柴油的喷射锥角、喷射距离、液滴直径大小、喷油提前角等衡量雾化效果的参数描述，主要取决于油压、油温、喷嘴结构及柴油的组成和性质。对柴油自身而言，影响雾化效果的主要因素是油的黏度、黏温性质及表面性质。另外，油的黏度和黏温性质也是影响柴油正常流动输送性能、油泵的润滑效果的主要因素。

柴油黏度过小时，雾化后的液滴直径太小，喷出的油流锥角大、射程短，与空气混合不均，导致燃烧不完全；柴油容易从高压油泵的柱塞与泵筒之间的间隙中漏出，导致供油不足，功率下降。

柴油的黏度过大时，雾化后油滴直径过大，喷出的油流锥角小、射程远，使油滴的有效蒸发面积减小，蒸发速度减慢，导致混合不均匀、燃烧不完全、耗油量增加；柴油在管线中的阻力增大，泵送困难，导致供油不足。

因此，要求柴油黏度在合适的范围。如我国 10 号、5 号、0 号、-10 号车用柴油的运动黏度（20℃）要求为 3.0～8.0mm²/s；-20 号为 2.5～8.0mm²/s；-35 号、-50 号为 1.8～7.0mm²/s。

柴油的黏度与其化学组成有密切的关系。石蜡基原油的柴油因含较多的烷烃，因而黏度较小，而环烷基原油的柴油因含较多的环状烃，因而黏度较大。

燃料的表面张力较小时，雾化的颗粒较细。燃料黏度过大或过小，对油束在燃烧室内的均匀分布都带来不利影响。如燃油的黏度已定，则喷油器的设计与构造应保证燃油喷出的油束颗粒直径小，分布合理，使发火延迟期缩短，燃烧完全。

3.汽化性能

（1）汽化性能对柴油机工作的影响　柴油机启动和正常工作的前提条件是柴油必须先汽化并与空气形成可燃混合气。柴油机内可燃混合气形成的速度取决于雾化效果、气缸热状态及柴油的理化性质等。

就柴油自身而言，燃料馏分越轻，燃料的汽化性能越好，一般易于和空气形成可燃混合气，有利于在低温下启动发动机；在喷射时容易形成较细油滴，因而发火延迟期可以缩短，发动机工作平稳；加速时喷入的柴油能迅速汽化、燃烧，实现能量的及时输出；燃烧速度快，则燃烧完全度高，燃油效率高。但是燃料馏分过轻时，在延迟期中蒸发的数量过多，当燃料发火时，几乎所喷射的燃油全部参加燃烧过程，结果会导致压力增长过快，发动机工作不平稳，燃油效率低。

柴油馏分过重，蒸发速度太慢，来不及在极短的时间内形成混合气，而使燃烧不完全。所以柴油机使用的柴油馏分要限制在适当的范围。

（2）评定汽化性能的指标　我国评价柴油汽化性能的指标主要有馏程和闪点。

① 馏程。柴油的馏程是按 GB 19147—2016 标准规定的方法测定的，主要指标是 50%馏出温度、90%馏出温度和 95%馏出温度。

50%馏出温度越低，柴油中的轻馏分越多，发动机启动时间越短（见表 3-22）。我国国家标准中规定轻柴油的 50%馏出温度不高于 300℃。从表 3-23 中可知，柴油中<300℃馏分含量对耗油量的影响很大，柴油中<300℃的馏分含量越高，柴油机的油耗越低。

表 3-22　柴油 50%馏出温度与启动时间的关系

50%馏出温度/℃	200	225	250	275	385
发动机启动时间/s	8	10	27	60	90

表 3-23　柴油中<300℃馏分含量与耗油量的关系

柴油中<300℃馏分含量（质量分数）/%	39	34	20
相对耗油量/%	100	114	131

90%馏出温度及 95%馏出温度越低，说明柴油中的重馏分越少，燃烧越完全。我国对轻柴油规定，90%馏出温度不能高于 355℃，95%馏出温度不高于 365℃。

不同转速柴油机对柴油馏程要求不同，只对高速柴油机上使用的轻柴油规定了馏程要求。而低速柴油使用的重柴油不要求馏程，只限制了残炭量。总之，对柴油的馏分要求不如对汽油的要求那么严格。

② 闪点。柴油的闪点太低，不仅蒸发性太强，而且还不安全。为了控制柴油的蒸发性不致过强，国家标准中规定了各号柴油的闭口杯法闪点，要求−35 号及−50 号轻柴油的闪点不低于 45℃，−20 号轻柴油的闪点不低于 50℃，其余各牌号柴油的闪点均要求不低于 55℃。在储存和运输环节，馏分过轻的柴油不仅蒸发损失大，而且也不安全。所以柴油的闪点也是与安全性有关的指标。

（二）燃烧性能

柴油在发动机中的燃烧要求及时、平稳和完全。其燃烧性能主要与发动机设计、操作及油品的组成和性能有关。发动机工作过程中的油品输送、雾化、汽化过程对燃烧过程都有影响。在这里主要探讨柴油在燃烧过程中的燃烧性能。

1.柴油机内柴油的燃烧过程

柴油在气缸中燃烧是一个连续而又复杂的输油、雾化、汽化、混合和氧化燃烧过程，从喷油开始到全部燃烧为止，大体分为滞燃期、急燃期、缓燃期、后燃期四个阶段。其气缸中压力与活塞所处位置（用曲轴转角来表示）的关系如图 3-7 所示。

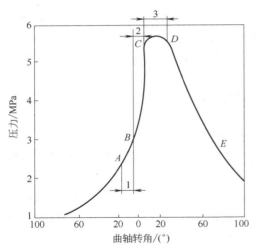

图 3-7 柴油机中气缸压力变化

1—滞燃期；2—急燃期；3—缓燃期

（1）滞燃期 滞燃期（发火延迟期）指从喷油开始到混合气着火燃烧时间段，即图中的 AB 段，时间极短，只有 1～3ms。此段包含物理延迟和化学延迟。物理延迟是指燃料在气缸中雾化、受热、蒸发、扩散，并与空气混合而形成可燃性混合气等一系列燃烧前的物理过程。化学延迟是指燃料受热后开始进行燃烧前的氧化链反应的化学过程，即焰前氧化，生成一些过氧化物。这二者在时间上部分是重叠的，因为蒸发和氧化是相互影响、交错进行的行为。

滞燃期时间虽短，但对发动机的工作有决定性的影响，因为在这一时期结束后，气缸内已积累了一定量的柴油，而且经历了不同程度的物理和化学准备，一旦发火，燃烧极为迅速。

如果滞燃期过长，发火前喷入的柴油多，自燃开始后大量的柴油在气缸内同时燃烧，导致气缸内的温度与压力急剧升高，导致出现敲击气缸的声音和发动机过热等问题，即产生爆震现象。缩短柴油的滞燃期有利于改善柴油的燃烧性能，这就要求柴油的自燃点低，发动机应具有较高的压缩比或较高的进气温度等。

（2）急燃期 柴油开始燃烧到气缸内的压力不再升高为止，即图中的 BC 段，这个阶段是柴油的急燃期（速燃期）。在滞燃期的末期，气缸内已喷入大量的柴油，由于被高度压缩的空气加热，细小的油粒完全蒸发，喷入较晚的或较大油粒也大部分蒸发呈气体状态，气缸内的混合气进行了不同程度的氧化反应，当混合气的氧化反应达到一定程度时就开始着火，即转入急燃期。燃料发火后，不仅气缸内积累的燃料迅速燃烧，而且新喷入的燃料也迅速参与燃烧，此时燃烧速度极快，短时间内产生大量的热量，气缸内的温度与压力上升很快。

急燃期中压力升高的速率取决于柴油滞燃期的长短。滞燃期短，压力上升平稳，发动机工作柔和；滞燃期长，着火前喷入的柴油过多，一旦燃烧后，温度、压力急剧升高，冲击活塞剧烈运动而发出金属敲击声（敲缸），这就是柴油机的爆震。柴油机的爆震会使发动机动力不足，功率下降；排气冒黑烟，耗油率增加；曲轴连杆机构受到很大冲击，加剧机件的磨损，严重时会影响发动机工作的可靠性和使用寿命等。

（3）缓燃期 缓燃期（主燃期）是柴油机中燃烧的主要阶段，是指气缸内压力不再急剧升高到压力开始迅速下降的这段时间，为图中的 CD 段。在这段时期内烧掉 50%～60%的燃料。

缓燃期的特点是气缸内压力变化不大，在后期还稍有降低，最大压力为 5～12MPa。温度持续升高到最高值后开始下降，而且温度的最高值一般在压力达到最高值之后出现，温度最高值为 2000℃。

在缓燃期，由于压力和温度都很高，这时喷入的燃料发火延迟期大大缩短，几乎是随喷随着火。大部分柴油在缓燃期内燃烧，从而使柴油机获得较大的功率和较高的效率。为了保证达到此目的，在缓燃期应改善柴油与空气的混合程度，采用过量的空气，以提高燃料的燃烧速度，使燃烧反应趋于完全，以释放出最大的热量。

（4）后燃期 后燃期（补燃期）是燃烧的最后阶段，指压力开始迅速下降到燃烧结束，

为图中的 *DE* 段。

在后燃期，喷油虽已停止，但气缸内尚有未燃烧完的燃料仍在继续燃烧，此时的燃烧是在膨胀过程中完成的，压力和温度都在逐渐下降。显然，应使后燃期尽量缩短，避免过多的燃料在膨胀过程中燃烧，使燃料热能的利用效率降低。因此，后燃期中释放的热量不宜超过燃料燃烧释放全部热量的 20%。

柴油在柴油机中的燃烧与汽油在汽油机中的燃烧有本质的区别：汽油与柴油的启燃方式不同，前者是靠点燃，而后者是靠柴油本身的自燃；柴油机和汽油机发生爆震的时间、原因等不同，详见表 3-24。因此从燃烧角度看，对汽油要求其自燃点高，而要求柴油的自燃点要低。

表 3-24　汽油机与柴油机工作粗暴性的比较

项目	汽油机	柴油机
爆震现象	敲缸、烧坏机件、冒黑烟、功率降低、油耗增加	燃烧粗暴、敲缸、烧坏机件、冒黑烟、功率降低、油耗增加
爆震时间	燃烧的中后期（火焰传播过程中）	燃烧的初期（滞燃期和急燃期）
爆震原因	自燃点太低，着火前就形成了过多的过氧化物	自燃点太高，不能产生足够多的过氧化物，使滞燃期过长
压缩比对爆震的影响	压缩比大，容易产生爆震	压缩比小，容易产生工作粗暴性

2.影响柴油燃烧性能的主要因素

影响柴油燃烧的因素有柴油的理化性质、气缸的热状态和喷油提前角等。其中，燃料的雾化效果及汽化性能前面已阐述，在此不做赘述。

（1）柴油的理化性质　柴油的理化性质是影响柴油燃烧性能的最重要的因素之一，主要表现在柴油的发火性能和汽化性能。

发火性是指柴油在发动机中是否容易燃烧的性质。由于柴油是通过自燃引发着火燃烧的，因此通常用柴油的自燃点表示柴油的发火性。自燃点愈低的柴油在柴油机中愈容易自燃，发火延迟期愈短，发动机工作愈平稳。反之，如果柴油的自燃点高，发火延迟期长，容易使发动机工作发生爆震现象。

（2）气缸的热状态　压缩终了时气缸内的温度和压力如果较高，则燃料着火前的化学反应速率很快，发火延迟期较短，发动机工作柔和，否则易发生爆震。

气缸内压缩空气的温度和压力的高低取决于发动机的压缩比的大小、气缸的冷却状况以及活塞的良好状态。提高发动机的压缩比，也就提高了压缩终了时空气的温度和压力，因此，一般柴油机的压缩比（13～18）比汽油机的压缩比（6～10）高很多。随着材料强度和机械的改进，柴油机的压缩比逐步在提高。

在冬季冷车状态下启动柴油机，空气及气缸温度低，压缩后热能损失大，使压缩后空气温度降低，造成启动困难。因此，柴油机在冷启动时必须暖缸，以改善启动性能。当活塞环张力不足或损坏，则气缸产生漏气。气缸漏气不仅使压缩终了温度、压力降低，而且使气缸中充气量减少，结果都能引起燃烧不良。

（3）喷油提前角　如果开始喷油时间过早，活塞还在压缩过程中柴油就已经开始燃烧，这样燃烧气体就给活塞以很大的反压力，使柴油机工作粗暴，功率和经济性降低。开始喷油时间过晚，即喷油提前角过小时，燃烧将在活塞离开上止点向下运动、气缸容积逐渐增大的情况下进行。这时气缸内温度和压力已经降低，使发出的功率减小，经济性也降低。同时，喷油过晚，燃烧不易完全，后燃严重，燃料消耗率增大，排气中易产生黑烟，也是很不利的。

（4）气缸内涡流强度　适当增加气缸内空气的涡流强度，可以加速柴油与空气的混合，改善高温空气对柴油的加热，使发火延迟期缩短，燃烧速度加快，燃烧也较完全。但涡流强度过大，则热能损失增加，对燃烧也不利。

（5）发动机转速　柴油发动机转速提高时，由于气体的涡流增强，燃料的雾化蒸发条件得到改善。同时，压缩过程的时间缩短，漏气和散热损失减少，压缩终了时的温度升高。因此，转速升高后燃料混合气形成的时间可以缩短，燃烧也较迅速完全。转速很高时，循环的总时间缩短，如不加大喷油提前角，往往不易保证在上止点附近燃烧完毕，后燃期延长，耗油量也增加。

3.评定柴油抗爆性能的指标

柴油的抗爆性是指柴油在发动机气缸内燃烧时抵抗爆震的能力，也就是柴油燃烧时的平稳性。柴油的抗爆性（发火性能）通常用十六烷值（CN）表示。

（1）十六烷值的测定方法　柴油十六烷值的测定与汽油辛烷值的测定相似。以易氧化的正十六烷和难氧化的 α-甲基萘配成标准燃料，人为规定正十六烷的十六烷值为 100。α-甲基萘的十六烷值为 0。将欲测定十六烷值的柴油与一定配比的标准燃料在同一发动机（十六烷值测定机）、同一条件下进行比较试验，若某一标准燃料和柴油试样的爆震情况相同时，标准燃料中正十六烷的体积分数即为所测柴油试样的十六烷值。例如标准燃料含有 45%（体积分数）的正十六烷，若某试油与之进行比较时二者爆震情况相同，则此柴油试油的十六烷值即为 45。

（2）柴油十六烷值的经验计算　柴油的抗爆性也可用柴油指数（DI）来表示，它与十六烷值（CN）有如下的关系：

$$CN = \frac{2}{3} \times DI + 14 \tag{3-2}$$

$$DI = \frac{AF \times API°}{100} = \frac{(1.8A + 32) \times (141.5 - 131.5d_{15.6}^{15.6})}{100d_{15.6}^{15.6}} \tag{3-3}$$

式中，A 为苯胺点，℃。苯胺点是等体积的油样和苯胺混合时能完全互溶的最低温度。同一柴油油样的柴油指数和十六烷值并不相等，但两者的数值比较接近。柴油的苯胺点越高，表明柴油中的芳香烃含量越低，烷烃含量越高，因而其柴油指数就越高。相对密度越大，芳香烃含量越高，柴油指数越低。

十六烷指数（CI）：　　　$$CI = 162.41 \times \frac{\lg t_{50}}{\rho_{20}} - 418.51 \tag{3-4}$$

十六烷值（CN）：　　　$$CN = 442.8 - 462.9d_4^{20} \tag{3-5}$$

（3）柴油的十六烷值与其燃烧性能的关系　一般十六烷值高的柴油，其自燃点低，滞燃期短，燃料的发火性能好，燃烧完全，发动机工作平稳，不易产生爆震现象，使发动机热功率提高，使用寿命延长。十六烷值低的柴油，自燃点高，滞燃期长，燃料发火燃烧困难，发动机工作不平稳。但是十六烷值不是越高越好，十六烷值过高，自燃点太低，燃烧过程中形成过量的过氧化物，自燃速度过快，火焰区域耗氧速度太快，周围氧气来不及补充，造成局部缺氧；或燃料自燃时还未与空气混合均匀，致使燃料燃烧不完全，部分烃类因热分解而形成带炭粒的黑烟。另外，柴油的十六烷值太高，还会减少燃料的来源。因此，为了保证柴油具有良好的自燃性，高速柴油机所用柴油的十六烷值在45～50之间为宜。我国车用柴油质量标准规定，其十六烷值不能低于45。

4.柴油十六烷值与化学组成的关系

柴油的十六烷值与其化学组成密切相关，见表3-25各族烃类的十六烷值。

表3-25　各族烃类的十六烷值

烃类名称	十六烷值	烃类名称	十六烷值
正庚烷	55	5-丁基-4-十二烯	46
正辛烷	63	十氢萘	48
正十二烷	72	正丙基十氢萘	35
正十四烷	96	正丁基十氢萘	31
正十六烷	100	仲丁基十氢萘	34
3-甲基癸烷	47	叔丁基十氢萘	24
4,5-二乙基辛烷	20	正辛基十氢萘	31
2,2,4,6,6-五甲基庚烷	9	正己基苯	27
7,8-二甲基十四烷	40	正庚基苯	36
七甲基壬烷	15	正辛基苯	51
7,8-二乙基十四烷	67	正十二烷基苯	58
9,10-二甲基十八烷	60	α-甲基萘	0
9,10-二丙基十八烷	47	α-正丁基萘	6
1-正十四烯	79	β-叔丁基萘	3
1-正十六烯	88	β-正辛基萘	18

由表3-25中可见：

① 碳原子数相同的不同烃类，正构烷烃的十六烷值最高，烯烃、异构烷烃和环烷烃居中，芳香烃特别是无侧链稠环芳香烃的十六烷值最小。

② 正构烷烃的分子量越大，十六烷值越高；碳数相同的异构烷烃十六烷值低于正构烷烃，而且异构化程度越高，十六烷值越低。

③ 正构烯烃的十六烷值略低于相同碳数的正构烷烃，异构烯烃的十六烷值低于同碳数的正构烯烃，分支越多，十六烷值越低。

④ 环烷烃的十六烷值低于同碳数的正构烷烃和正构烯烃，带侧链的环烷烃十六烷值更低。

⑤ 无侧链或短侧链的芳香烃十六烷值最低，而且环数越多，十六烷值越低。带有较长侧链的芳香烃十六烷值相对较高，而且侧链越长，十六烷值越高，带直链烷基侧链的芳香烃十六烷值高于同碳数的带支链烷基侧链的芳香烃。

各种烃类的十六烷值不同，主要反映其自燃性质的差别。烃类的自燃点越低，则其十六烷值越高。正构烷烃的十六烷值高是由于其自燃点低，而芳香烃的十六烷值低是由于其自燃点高。燃料的十六烷值与自燃点之间的对应关系如图3-8所示。

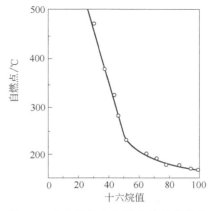

图3-8　十六烷值与自燃点的关系曲线

由于化学组成的差异，产自石蜡基原油的直馏柴油的十六烷值比产自环烷基原油的要高。表 3-26 的数据表明，大庆、华北等石蜡基原油的柴油馏分十六烷值较高，而环烷基的羊三木原油的柴油馏分十六烷值较低。直馏柴油、减黏裂化柴油、焦化柴油及加氢裂化柴油的十六烷值较高，而催化柴油因含有较多的芳香烃，其十六烷值较低。

表 3-26　各类原油直馏柴油馏分的十六烷值

原油	馏分/℃	柴油指数	十六烷指数	十六烷值	类别
大庆原油	200～350	71.5	58.4	68	石蜡基
胜利原油	180～350	64.9	56.2	58	中间基
华北原油	180～350	78.2	63.7	67	石蜡基
辽河原油	200～350	61.2	52.0	—	中间基
孤岛原油	180～350	38.6	41.2	42	环烷-中间基
羊三木原油	200～350	34.4	38.4	37	环烷基

5.提高柴油十六烷值的添加剂

随着柴油机的广泛应用，柴油需求量日益增加，需大量利用二次加工柴油，尤其是催化裂化柴油。而催化裂化柴油的十六烷值（CN）普遍偏低（<40），即使与十六烷值较高（>40）的直馏柴油调和往往也不能达到指标。除用加氢、溶剂抽提等方法精制外，添加十六烷值改进剂是一种经济、简便易行的途径。

十六烷值改进剂是一些热稳定性相对较差的化合物，在低温时受热就可以分解产生活性自由基。柴油中加入十六烷值改进剂后，自由基的参与使得燃料即使在较低的温度下也可以发生氧化反应，并且反应速率加快，使得燃烧滞燃期缩短，并降低了着火温度，从而改善了燃料的着火性能。十六烷值改进剂种类较多，常用的是硝酸酯类化合物。

（三）安定性能

柴油的安定性能包括热氧化安定性和储存安定性。

1.热氧化安定性

柴油的热氧化安定性简称热安定性，它反映在高温和溶解氧的作用下，柴油发生变质的倾向。如果柴油机使用热安定性差的柴油，柴油机的燃料系统如喷油嘴等部位会出现不溶性的凝聚物、漆膜和积炭等，影响柴油机正常工作。

柴油机在炎热气候或在密闭舱室中工作时，油箱中柴油温度可达 60～80℃，而且油箱不断振荡，使柴油在较高温度下与空气剧烈混合，燃料中溶解氧达到饱和程度。当柴油进入供油系统后，温度继续升高，并且要与不同的金属接触。在这种剧烈氧化的条件下，燃料中的不安定成分会急剧氧化而生成各种氧化缩合产物，这种产物在高温条件下便在高压油泵、喷油嘴等处形成漆状物沉积，造成油针活动失灵，甚至粘死而中断供油。沉积在喷油嘴周围的漆状物，高温下缩合成积炭，破坏正常供油和雾化；沉积在燃烧室壁和进、排气阀等部位的积炭则会导致金属零件磨损增大、导热不良。

2.储存安定性

柴油的储存安定性是指柴油在运输、储存过程中保持其外观、组成和使用性能不变的能力，储存安定性好的柴油在储存中颜色和实际胶质变化不大，很少生成胶质和沉渣。储存安定性差的柴油最明显的表现是颜色变深，实际胶质增多。使用实际胶质多的柴油，容易出现喷油嘴和过滤器堵塞现象。

3.柴油安定性不良的主要原因

在烃类组成中，不饱和烃（特别是二烯烃）和环烷-芳香烃是引起柴油储存安定性不良的主要原因，多环芳香烃则是引起柴油热安定性不良的主要原因。

柴油中的非烃化合物不仅对储存安定性不利，而且对热安定性也有不良影响，其中以硫化物的危害最显著。为了得到储存安定性合格的柴油，必须控制这些非烃化合物的含量。

与汽油一样，直馏柴油比二次加工得到的柴油储存安定性好，特别是低硫的直馏柴油（如大庆直馏柴油），其储存安定性更好。

4.评定柴油安定性的指标

柴油产品规范中用10%蒸余物残炭值表示柴油的热安定性，总不溶物表示柴油的储存安定性，军用柴油还增加实际胶质这一指标来表示储存安定性。此外，普通柴油和军用柴油还用色度来考察其精制程度，间接表示其储存安定性。

（1）10%蒸余物残炭值　柴油10%蒸余物残炭是把测定柴油馏程中馏出90%以后的残留物作为试样，所测得的残炭。即柴油的10%残留物在残炭测定器中隔绝空气的条件下，受热蒸发和分解后所剩下的焦黑色残留物，以质量分数表示。10%蒸余物残炭值越大，柴油在喷油嘴和气缸零件上形成积炭的倾向越大。

（2）总不溶物　馏分燃料油氧化安定性测定法（加速法）是将已过滤的350mL试样，注入氧化管，通入氧气，速率为50mL/min，在90℃下氧化16h。然后将氧化后的试样冷却至室温，过滤，得到可滤出不溶物。用三合剂（等体积分析纯丙酮、甲醇和甲苯的混合液）把黏附性不溶物从氧化管上洗下来，把三合剂蒸发除去，得到黏附性不溶物。测定试样形成的总不溶物含量（包括可滤出不溶物和黏附性不溶物），以mg/100mL表示。该方法主要反映柴油的储存安定性，总不溶物越大，柴油储存安定性越差，在发动机进油系统中生成沉积物越多。

（3）实际胶质　实际胶质是指100mL燃料在试验条件下所含胶质的质量（以mg计），单位是mg/100mL。实际胶质只是燃料在试验条件下加速蒸发时所具有的胶质，它包括燃料中实际含有的胶质和试验过程中产生的部分胶质。

测定方法是将25mL试油放在250℃的油浴中，用空气吹扫油面［（55±5）L/min］，直至全部蒸发，残留物质量不变为止。残留物即为柴油的实际胶质，军用柴油产品规范中要求实际胶质不超过10mg/100mL。

（4）色度　色度是石油产品颜色与标准色板相比较所得到的颜色标度，颜色浅，表示液体燃料热氧化安定性好。油品颜色的深浅，同胶质含量有直接关系。因此可从色度的好坏来判断油品的精制程度、蒸馏操作情况以及混油污染情况等。

柴油馏分越轻，精制程度越深，柴油10%蒸余物残炭值、氧化安定性总不溶物、实际胶质越小和颜色越浅。

（四）对设备的危害性

柴油在生产、储存、运输及使用过程中或多或少对设备造成一定的危害，主要表现为柴油对设备的腐蚀性和磨损。

1.引起柴油腐蚀和磨损的原因

（1）含硫化合物　柴油中的硫含量一般均较汽油中的高。含硫化合物尤其是活性硫化物如硫醇对金属有腐蚀作用，它的存在会严重影响发动机的工作寿命。同时，柴油机排出尾气还会污染环境，含硫化合物燃烧后生成的 SO_2、SO_3 不仅严重腐蚀高温区的零部件，而且还与气缸壁上的润滑油反应，加速漆膜和积炭的生成。因此，为了保护环境及避免发动机腐蚀，柴油标准中都规定了硫含量的要求。从发展来看，随着对环境保护的要求日益严格，柴油中的硫含量指标将会进一步减小。

（2）有机酸　有机酸大部分在石油的中间馏分油中，因此，柴油中有机酸含量较汽油高。酸度可以反映柴油中含酸物质（特别是有机酸）对发动机的影响。一般在酸量多且有水存在的情况下，供油部件易受到腐蚀并会出现喷油器孔结焦和气缸内积炭增加，喷油泵柱塞磨损增大等问题。

（3）灰分　灰分是柴油燃烧后残留的无机物，它来源于柴油中的无机盐类、金属有机物和外界进入的尘埃等。灰分进入积炭中，使积炭变得坚固耐磨，加剧了机件磨损，所以必须限制柴油灰分的含量。

柴油中的重质胶状物也能促使生成坚硬的积炭，从而加剧了机件磨损。

（4）机械杂质　柴油中的机械杂质会引起过滤器堵塞、高压油泵和喷油嘴磨损等问题，影响正常供油。

机械杂质通常都是在运输、储存和加油过程中混入柴油的，因而在储运、加油等过程中，必须十分重视，严防混入机械杂质。给柴油机加油时，柴油必须经过粗、细两个过滤器，以免冰晶和机械杂质进入。国产柴油标准中都规定了机械杂质的要求，轻柴油标准规定不许含有机械杂质。

2.评定柴油的腐蚀性和磨损的指标

评定柴油的腐蚀性和磨损的指标有硫含量、酸度、10%蒸余物残炭、铜片腐蚀、磨痕直径、灰分和实际胶质。

车用柴油产品规范中的磨痕直径指标是通过高频往复试验机测定的，主要是考察车用柴油的润滑性，因车用柴油硫含量大幅度降低，其润滑性会下降。

磨痕直径的试验方法是：将 2mL 试油加入油槽内，温度控制为 60℃，固定在垂直夹具中的钢球（200g）对水平安装的钢片进行加载，钢球以 50Hz 频率和 1 mm 冲程进行往复运动，钢球与钢片的接触界面应完全浸在样品中，试验 75min 后，测量钢球的磨斑直径，其平均值即为所测样品的磨痕直径。

（五）对环境的危害性

柴油在生产、储运、使用过程中发生泄漏或挥发，对环境造成污染，为了减轻其对环境的影响，一方面应加强管理，采用先进技术减小其对环境的释放量；另一方面限制柴油中对环境有害物质的含量，如对柴油的调和馏分采用加氢方法，减小柴油中硫及含硫化合物、含氮化合物、芳香烃、烯烃等对环境和人体造成危害物质的含量。为了减小柴油燃烧产生尾气对环境造成的影响，采取措施减少尾气污染物产生物质在柴油中的含量，如硫、氮、芳香烃、烯烃等的含量；采用先进的燃烧技术，保障油品完全燃烧，以减少尾气中烃类、颗粒物、一氧化碳的含量；采用尾气处理技术，如通过三元催化转化、吸附尾气中的环境危害物。

三、柴油的产品标准

我国生产的柴油分为普通柴油、车用柴油、重柴油和专用柴油。

1.普通柴油的种类、牌号

普通柴油在我国原称为轻柴油，轻柴油的使用对象是柴油车、内燃机车、工程机械、船舶、发电机组等。随着发动机技术的改进和环保对排放的要求日益严格，汽车工业对柴油质量提出了更高的要求，原有的《轻柴油》（GB 252—2000）已不能满足要求。我国轻柴油中车用柴油仅占 30%左右，其余为农用、船用、铁路机车用、矿山用及民用等，这种状况今后若干年内不会发生大的变化。为降低柴油车对大气的污染，特别是城市大气的污染（城市机动车数量多，因而污染大），我国将车用柴油从轻柴油中划分出来，向国外车用清洁柴油标准靠拢，而原轻柴油因使用对象发生变化而改称普通柴油。

普通柴油按凝点划分为 5 号、0 号、−10 号、−20 号、−35 号和−50 号 6 个品种，其凝点分别不高于 5℃、0℃、−10℃、−20℃、−35℃、−50℃，不同凝点的柴油适用于不同的地区和季节。其产品标准见表 3-27。

表 3-27 普通柴油的技术要求和试验方法（GB 252）

项目		5 号	0 号	−10 号	−20 号	−35 号	−50 号	试验方法
凝点/℃	不高于	5	0	−10	−20	−35	−50	GB/T 510
冷滤点/℃	不高于	8	4	−5	−14	−29	−44	SH/T 0248
运动黏度（20℃）/（mm²/s）		3.0～8.0			2.5～8.0	1.8～7.0		GB/T 265
闪点（闭口）/℃	不低于	55			50	45		GB/T 261
着火性（需满足下列要求之一）： 　十六烷值 　十六烷值指数	不小于 不小于	45 43						GB/T 386 SH/T 0694
密度（20℃）/（kg/m³）		报告						GB/T 1884 GB/T 1885
馏程： 　50% 回收温度/℃ 　90% 回收温度/℃ 　95% 回收温度/℃	不高于 不高于 不高于	300 355 365						GB/T 6536
色度/号	不大于	3.5						GB/T 6540
氧化安定性 　总不溶物/（mg/100mL）	不大于	2.5						SH/T 0175
硫含量/（mg/kg）	不大于	350（2017 年 6 月 30 日以前） 50（2017 年 7 月 1 日开始） 10（2018 年 1 月 1 日开始）						SH/T 0689
酸度/（mg KOH/100mL）	不大于	7						GB/T 258
10%蒸余物残炭（质量分数）/%	不大于	0.3						GB/T 268
灰分（质量分数）/%	不大于	0.01						GB/T 508
铜片腐蚀（50℃，3h）/级	不大于	1						GB/T 5096
水分（体积分数）/%	不大于	痕迹						GB/T 260
机械杂质		无						GB/T 511

项目		5 号	0 号	−10 号	−20 号	−35 号	−50 号	试验方法
润滑性 校正磨痕直径（60℃）/μm	不大于				460			SH/T 0765
脂肪酸甲酯含量（体积分数）/%	不大于				1.0			GB/T 23801

普通柴油主要用于拖拉机、内燃机车、工程机械、船舶、发电机组、三轮汽车（最高设计车速≤50km/h，具有三个车轮的货车）和低速货车（最高设计车速≤70km/h，具有四个车轮的货车）。

普通柴油产品的标记为：牌号+普通柴油。

例如：0 号普通柴油。

2.车用柴油的种类、牌号

车用柴油同样按凝点不同分为 5 号、0 号、−10 号、−20 号、−35 号和−50 号六个牌号。

随着汽车工业的发展和环保要求的提高，现有的普通柴油标准已不能满足要求。随着发动机技术的改进和环保对排放的要求日益严格，汽车工业对柴油质量提出了更高的要求。为了满足这个要求，对车用柴油制定单独的标准。2017 年 1 月起，在全国全面供应国 V 标准车用柴油，2019 年 1 月起，执行车用柴油国Ⅵ标准。国 V 和Ⅵ车用柴油的质量指标见表 3-28 和表 3-29。

表 3-28　车用柴油（V）技术要求和试验方法（GB 19147—2016）

项目		5 号	0 号	−10 号	−20 号	−35 号	−50 号	试验方法
凝点/℃	不高于	5	0	−10	−20	−35	−50	GB/T 510
冷滤点/℃	不高于	8	4	−5	−14	−29	−44	GB/T 0248
运动黏度（20℃）/（mm²/s）			3.0～8.0		2.5～8.0		1.8～7.0	GB/T 265
闪点（闭口）/℃	不低于		55		50		45	GB/T 261
着火性（需满足下列要求之一）： 十六烷值　　不小于 十六烷值指数　不小于			51 46		49 46		47 46	GB/T 386 SH/T 0694
密度（20℃）/（kg/m³）				810～850			790～840	GB/T 1884 GB/T 1885
馏程： 50%回收温度/℃　　不高于 90%回收温度/℃　　不高于 95%回收温度/℃　　不高于				300 355 365				GB/T 6536
氧化安定性 总不溶物/（mg/100mL）	不大于				2.5			SH/T 0175
硫/（mg/kg）	不大于				10			SH/T 0689
酸度/（mg KOH/100mL）	不大于				7			GB/T 258
10%蒸余物残炭（质量分数）/%	不大于				0.3			GB/T 268
灰分（质量分数）/%	不大于				0.01			GB/T 508
铜片腐蚀（50℃，3h）/级	不大于				1			GB/T 5096
水分（体积分数）/%	不大于				痕迹			GB/T 260
机械杂质					无			GB/T 511

项目		5 号	0 号	–10 号	–20 号	–35 号	–50 号	试验方法
润滑性 校正磨痕直径（60℃）/μm	不大于				460			SH/T 0765
多环芳烃含量（质量分数）/%	不大于				11			SH/T 0606
脂肪酸甲酯含量（体积分数）/%	不大于				1.0			GB/T 23801

表 3-29　车用柴油（Ⅵ）技术要求和试验方法（GB 19147—2016）

项目		5 号	0 号	–10 号	–20 号	–35 号	–50 号	试验方法
凝点/℃	不高于	5	0	–10	–20	–35	–50	GB/T 510
冷滤点/℃	不高于	8	4	–5	–14	–29	–44	GB/T 0248
运动黏度（20℃）/（mm^2/s）			3.0～8.0		2.5～8.0	1.8～7.0		GB/T 265
闪点（闭口）/℃	不低于		60		50	45		GB/T 261
着火性（需满足下列要求之一） 　十六烷值 　十六烷值指数	不小于 不小于		51 46		49 46	47 43		GB/T 386 SH/T 0694
密度（20℃）/（kg/m^3）			810～845		790～840			GB/T 1884 GB/T 1885
馏程 　50% 回收温度/℃ 　90% 回收温度/℃ 　95% 回收温度/℃	不高于 不高于 不高于				300 355 365			GB/T 6536
氧化安定性 　总不溶物/（mg/100mL）	不大于				2.5			SH/T 0175
硫/（mg/kg）	不大于				10			SH/T 0689
酸度/（mg KOH/100mL）	不大于				7			GB/T 258
10%蒸余物残炭（质量分数）/%	不大于				0.3			GB/T 268
灰分（质量分数）/%	不大于				0.01			GB/T 508
铜片腐蚀（50℃，3h）/级	不大于				1			GB/T 5096
水分（体积分数）/%	不大于				痕迹			GB/T 260
润滑性 　校正磨痕直径（60℃）/μm	不大于				460			SH/T 0765
多环芳烃含量（质量分数）/%	不大于				7			SH/T 0606
总污染物含量/（mg/kg）	不大于				24			GB/T 33400
脂肪酸甲酯含量（体积分数）/%	不大于				1.0			NB/SH/T 0916

国Ⅴ和国Ⅵ车用柴油的质量指标主要区别有两点：

① 总污染物含量由没有具体要求到限制不能超过 24mg/kg；

② 多环芳烃含量（质量分数）由 11% 降至 7%。

车用柴油主要用于柴油发动机汽车，但不包括三轮汽车和低速货车。

车用柴油产品的标记为：牌号+车用柴油+（类别）。

例如：–10 号车用柴油（Ⅵ）。

3.重柴油

重柴油（GB 445）按凝点分为 10 号、20 号和 30 号三种牌号，它们的凝点都很高，因此储罐和柴油机的燃料系统都必须有加热设备和完善的过滤器。重柴油的黏度较大，储运过程中应特别注意防止水分、尘埃和机械杂质落入，其质量标准列于表 3-30 中。

表 3-30　重柴油标准（GB 445）

项目		质量指标			试验方法
		10 号	20 号	30 号	
凝点/℃	不高于	10	20	30	GB/T 3535
硫（质量分数）/%	不大于	0.5	0.5	1.5	GB/T 387
闪点（闭口杯）/℃	不低于	65	65	65	GB/T 261
运动黏度（50℃）/（mm²/s）	不大于	13.5	20.5	36.2	GB/T 265
水溶性酸或碱		无	无	无	GB/T 259
机械杂质（质量分数）/%	不大于	0.1	0.1	0.5	GB/T 511
水分（体积分数）/%	不大于	0.5	1.0	1.5	GB/T 260
残炭（质量分数）/%	不大于	0.5	0.5	1.5	GB/T 268
灰分（质量分数）/%	不大于	0.04	0.06	0.08	GB/T 504

4.军用柴油

军用柴油标准（GB 3075）见表 3-31。

表 3-31　军用柴油标准（GB 3075）

项目		质量指标			试验方法
		−10 号	−35 号	−50 号	
外观		清澈透明	清澈透明	清澈透明	目测
十六烷值	不小于	45	40	40	GB/T 386 或 GB/T 11139
馏程					GB/T 6536
10%馏出温度/℃	不高于	—	200	200	
50%馏出温度/℃	不高于	280	275	275	
90%馏出温度/℃	不高于	335	335	335	
破乳化值/min	不大于	10	—	—	GB/T 7305
闪点（闭口杯）/℃	不低于	65	50	50	GB/T 261
凝点/℃	不高于	−10	−35	−50	GB/T 510
浊点/℃		报告	报告	报告	NG/SH/T 0179
倾点/℃		报告	报告	报告	GB 265
运动黏度/（mm²/s）					GB 265
20℃	不小于	3.5	3.5	3.0	
40℃	不小于	报告	报告	报告	
10%蒸余物残炭（质量分数）/%	不大于	0.20	0.20	0.20	GB 268
灰分（质量分数）/%	不大于	0.005	0.005	0.005	GB 508
硫（质量分数）/%	不大于	0.2	0.2	0.2	GB/T 386
铜片腐蚀（50℃，3h）/级	不大于	1	1	1	GB 5096
酸度/（mg KOH/100mL）	不大于	5	5	5	GB/T 258
水溶性酸或碱		无	无	无	GB 259

项目		质量指标			试验方法
		-10 号	-35 号	-50 号	
色度/号	不大于	3	3	3	GB/T 6540
固体颗粒污染物/（mg/L）	不大于	10	10	10	SH/T 0175
氧化安定性（以总不溶物计）/（mg/100mL） 不大于		报告	报告	报告	SH/T 0175
密度（20℃）/（kg/m³）		报告	报告	报告	GB/T 1884 或 GB/T 1885
水分	不大于	无	无	无	目测
机械杂质		无	无	无	目测
实际胶质/（mg/100mL）	不大于	10	10	10	GB/T 5509 或 GB/T 8019

与普通柴油、车用柴油比，军用柴油的特点有：

① 军用柴油系直馏产品或加氢精制产品，基本不含烯烃，产品安定性好，适于长期储存。

② 军用柴油馏分窄、轻组分多，因而较普通柴油、车用柴油启动性好，燃料燃烧完全，发动机油耗低、积炭少。

③ 凝点低。根据使用场合不同，有一些特殊要求。例如舰艇专用柴油，使用条件苛刻，产生火灾可能性大，因而要求其馏分窄，轻质和重质组分都少，闪点比同牌号的普通柴油、车用柴油高 5～10℃，含硫量低，十六烷值适当。

军用柴油在使用中，启动性好，功率高，燃烧完全，不冒黑烟，排烟刺激性小，润滑油消耗少。军用柴油主要用于大功率、高转速、舱室温度高的快艇、潜艇、高速护卫艇、扫雷艇以及坦克等军事装备。

军用柴油产品的标记为：牌号+军用柴油。

例如：-35 号军用柴油。

第四节　喷气燃料

第二次世界大战以前，活塞发动机与螺旋桨的组合已经取得了极大的成就，使得人类获得了挑战天空的能力。但到了 20 世纪 30 年代末，航空技术的发展使得这一组合达到了极限。在飞行速度达到 800km/h 的时候，桨尖部分实际上已接近声速，跨声速流场使得螺旋桨的效率急剧下降，推力不增反减。螺旋桨的迎风面积大，阻力也大，极大阻碍了飞行速度的提高；同时随着飞行高度提高，大气稀薄，活塞式发动机的功率也会减小。这促使产生了全新的喷气发动机推进体系。喷气发动机吸入大量空气，燃烧后高速喷出，对发动机产生反作用力，推动飞机向前飞行。

近几十年来，喷气发动机在航空上得到越来越广泛的应用。目前，不仅在军用上而且在民用上已基本取代了点燃式航空发动机。点燃式航空发动机受高空空气稀薄及螺旋桨效率所限，只能在 10000m 以下的空域飞行，时速也无法超过 900km/h。喷气发动机是借助高温燃气从尾喷管喷出时所形成的反作用力推动前进的，它的突出优点是可以在 20000m 以上高空以 2 马赫（马赫数即为速度与声速之比，声速约为 1190km / h）以上高速飞行。表 3-32 列举了点燃式航空发动机与喷气发动机的主要区别。

表 3-32　点燃式航空发动机与喷气发动机的主要区别

项　　目	点燃式航空发动机	喷气发动机
推动力	螺旋桨	高温燃气
飞行高度/m	<10000	>20000
飞行时速/（km/h）	<900	>2380
所用燃料	航空汽油	航空煤油

喷气发动机根据燃料燃烧所需氧化剂的差别，分为空气喷气发动机和火箭发动机两类。前者利用空气中的氧作为氧化剂使燃料燃烧，因而只能在大气层中飞行。火箭发动机将在大气层外飞行，需自带氧化剂。本节所介绍的喷气发动机，即指空气喷气发动机，所用的燃料就是喷气燃料，俗称航空煤油。

空气喷气发动机主要有涡轮喷气发动机、涡轮螺旋桨喷气发动机和冲压式发动机三种。

在涡轮喷气发动机中，空气经压缩后进入燃烧室，与从喷油嘴喷出的燃料混合后燃烧，燃气通过尾喷管喷入大气，推动飞机前进。

在涡轮螺旋桨喷气发动机中，燃料燃烧产生的能量，大部分传给螺旋桨产生推动力，小部分从尾喷管喷出变为推力。

冲压式发动机没有压缩机构，空气以高速进入进气道，在进气道内速度头逐步变为压头。

目前应用广泛的是前两类，军用歼击机、轰炸机和强击机等的发动机多为涡轮喷气发动机，飞机速度可达 1.5～3 马赫，飞行高度在 10000m 以上。涡轮螺旋桨喷气发动机适用于飞行速度较低的民航飞机和军用运输机，它比涡轮喷气发动机更为经济。本节主要介绍涡轮喷气发动机的工作过程及其对燃料的要求。

一、涡轮喷气发动机的工作过程及对燃料的使用要求

1.喷气发动机的工作过程

空气进入进气道，通过高速旋转的离心式压缩机压缩后送入燃烧室，此时空气压力为（3～5）×10^5Pa，温度升高到 150～200℃。燃料由高压燃油泵经喷油嘴连续喷入燃烧室，与空气混合后燃烧，形成高温燃气。燃烧室中心燃气温度可高达 1900～2200℃。为了避免烧毁涡轮叶片，在燃烧室第二区内送入过量空气，使燃烧室末端温度降到 750～850℃。随后燃气推动涡轮高速（转速达 8000～16000r/min）旋转，带动空气离心式压缩机工作。燃气进入尾喷管后膨胀加速，在 500～600℃下，从尾喷管中高速喷出，同时产生向前的反作用力，推动飞机前进。军用飞机使用的航空涡轮喷气发动机，在涡轮与尾喷管之间装有加力燃烧室，在此喷入一部分燃料使之燃烧，提高燃气温度，进一步提高发动机的推动力。

喷气发动机提供给喷气式飞机推力，使飞机升空飞行。喷气发动机产生推力的大小，

是由发动机喷出燃气量和速度决定的，喷出的燃气量越多，速度越快，发动机产生的推力就越大。

由此可见，喷气发动机与活塞式发动机（汽油机及柴油机）有很大区别，其特点是：

首先，在喷气发动机中，燃料与空气同时连续进入燃烧室，一经点燃，其可燃混合气的燃烧过程是连续进行的。而活塞式发动机的燃料供给和燃烧则是周期性的。

其次，活塞式发动机燃料的燃烧在密闭的空间进行，而喷气发动机燃料的燃烧是在 $35\sim40m/s$ 的高速气流中进行的，所以燃烧速度必须大于气流速度，否则会造成火焰中断。

2.涡轮喷气发动机对燃料的要求

喷气发动机在高空、低压和低温条件下，把燃料的热能转变为燃气动能。其工作特点是喷气发动机在启动时，由电火花把喷出的燃料引燃，在高速空气流中连续喷油、连续燃烧。其燃烧速度比活塞式发动机快数倍，要求燃料燃烧连续、平稳、迅速、安全。要在高空飞行中满足上述要求，会遇到很多问题。例如，高空飞行中，发动机变换工作状态时容易熄火、燃烧不完全，以致产生积炭和增加耗油率；高空气温低，燃料较难顺利地从油箱进入发动机；高空的低气压使燃料容易蒸发；高速飞行与空气摩擦产生热量，使燃料温度升高，容易变质等。

根据喷气发动机的工作特点，对喷气燃料质量的要求如下：

① 良好的供油性能。无论在地表，还是在高空，无论是冬季还是夏季，都要保证能够连续不间断地喷入燃烧室，并能与燃烧室空气形成均匀的可燃性气体混合物。

② 良好的燃烧性能。高热值，良好的燃烧稳定性、启动性，生炭性、冒烟性小。

③ 良好的安定性。热安定性好的燃料，在高速飞行导致的燃料高温情况下，不会出现大量结胶而影响使用；储存安定性好的燃料适于军用燃料的战略储备。

④ 对设备的危害性小。要求对生产、储存、运输及使用设备的危害性小。

⑤ 对环境的危害性小。要求自身及其燃烧产物对环境危害性小。

⑥ 其他性能。如良好的洁净性、适宜的润滑性、导电性能等。

二、喷气燃料的使用性能

（一）供油性能

喷气燃料在使用过程中其供油性能同样涉及三个方面，即输油、雾化及汽化性能。

1.输油性能

由于喷气燃料的使用环境既有地表，又有高空（低温、低压），使用时间既有冬季，又有夏季，飞机对设备及燃料的安全要求苛刻，这些对喷气燃料的输油性能提出更高的要求。而喷气燃料馏分介于汽油和柴油之间，具有一定的挥发性和可凝固性。因此，对于喷气燃料在使用条件下由气阻和凝固而造成的输油中断的可能性都要充分考虑。评价输油性能的指标主要有闪点、低温流动性能、水分和芳烃含量等。

（1）闪点　喷气燃料应具有适宜的饱和蒸气压和蒸发性，馏程分布均匀，以保证飞行过程中不产生气阻，蒸发损失小，燃烧稳定。闪点也可以作为评价汽化性能的指标。闪点既与汽化性能有关，又与爆炸极限有关。燃料易汽化，爆炸下限越低，闪点越低。因此，闪点既能反映燃料的着火性能，又能表示可燃物质的安全性能（易燃、易爆），也可以评价液体燃料的汽化性能。喷气燃料闪点越低，越易汽化，容易在输油过程中发生气阻现象而造成输油中断。综合考虑，1 号、2 号喷气燃料的闪点应不低于 28℃，3 号不低于 38℃。

（2）低温流动性能　喷气燃料在冬季和高空低温环境下使用时，要保障在飞机燃料系统中顺利泵送和过滤的性能，即不能因产生烃类结晶体而堵塞过滤器，影响正常输油。低温流动性能的指标用结晶点或冰点来表示。结晶点是燃料在低温下出现肉眼可辨的结晶时的最高温度（NB/SH/T 0179—2013）；冰点是在燃料出现结晶后，再升高温度至原来的结晶消失时的最低温度（GB/T 2430—2008）。一般冰点比结晶点高 1～3℃。

不同烃的结晶点或冰点相差悬殊，因此燃料的低温流动性能很大程度取决于其化学组成。分子量较大的正构烷烃及某些芳香烃的结晶点或冰点较高，而环烷烃和烯烃的结晶点则较低；在同族烃中，结晶点或冰点大多随其分子量的增大而升高。

石蜡基原油（如大庆原油）生产的直馏喷气燃料，其冰点只能达到-47℃左右，而中间基原油（如克拉玛依原油）则可以生产冰点低于-57℃的直馏喷气燃料。

（3）水分和芳烃含量

① 燃料中水的来源。燃料中水主要来源于三方面。第一，加工过程中没有分离干净的水；第二，储存、运输、使用中因管理不善而落入雨雪或渗入的水；第三，燃料油具有溶水性，会从空气中吸收水蒸气，使无水的燃料"自动"地含有微量水分。

② 燃料中水的存在形式。燃料中的水分以溶解水和游离水两种形式存在。溶解水是由于燃料中烃类具有微弱的溶水性。不同烃类的溶水性是有差别的，在相同温度下，芳香烃特别是苯对水的溶解最强，环烷烃次之，烷烃最弱。水在燃料中的溶解度随温度的变化而变化。温度愈高，水在燃料中的溶解度愈大；温度降低，溶解度减小。空气相对湿度增大，燃料会从空气中吸入水分，使燃料含水量增大。相对湿度愈大，水分吸入愈快，含水量也愈大，一直达到饱和为止。我国南方湿度大，这个问题比较严重。因此从降低结晶点的角度，也需要限制芳香烃的含量。

游离水是指悬浮在油中的水粒和沉淀在容器底部的水分。

③ 燃料中水分的危害。燃料中如含有游离水，在高空低温下，会冻结成冰晶，堵塞过滤器，影响正常供油和飞行安全。加入飞机油箱的燃料一般不会有游离水，但当燃料中溶解水接近或达到饱和状态时，在高空油温降低，燃料中水的溶解度减小，部分溶解水即从燃料中析出，成为悬浮在燃料中的微小水粒，当温度降至 0℃以下时，即变成冰晶。燃料中出现冰晶以后，燃料系统过滤器便容易被堵塞，从而减少对发动机的供油量。燃料中溶解的水愈多，供油量减少的程度愈严重。

④ 防止燃料产生冰晶的方法。防止燃料在低温下析出冰晶，除了有些飞机从压缩器引来热空气加热燃料或过滤器，或用润滑油加温燃料外，常采用冷冻过滤和添加防冰剂的方法。

a.冷冻过滤。该方法是在冬季气温低于 0℃时，将地下油罐中温度较高的燃料，泵送到容量较小的露天油罐内，经过 24h 以上的冷冻，使燃料中的水分析出，冻结成冰晶，然后经过滤除去。处理后的燃料应立即注入飞机油箱中使用，否则在较高温度下与空气接触，会重新溶入水分。冷冻过滤不能解决飞机升入高空后温度降低再次产生冰晶的问题。

b.添加防冰剂。在喷气燃料中加入防冰剂是有效地防止冰晶析出的简便方法。燃料在低温下会产生冰晶，是由于燃料具有可逆的溶水性。即当温度升高时，燃料会从空气中吸收水分；当燃料中含水较多，遇到温度突然下降，部分溶解水便析出呈悬浮状的小水滴，在低温下冻结成冰晶。如果燃料的溶水是不可逆的，在温度骤降时，水分则不会析出，也不会有冰晶出现。在燃料中加入醇类或醚类，可以将燃料的溶水变为不可逆的过程，即可防止或消除燃料中的冰晶。防冰剂有两类：一类是醇、醚类或水溶性酚胺等，能使其冰点下降，从而防止了结冰；另一类是胺类和酰胺类具有表面活性的油溶性化合物，其在汽化器表面上形成薄膜，防止冰与汽化器的金属表面直接接触，或在冰粒表面上形成皮膜，从而防止冰晶的增大。

常用的防冰剂有乙二醇单甲醚（T1301）（或与甘油的混合物）、乙二醇醚和二甲基甲酰胺等。

加有防冰剂的喷气燃料在长期储存中，因油中水分不断增加，形成游离水层，会把防冰剂萃取出来，降低了防冰效果。因此，应定期取样检查防冰剂的含量，及时补充防冰剂。一般防冰剂应在燃料临用前加入。

2.雾化性能

在保障燃料的正常输送条件下，从喷油嘴喷出燃料的雾化效果，直接影响燃料的汽化和燃烧性能。雾化效果与燃料的温度、压力，喷嘴的结构及燃料的黏度等有关。就燃料本身而言，黏度是影响雾化效果的关键因素，燃料的雾化效果越好，可燃性气体形成的速度越快，越有利于燃烧的稳定性和完全度。黏度过大，形成的燃烧火焰锥角小，距离远，不能充分利用燃烧室的有效空间；雾化液滴大，不利于汽化，燃烧速度和完全度降低。黏度过小，虽然燃烧完全度较高，但是射程太短，燃烧时局部过热。

喷气燃料的雾化性能用黏度进行评价，由于喷气燃料的输送泵是靠燃料自身进行润滑，因此黏度也是评价其润滑性能的指标。

3.汽化性能

在地面工作条件下，蒸发性相差较大的喷气燃料，其燃烧完全度均接近 100%，而在 10000～20000m 高空条件下，由于气压低，喷气燃料燃烧时，蒸发性较高的燃料具有较好的燃烧完全度。馏分较轻的喷气燃料蒸发快，混合气形成速度快，燃烧较完全。馏分较重的喷气燃料不易蒸发，混合气形成速度慢，燃烧不完全。馏程作为评价喷气燃料汽化性能的指标。

（二）燃烧性能

根据喷气发动机原理和燃烧的特点，在不同的工况条件下，要求发动机能够顺利启动；要求燃料能够在高速气流中连续、稳定、完全地燃烧，最大限度地实现能量转化；要求燃料燃烧过程产生的危害物质少（如积炭、酸性物质）及对发动机危害性小；要求燃料具有较高的热值，以便减轻携带燃料的重量和体积。

1.燃料的启动性、燃烧稳定性及燃烧完全度

（1）启动性　喷气燃料不仅应保证发动机在严寒冬季能迅速启动，而且应保证在高空一旦发动机熄火后能迅速再点燃，恢复正常燃烧，保证飞行安全。要保证发动机在高空低温下再次启动，对燃料的要求是在 0.01～0.02MPa、−55℃的条件下能与空气形成可燃性混合气并能顺利点燃，稳定燃烧。

喷气燃料启动性取决于燃点、着火延滞期、燃烧极限、可燃混合气发火所需的最低点火能量、蒸发性的大小、黏度等。在冷燃烧室中是否容易形成适当的可燃混合气，主要取决于喷气燃料的蒸发性和黏度。喷气燃料轻组分多，在低温下就容易形成可燃混合气，发动机易于启动。合适的

低温黏度是燃料在低温下雾化程度的决定因素。黏度越低，低温下燃料越容易雾化，发动机启动越容易。喷气燃料应保证在–40℃时的黏度不大于6～10cst（1cst=1×10⁻⁶m²/s）。

（2）燃烧稳定性　燃料在喷气发动机中连续而稳定地燃烧对发动机的工作具有重要意义，如果燃烧不稳定，不仅会导致发动机功率降低，严重时还会熄火，酿成机毁人亡的恶性事故。

燃料燃烧稳定除与发动机燃烧室的结构与操作条件有关外，还与烃类组成与馏分的轻重有密切关系。

① 燃烧室的结构与操作条件。要使大量的燃料在高速空气流中进行稳定燃烧，首要条件就是火焰传播速度应等于或略大于气流速度。由于烃类燃料燃烧时的火焰传播速度最大为20～25m/s，而从压缩机出来的空气流速超过130m/s，为此必须采取措施将空气流速降低到15～25m/s，以便于燃烧稳定。

② 烃类组成与馏分的轻重。正构烷烃与环烷烃的燃烧极限比芳香烃宽，在低温下更加明显，燃烧速度快。而芳香烃的燃烧极限窄，容易熄火，燃烧速度慢。馏分轻，燃烧极限窄，但易汽化，燃烧速度快。因此，一般选燃烧极限较宽、燃烧比较稳定的含烷烃、环烷烃较多的煤油馏分作为喷气燃料。

（3）燃烧完全度　对于喷气燃料，首先要求易于启动和燃烧稳定，其次要求燃烧完全。

所谓燃烧完全度就是指单位质量的燃料燃烧时实际放出的热量占燃料净热值的百分率，它直接影响飞机的动力性能、航程远近和经济性能，这一点从表3-33可以很清楚地看出。

表3-33　喷气燃料燃烧完全度对飞行性能的影响

燃烧完全度/%	燃料相对消耗率/%	飞行航程下降率/%
100	100	0
95	105	5
90	111	11
85	118	18
80	120	20
75	133	33

燃料燃烧完全度主要与工作条件（进气压力和温度、发动机转速、飞行高度）、雾化效果、汽化性能及化学组成有关。

燃烧室进口处压力大于0.13MPa时，压力的变化对燃烧完全度无显著影响。而当压力低于0.1MPa时，燃烧完全度便显著降低。因为进气压力降低后，气流的紊流强度减弱，导致燃料的雾化分布质量及燃烧速度下降。进气温度高，燃料的燃烧效率也高。

各种烃类的燃烧完全度的顺序是：正构烷烃＞异构烷烃＞单环环烷烃＞双环环烷烃＞单环芳香烃＞双环芳香烃。因此，不同的烃类相比，烷烃燃烧较完全，环烷烃较差，而芳香烃最差，尤其是双环芳香烃。如图3-9所示，燃料中芳香烃含量越高，燃烧完全度越低。这是在喷气燃料中限制芳香烃含量的重要原因。由此可见，以烷烃和环烷烃为主的喷气燃料较为理想，具有较高的燃烧完全度。

2.喷气燃料生成积炭的倾向

喷气燃料在燃烧过程中会产生碳质微粒，积聚在喷嘴、火焰筒壁上形成积炭。

（1）生成积炭的危害　附在喷油嘴上的积炭会恶化燃料的雾化质量，使燃烧过程变坏，进一步使积炭增多。在火焰筒壁上的积炭，恶化热传导，产生局部过热，使火焰筒壁变形，甚至产生裂纹；火焰筒壁上的积炭有时可能脱落下来，随气流进入高速旋转的燃气涡轮，造成堵塞、侵蚀和打坏叶片等事故。电点火器电极上的积炭，会使电极短路，影响发动机正常工作。随废气排出的炭粒，虽对发动机的工作影响不大，但在飞行中排出的废气冒黑烟，造成对高空大气的污染。

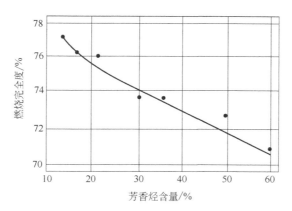

图 3-9　喷气燃料芳香烃含量对燃烧完全度的影响

（2）生成积炭的影响因素　喷气燃料燃烧时，生成积炭的倾向与燃烧室的结构、发动机的工作条件及燃料的化学组成和蒸发性有关。

喷气燃料的蒸发性低，在燃烧过程中处于液态的时间较长，其在高温下裂解的倾向增加，因而容易生成积炭。

就喷气燃料而言，对生成积炭影响最大的是其化学组成。由表 3-34、表 3-35 可知，从生成积炭的倾向看，芳香烃尤其是双环芳香烃最容易生成积炭，而烷烃生成的积炭最少。在喷气燃料中芳香烃含量越高，尤其是萘系芳香烃含量越高，生成积炭的倾向越大。因此，在喷气燃料中要限制芳香烃含量，更要限制萘系芳香烃的含量。

表 3-34　各种烃类在燃烧室生成积炭的比较（试验时间为 15min）

烃类	积炭/g	烃类	积炭/g
正己烷	很少	十氢萘	1.65
正庚烷	很少	苯	1.64
异辛烷	很少	甲苯	1.15
异癸烷	0.40	异丙苯	1.71
环戊烷	0.28	四氢萘	2.36
环己烷	0.45	甲基萘	2.79

表 3-35　芳香烃、萘系烃、氢含量对喷气燃料生成积炭的影响

项目	燃料Ⅰ	燃料Ⅱ	燃料Ⅲ	燃料Ⅳ
芳香烃含量（质量分数）/%	16	19	23	28
萘系烃含量（质量分数）/%	1.3	1.4	1.8	2.4
氢含量（质量分数）/%	13.82	13.63	13.44	13.07
烟点/℃	25	22	21	19
相对生炭性	1.00	1.08	1.22	1.28

喷气燃料中含有硫、氮、氧化合物时，容易形成积炭联桥，使电极短路，硫化物还能促使生成熔点高而硬度大的积炭，危害很大。

（3）生成积炭倾向的指标　在喷气燃料质量标准中，表征其积炭倾向的指标有烟点、辉光值和萘系芳香烃含量。

① 烟点。又称无烟火焰高度，是指油料在标准的灯具内，在规定条件下做点灯试验所能达到的无烟火焰的最大高度，以 mm 为单位（GB/T 382）。喷气燃料的烟点取决于其化学组成，如表 3-36 所示，燃料的烟点与其芳香烃含量有关，燃料中的芳香烃含量越高，其烟点越低。

表 3-36　燃料的烟点与芳香烃含量（质量分数）的关系

芳烃含量/%	10	18	22	28
烟点/mm	23	19	14	12

表 3-37 表明，喷气燃料的烟点与发动机燃烧室中生成积炭量之间也有密切关系，烟点越低，生成的积炭就越多。当无烟火焰高度超过 30mm 时，积炭的生成量降低到很小值。我国规定喷气燃料的烟点不得低于 25mm。

表 3-37　燃料的烟点与在发动机燃烧室生成积炭量的关系

烟点/mm	12	18	21	23	26	30	43
积炭/g	7.5	4.8	3.2	1.8	1.6	0.5	0.4

② 辉光值。当燃料的生炭性增强时，其燃气流中的炭粒增多，炽热的炭粒能使火焰的亮度增加，热辐射加强。辉光值主要用来表示燃料燃烧时的火焰辐射强度。在相当于四氢萘烟点时的火焰辐射强度下，将试验燃料与两个标准燃料分别在灯中燃烧，比较它们火焰的温度升高值。两个标准燃料分别为四氢萘（辉光值人为定为 0）、异辛烷（辉光值人为定为 100）。其计算式如下：

$$辉光值 = \frac{\Delta T_{试样} - \Delta T_{四氢萘}}{\Delta T_{异辛烷} - \Delta T_{四氢萘}} \times 100 \tag{3-6}$$

式中，ΔT 为试样或标准燃料燃烧时火焰的温升，℃。

燃料的生炭性强，燃气中的炭粒增多。炽热的炭粒增加了火焰的辐射强度和明亮度，加速火焰筒出现裂纹和烧穿，缩短其使用期限。燃料的辉光值越高，表示燃料辐射强度越低，燃烧越完全，生成积炭的倾向越小。燃料的辉光值过低，火焰筒的使用寿命将缩短。我国规定 3 号喷气燃料辉光值不小于 45。

相同碳数的烃类其辉光值的大小顺序为：烷烃＞环烷烃＞芳香烃。

③ 萘系芳香烃的含量。燃料中的芳香烃含量和萘系芳香烃含量对烟点和辉光值影响都很大。燃料中芳香烃含量高，烟点和辉光值都低。对于芳香烃含量相同的燃料，萘系芳香烃含量多的燃料，其烟点和辉光值低。

由此可见，烟点、辉光值和萘系芳香烃含量三者之间关系密切，因此我国规定上述三项指标，只要有一项符合标准即可。我国喷气燃料质量标准规定萘系芳香烃（双环芳香烃）的含量不能高于 3%（体积分数）。

3.燃烧热值

（1）质量热值和体积热值　喷气发动机的推力取决于所用燃料的热值，热值分为质量热值和体积热值，体积热值=质量热值×密度。喷气燃料的密度越大，单位体积内的燃料质量越大，如果质量热值较大，则单位体积的燃料燃烧时所能放出的热量就越多，发动机的推力越大，油耗越低。对于飞机而言，其油箱的容积是一定的，为了使一定容积的油箱中能够储备较多的燃料，使飞机的航程尽可能远一些，要求喷气燃料具有较高的体积热值。表 3-38 中列出了喷气燃料热值与密度对飞机航程的影响。

表 3-38　燃料热值与密度对飞行的影响

燃料	净热值/（kJ/kg）	相对密度（d_4^{20}）	油箱储备能量/MJ	航程/km
癸烷	44267	0.729	40.6	14500
某宽馏分燃料	43333	0.765	41.2	14500
某航空煤油	42915	0.820	44.0	15000
十氢萘	42810	0.890	48.1	15900

表 3-38 表明，燃料的密度越大，油箱储备的能量就越多，航程也就越远。所以为了保证飞机的远航程，喷气燃料必须同时具备较高的质量热值和体积热值，即具有较高的质量热值和较大的密度。我国喷气燃料的质量标准中规定 3 号喷气燃料净热值不小于 42.8MJ/kg，20℃密度不小于 0.775kg/m³。

（2）喷气燃料的热值与其化学组成的关系　喷气燃料的热值和密度与其化学组成和馏分组成有关。由于氢的质量热值比碳大得多，因而 H/C（原子比）越高的烃类，其质量热值越大。由表 3-39 不同 C_{10} 烃类的密度、质量热值与体积热值可知，对烃类而言，烷烃的 H/C（原子比）最高，其质量热值也最大，芳香烃的最低。而密度正好相反，芳香烃的最大，环烷烃的次之，烷烃的最小。兼顾这两方面，喷气燃料较理想的组成是环烷烃。

表 3-39　不同 C_{10} 烃类的密度、质量热值与体积热值

烃　类	相对密度（d_4^{20}）	质量热值/（kJ/kg）	体积热值/（kJ/L）
正癸烷	0.7299	44254	32300
丁基环己烷	0.7992	43438	34716
丁基苯	0.8646	41504	35844

（3）喷气燃料热值的测定　喷气燃料的热值可以用量热计（氧弹）测定（GB/T 384），也可用较简便的航空燃料净热值计算法（GB/T 2429）确定。只要已知喷气燃料的密度和苯胺点，可按下列各式计算喷气燃料的净热值。

对于不含硫的喷气燃料：

$$Q_P = 41.6796 + 0.00025407AG \qquad (3-7)$$

对于含硫的喷气燃料：

$$Q_T = Q_P(1 - 0.01w_s) + 0.1016w_s \qquad (3-8)$$

式中　Q_T——含硫喷气燃料的净热值，MJ/kg；

　　　Q_P——不含硫喷气燃料的净热值，MJ/kg；

w_s——喷气燃料中硫的质量分数，%；

A——苯胺点，℉；

G——60℉的 API 度。

（三）喷气燃料的安定性

喷气燃料的安定性是指储存、运输和使用过程中是否容易变质的特性。燃料不易变质，安定性就好。喷气燃料的安定性包括储存安定性和热安定性。

1. 储存安定性

国产喷气燃料在不同气候条件下储存 6～10 年后，只有酸度和实际胶质略有增加，颜色有所加深，其他无明显变化，质量指标仍然合格。胶质和酸度增加是由于其中含有少量不安定的成分，如烯烃、带不饱和侧链的芳香烃以及非烃组分等。

储存条件对喷气燃料的质量变化有很大影响，其中最重要的是温度。当温度升高时，燃料氧化的速度加快，使胶质增多及酸度增大，同时也使燃料的颜色变深。此外，与空气的接触、与金属表面的接触以及水分的存在，都能促进喷气燃料氧化变质。

各种喷气燃料在长期储存过程中，都会有不同程度的变色。这是由于燃料氧化产生了胶质，只要各项指标符合规定，一般不影响使用。

喷气燃料质量标准中对实际胶质、碘值以及硫、硫醇含量都做了严格的规定。

2. 热安定性

（1）定义　燃料在超声速飞机中工作时，由于气动加热，燃料温度升高会产生胶质沉淀等。燃料抵抗这种因受热而引起质量变化的特性，称为热安定性。

（2）热安定性差的危害　当飞行速度超过声速以后，由于与空气摩擦生热，飞机表面温度上升，油箱内燃料的温度也上升，可达 100℃以上。在这样高的温度下，燃料中的不安定组分更容易氧化而生成胶质和沉淀物。这些胶质沉积在热交换器表面上，导致冷却效率降低；沉积在过滤器和喷油嘴上，则会使过滤器和喷油嘴堵塞，并使喷射的燃料分配不均，引起燃烧不完全等。因此，长时间超声速飞行用的喷气燃料，要求具有良好的热安定性。

（3）影响热安定性的因素

① 化学组成。喷气燃料的热安定性主要取决于其化学组成。喷气燃料中各种组分会产生不同程度的氧化，最容易产生氧化反应的是含硫、氧、氮的非烃化合物和烃类中的不安定成分如四氢萘、烯烃等。最初生成的氧化物在燃料中呈溶解状态，并逐渐变成胶质，细微的胶质微粒继续聚积，生成较大的颗粒而从燃料中析出。

研究表明，喷气燃料中的饱和烃生成的沉淀物很少，而加入芳香烃后沉淀物就成十倍地增多（见表 3-40）；而燃料所含胶质和含硫化合物也会使其热安定性显著变差，使产生的沉淀物量大大增加（见表 3-41）。

表 3-40　大庆 2 号喷气燃料的烃组分对其热安定性的影响

试　样	沉淀物/（mg/100mL）
大庆喷气燃料馏分	14.3
大庆喷气燃料馏分中的饱和烃	1.4
大庆喷气燃料馏分中的饱和烃+8.1%的芳香烃	14.2

表 3-41 喷气燃料的非烃组分对其热安定性的影响

试　样	沉淀物/（mg/100mL）	试　样	沉淀物/（mg/100mL）
大庆喷气燃料馏分	12.6	脱除硫醇及二硫化物后	7.2
脱除胶质后	9.6	脱除含硫化合物后	1.6
脱除硫醇后	10.4		

② 水分和机械杂质。在胶质的凝聚过程中，水分和机械杂质起着加速的作用。因机械杂质在这个过程中成了凝聚中心，胶状物质和水分围绕着杂质，聚积成大的颗粒从油中沉降下来。

③ 温度。温度愈高，生成的沉淀物愈多，例如，某喷气燃料在与青铜接触并通入空气的情况下，于 120℃加热 6h，燃料中生成的沉淀物为 0.02～0.03g/kg；在同样条件下，仅把加热温度升高到 150℃，这时在燃料中生成的沉淀物为 0.08～0.10g/kg。由此可见，高温对燃料产生沉淀的影响是很大的。燃料在常温下储存多年生成的沉淀物，也没有加热几小时所产生的沉淀物多。同时，在这种高温条件下，在燃料系统的金属表面上还将生成胶膜和碳沉淀物。这些高温氧化产物的出现，将使发动机燃料过滤器和喷油嘴堵塞，严重影响发动机的正常工作。因此，长时间飞行速度在 2 倍声速以上的飞机，要求使用的燃料，应具有良好的热安定性。

（4）热安定性的评定方法　喷气燃料的热安定性测定主要分为静态法和动态法。静态法的实质是燃料油在一个隔离的容器内氧化，测定其生成沉积物的量；动态法则是在燃料油的流动过程中，测定其生成沉积物的倾向。它们都能在不同的试验条件下反映出油品中生成沉淀物的可能性。

我国采用动态法，用《喷气燃料热氧化安定性的测定 JFTOT 法》（GB/T 9169—2010）测定结果来评定其热安定性。动态法是模拟喷气发动机燃料系统中燃料与润滑油换热，测定因温度升高而产生的沉渣堵塞燃料过滤器的程度，以及燃料在高温下使金属表面腐蚀和积垢的程度。此方法与实际情况相近，燃料以一定流量经过加热到恒定温度的预热器，燃料被加热氧化而生成沉淀，然后经过过滤器，沉淀物堵塞过滤器，使过滤器前后产生压差，用过滤器前后的压差和预热器内管表面沉积物的色度来评定在一定温度下燃料的热安定性。

（5）提高热安定性的方法　精制不好的喷气燃料，当温度高于 100℃以后，热安定性就迅速降低。为了满足更高使用温度的要求，则必须进一步提高燃料热安定性。通常是对燃料进行深度精制和加入热安定性添加剂。

① 精制方法。常用的精制方法是加氢精制，将组分中的不安定烃类和含氧、硫、氮的非烃化合物除去后，燃料热安定性即得到提高。另外，加氢精制还能将不饱和烃饱和、部分芳香烃转化为环烷烃。

② 热安定性添加剂。常用的热安定性添加剂有高分子胺类、烷基苯酚类和共聚物等几种类型。

（四）喷气燃料对设备的危害性

喷气燃料对设备的危害性主要包括燃料本身对金属材料的腐蚀，对合成材料的溶胀；燃烧后产生的酸性物质对金属材质的腐蚀，颗粒物对设备表面的冲刷磨损等。在这里重点讨论腐蚀性危害。

1.腐蚀性物质

喷气燃料的腐蚀可分为液相腐蚀和气相腐蚀两类。引起腐蚀的原因不同，解决方法也有差别。

燃料中的烃类在液态时并无腐蚀作用，液态时对金属的腐蚀主要是由活性硫化物（如硫化氢和低分子硫醇等）、含氧化合物（环烷酸等）、水分和细菌所引起的。

（1）液相腐蚀 液相腐蚀是指喷气燃料对运输设备和发动机燃料系统的腐蚀。关于液相腐蚀，其产生原因、危害及控制指标与汽油、柴油类似，但因喷气发动机的燃料系统有些部件精密度很高，合金材料多，腐蚀问题更为严重。

（2）气相腐蚀 喷气燃料燃烧过程中，产生的高温烟气对于燃烧室内的火焰筒、涡轮、尾喷管的侵蚀称为高温气相腐蚀或烧蚀。气相腐蚀的主要原因是含 SO_2 和 SO_3 的气体在高温下对金属的腐蚀。

目前我国广泛使用镍铬合金制造发动机燃气系统的部件，高温燃气对这些部件的腐蚀主要表现为烧蚀、硫化腐蚀、氧化烧伤和渗碳等。其中，氧化烧伤和渗碳与燃料组成无关；硫化腐蚀与燃料中的含硫量有关，而我国喷气燃料含硫量低，在使用中尚未发现硫化腐蚀；烧蚀与燃料组成有关，在这里只介绍烧蚀。

烧蚀通常是指由高温燃气引起的腐蚀现象。其外观特征是腐蚀处呈深圆坑，圆坑上积有毛状结晶碳，严重时腐蚀坑连成片，甚至蚀穿火焰筒壁。

镍铬合金的烧蚀机理是烃类化合物在燃烧过程中由于裂化和部分氧化生成甲烷和一氧化碳，它们在高温和镍的存在下分解产生活泼碳。活泼碳与金属铬极易发生化学反应生成碳化铬。生成碳化铬后，原来与铬结合成合金的镍被释放出来成镍原子，而镍原子具有很高的催化活性。在其催化作用下，烃类尤其是萘系芳香烃脱氢生成一定结构的碳晶体，碳晶体在表面微细的裂缝中长大，所产生的压力足以使合金基体局部解体，而形成麻状点凹坑。

2.评定指标

喷气燃料腐蚀性的评定指标有铜片腐蚀、银片腐蚀、总酸值、总硫含量、硫醇性硫或博士试验。

（1）铜片腐蚀 把一定规格的磨光铜片置于 30mL 喷气燃料中，试验温度为 100℃，2h 后，取出铜片，洗涤后直接观察铜片发生的颜色变化，与腐蚀标准色板进行比较，确定喷气燃料对铜片的腐蚀级别。铜片腐蚀试验的目的是定性检测喷气燃料中是否含有腐蚀性物质，如活性硫化物、无机酸和低分子有机酸。要求 3 号喷气燃料铜片腐蚀不大于 1 级。

（2）银片腐蚀 将磨光的银片浸入 250mL 喷气燃料中，试验温度为 50℃，4h 后，取出银片，洗涤后直接观察银片，比较试验后银片和新磨光银片的外观，确定喷气燃料对银片的腐蚀级别。银片腐蚀试验的目的也是定性检测喷气燃料中是否含有腐蚀性物质，其对腐蚀性物质的敏感度较铜片腐蚀试验好。要求 3 号喷气燃料银片腐蚀不大于 1 级。

（3）总酸值 总酸值是中和 1g 喷气燃料所需 KOH 的质量（以 mg 计），检测的是喷气燃料中无机酸和有机酸的总含量。由于通过腐蚀试验检测无机酸，故对于总酸值，主要检测喷气燃料中的有机酸含量。要求 3 号喷气燃料总酸值不大于 0.015mgKOH/g。

（4）总硫含量 总硫含量是喷气燃料中的活性硫化物和非活性硫化物含量之和。由于喷气燃料要求铜片、银片腐蚀试验不大于 1 级，因而总硫含量主要检测的是非活性硫化物。对于 3 号喷气燃料，要求总硫含量不大于 0.020%；对于高闪点喷气燃料，要求总硫含量不大于

0.040%。

（5）硫醇性硫或博士试验　硫醇性硫属活性硫化物，它不仅对金属产生腐蚀，还会使喷气燃料产生恶臭，故对喷气燃料要限制其含量。硫醇性硫可进行定性和定量检测，博士试验用于定性检测喷气燃料中有无硫醇存在，而硫醇性硫测定属于定量检测。3 号喷气燃料硫醇性硫不大于 0.0020%。硫醇性硫和博士试验可任做一项，当硫醇性硫和博士试验存在差异时，以硫醇性硫为准。

（五）对环境的危害性

与车用汽油和柴油一样，喷气燃料对环境的危害性主要涉及燃料本身及其燃烧产物对环境造成的影响。污染物的含量主要取决于燃料的组成和发动机工作状态。在这里主要讨论由于燃料自身问题，其燃烧产物（排气）对环境的污染危害。

1.排气污染物类型

喷气燃料燃烧后排气中的环境污染物类型主要有：

① 不完全燃烧产物：未燃尽燃料，如 CO、未燃烃和微粒炭等。

② 在高温下形成的污染物，主要是 NO_x。

③ 由燃料杂质的氧化物构成，如 SO_x、NO_x 等。

另外，航空发动机还有噪声污染。

2.排气污染物产生原因及减小措施

（1）CO　CO 产生主要是燃料的雾化效果差，汽化速度慢，燃烧速度慢，燃烧环境低温及氧气供应不足等原因造成。

（2）未燃烃　高沸点大分子烃，由于在燃烧室中停留时间短，来不及蒸发就排出去；裂解后的烃，由于温度较低，未能氧化而被排出室外。未燃烃的生成规律类似于 CO，但它的氧化比 CO 快，故含量比 CO 少。

（3）高温生成 NO_x　主要是 NO、NO_2、N_2O_4 等，它们主要在高温燃烧区由 N_2 和 O_2 化合产生。可以通过降温、混合均匀以避免局部高温和降低氧的浓度来降低。

（4）燃料杂质的氧化物 SO_x、NO_x　主要由燃料中的含 S、N 化合物燃烧氧化生成，可通过对燃料的加氢精制进行限制。

（5）微炭粒的生成　燃料中芳烃含量高，平均分子量大，雾化效果差，汽化性能差，燃烧环境（尤其是在燃烧室头部局部富油区的高温缺氧的条件下燃油裂解生成炭粒）等都是产生微炭粒的主要原因。通常通过燃料的烟点、辉光值、芳烃含量等对微炭粒进行控制。

（六）其他性能

1.洁净度

喷气发动机燃料系统机件的精密度很高，因而，即使较细的颗粒物质也会造成燃料系统的故障。引起燃料脏污的物质主要是水、表面活性物质、固体杂质及微生物。

水的存在，除了对燃料的腐蚀性、低温性产生不良影响外，还会破坏燃料在系统部件中所起的润滑作用，并能导致絮状物的生成和微生物的滋长。

燃料中的表面活性物质会增强油水乳化，使油中的水不易分离，并且会促使一些细微的杂质聚集在过滤器上，使过滤器的使用周期大大缩短。

在喷气燃料储运过程中，带入燃料的固体颗粒主要是腐蚀产生的氧化铁及外界进入的尘土等。它们对于燃料系统中的高压油泵和喷油嘴等精密部件危害极大。因此，喷气燃料的质量标准中规定不能含有固体杂质。

喷气燃料中若含有细菌，会加速油料容器的腐蚀和使涂层松软，如果条件有利，细菌还会大量繁殖，以致堵塞过滤器。

我国喷气燃料质量标准中，用外观和水反应试验等技术指标来评价喷气燃料的洁净度。水反应试验的目的是检查喷气燃料中的表面活性物质及其对燃料和水的界面的影响。

2.润滑性

在喷气发动机中，燃料泵的润滑依靠的是自身泵送的燃料。当燃料的润滑性能不足时，燃料泵的磨损增大，这不仅降低油泵的使用寿命，而且影响油泵的正常工作，会引起发动机运转失常甚至停车等故障，威胁飞机安全。

燃料的润滑性是由它的化学组成决定的。据研究，燃料组分的润滑性能按照非烃化合物＞多环芳烃＞单环芳烃＞环烷烃＞烷烃的顺序依次降低。这是由于非烃化合物具有较强的极性，易被金属表面吸附，形成牢固的油膜，可有效降低金属间的摩擦和磨损。

含有少量的极性物质，对喷气燃料的润滑性能是有利的。当然，极性物质含量不能过多，否则会引起腐蚀等问题。由此可见，对喷气燃料的精制深度要适当，若精制过深，会使其润滑性能变差。

喷气燃料的黏度不能反映燃料在高温摩擦表面的润滑性能。保证润滑的决定因素是燃料组成中的极性组分含量，为此，3 号喷气燃料用磨痕直径（WSD）检测喷气燃料的润滑性能。

3.静电着火性

喷气发动机的耗油量很大，在机场往往采用高速加油。在泵送燃料时，燃料和管壁、阀门、过滤器等高速摩擦，油面就会产生和积累大量的静电荷，其电势可达到数千伏甚至上万伏。这样，到一定程度就会产生火花放电，如果遇到可燃混合气，就会引起爆炸失火，往往酿成重大灾害。

影响静电荷积累的因素很多，其中之一是燃料本身的电导率。电导率小的燃料，在相同的条件下，静电荷消失慢而积累快；电导率大的燃料，静电荷消失快而不易积累。质量标准中要求喷气燃料的电导率为 50～450pS/m（20℃），但加油安全主要是通过加油设备的技术进步和严格的操作规范来保证。

综上所述，从各种使用性能对喷气燃料化学组成的要求来看，环烷烃是较理想的组分，它具有较好的燃烧性能、润滑性能和热氧化安定性；其次是烷烃、异构烷烃；必须限制单环芳香烃的含量，应尽可能除去双环芳香烃、烯烃和非烃化合物。

三、喷气燃料的产品标准

1.喷气燃料的种类和产品标准

喷气燃料又称航空煤油。按生产方法可分为直馏喷气燃料和二次加工喷气燃料两类。按馏分的宽窄、轻重又可分为宽馏分型、煤油型及重煤油型。

国产喷气燃料目前有 5 个品种，质量完全符合国际上的通用标准。

1 号喷气燃料（GB 438）和 2 号喷气燃料（GB 1788）是馏程为 135～240℃的煤油型燃

料。两者差别只有结晶点、碘值和硫醇性硫含量。

3 号喷气燃料（GB 6537），馏程为 140～260℃，属较重的煤油型。民航飞机、军用飞机通用，已取代 1 号和 2 号喷气燃料，成为产量最大的喷气燃料，其质量标准见表 3-42。

表 3-42　3 号喷气燃料的技术要求和试验方法（GB 6537—2018）

项　目		质量指标	试验方法
外观		室温下清澈透明，目视无水解、水及固体杂质	目测
颜色	不小于	+25	GB/T 3555
组成			
总酸值	不大于	0.015	GB/T 12574
芳烃含量（体积分数）/%	不大于	20.0	GB/T 11132
烯烃含量（体积分数）/%	不大于	5.0	GB/T 11132
总硫含量（质量分数）/%	不大于	0.20	GB/T 380
硫醇性硫含量（质量分数）/%	不大于	0.0020	GB/T 1792
或博士试验		通过	SH/T 0174
直馏组分（体积分数）/%		报告	—
加氢精制组分（体积分数）/%		报告	—
加氢裂化组分（体积分数）/%		报告	—
合成烃组分（体积分数）/%		报告	—
挥发性			
馏程			GB/T 6536
初馏点		报告	
10%回收温度/℃	不高于	205	
20%回收温度		报告	
50%回收温度/℃	不高于	232	
90%回收温度		报告	
终馏点/℃	不高于	300	
残留量（体积分数）/%	不大于	1.5	
损失量（体积分数）/%	不大于	1.5	
闪点（闭口）/℃	不低于	38	GB/T 261
密度（20℃）/（kg/m³）		775～830	GB/T 1884、GB/T 1885
流动性			
冰点/℃	不高于	−47	GB/T 2430、
黏度/（mm²/s）			SH/T 0770
20℃	不小于	1.25	GB/T 265
−20℃	不大于	8.0	
燃烧性			
净热值/（MJ/kg）	不小于	42.8	GB 2429
烟点/mm	不小于	25.0	GB/T 384
或烟点最小值为 20mm 时，萘系芳烃含量（体积分数）/%	不大于	3.0	GB/T 382 SH/T 0181
腐蚀性			
铜片腐蚀（100℃，2h）/级	不大于	1	GB/T 5096
银片腐蚀（50℃，4h）/级	不大于	1	SH/T 0023
安定性			
热安定性（260℃，2.5h）			GB/T 9169
压力降/kPa	不大于	3.3	
管壁评级		小于 3，且无孔雀蓝色或异常沉淀物	

项　目		质量指标	试验方法
洁净性			
实际胶质/（mg/100mL）	不大于	7	GB/T 8019
水反应			GB/T 1793
界面情况/级	不大于	1b	
分离程度/级	不大于	2	
固体颗粒污染物含量/（mg/L）	不大于	1.0	SH/T 0093
导电性			
电导率（20℃）/（pS/m）		50～600	GB/T 6539
水分离指数			SH/T 0616
未加抗静电剂	不小于	85	
加入抗静电剂	不小于	70	
润滑性			SH/T 0687
磨痕直径（WSD）/mm	不大于	0.65	

4 号喷气燃料（SH 0348）是宽馏分型，馏程为 60～280℃，结晶点为不大于–40℃。以军用为主。

5 号喷气燃料（GJB 560A），为高闪点型，其馏程为 150～280℃，冰点不大于–46℃。闪点＞60℃，适用于舰载飞机。

2.喷气燃料的正确使用

3 号喷气燃料的冰点不高于–47℃，可在冬季地面气温高于–35℃的地区使用。对于冬季地面气温低于–35℃的严寒区，可在燃料中加入防冰剂。高速喷气飞机（$Ma \geq 2$）必须使用热安定性较好的喷气燃料，以防止燃料在燃料系统中受热氧化产生沉淀，导致发动机不能正常工作。

习　　题

一、单选题

1. 在石油产品中，燃料占总石油产品量的（　　）。
   A.50%左右　　　　　　B.60%左右　　　　　　C.70%左右　　　　　　D.80%左右
2. 汽油机是（　　）发动机。
   A.点燃式　　　　　　B.压燃式　　　　　　C.活塞式　　　　　　D.外燃式
3. 汽油的初馏点和10%的馏出温度，表明汽油中（　　）。
   A.重组分含量的多少　　　　　　　　　B.轻组分含量的多少
   C.平均蒸发性能　　　　　　　　　　　D.爬坡性能
4. 汽油的牌号是根据（　　）来划分的。
   A.凝点　　　　　　B.结晶点　　　　　　C.辛烷值　　　　　　D.馏程
5. 分子量相近的不同族烃类，辛烷值大小顺序正确的是（　　）。

A.正构烷烃＜环烷烃＜异构烷烃＜芳香烃

B.芳香烃＜环烷烃＜异构烷烃＜正构烷烃

C.环烷烃＜芳香烃＜异构烷烃＜正构烷烃

D.异构烷烃＜芳香烃＜环烷烃＜正构烷烃

6. 以下烃类中，生成胶质的倾向是（　　　）。

    A.二烯烃＞环烯烃＞链烯烃　　　　　　　　B.环烯烃＞二烯烃＞链烯烃

    C.链烯烃＞环烯烃＞二烯烃　　　　　　　　D.环烯烃＞链烯烃＞二烯烃

7. 以下汽油中，（　　　）汽油的安定性最好。

    A.催化裂化　　　　　　B.焦化　　　　　　C.直馏　　　　　　D.热裂化

8. 柴油是（　　　）发动机的燃料。

    A.点燃式　　　　　　B.外燃式　　　　　　C.压燃式　　　　　　D.喷气式

9. 柴油燃烧过程中，产生爆震的原因是（　　　）。

    A.自燃点太低　　　　B.自燃点太高　　　　C.闪点太高　　　　D.燃点太高

10. 评价柴油抗爆性能的指标是（　　　）。

    A.辛烷值　　　　　　B.品度值　　　　　　C.十六烷值　　　　D.凝点

11. 喷气发动机所用的燃料是（　　　）。

    A.汽油　　　　　　　B.柴油　　　　　　C.航空煤油　　　　D.润滑油

12. 各种烃类的燃烧完全度的高低顺序正确的是（　　　）。

    A.正构烷烃＞异构烷烃＞单环环烷烃＞双环环烷烃＞单环芳烃＞双环芳烃

    B.单环环烷烃＞双环环烷烃＞正构烷烃＞异构烷烃＞单环芳烃＞双环芳烃

    C.单环芳烃＞双环芳烃＞单环环烷烃＞双环环烷烃＞正构烷烃＞异构烷烃

    D.正构烷烃＞异构烷烃＞双环环烷烃＞单环环烷烃＞单环芳烃＞双环芳烃

13. 我国规定喷气燃料的烟点不得低于（　　　）。

    A.20mm　　　　　　B.25mm　　　　　　C.30mm　　　　　　D.35mm

14. 兼顾质量热值和体积热值，喷气燃料的理想组分是（　　　）。

    A.烷烃　　　　　　　B.环烷烃　　　　　　C.芳香烃　　　　　D.烯烃

15. 燃料组分的润滑性大小顺序为（　　　）。

    A.非烃化合物＞多环芳烃＞单环芳烃＞环烷烃＞烷烃

    B.多环芳烃＞单环芳烃＞环烷烃＞烷烃＞非烃化合物

    C.非烃化合物＞单环芳烃＞多环芳烃＞环烷烃＞烷烃

    D.多环芳烃＞非烃化合物＞单环芳烃＞环烷烃＞烷烃

二、多选题

1. 根据使用设备的机械工作原理，发动机燃料可分为（　　　）。

    A.点燃活塞式发动机燃料　　　　　　　　B.压燃活塞式发动机燃料

    C.喷气式发动机燃料　　　　　　　　　　D.以上都不对

2. 汽油机的工作过程包括（　　　）。

    A.吸气　　　　　　　B.压缩　　　　　　C.点火燃烧做功　　　D.排气

3. 汽油在发动机中燃烧不正常时，会出现的现象是（　　　）。

A.机身强烈振动　　　　　　　B.发出金属敲击声

C.发动机功率下降，排气管冒黑烟　　　　　　D.严重时还会导致机件损坏

4. 柴油在柴油机内的燃烧过程（从喷油开始到全部燃烧为止）大体分为（　　　）。

A.滞燃期　　　　　　　　B.急燃期　　　　　　　　C.缓燃期　　　　　　　　D.后燃期

5. 影响柴油燃烧的主要因素为（　　　）。

A.柴油的理化性质　　　　　B.柴油的雾化质量

C.气缸的热状态　　　　　　D.喷油提前角

6. 评定柴油流动性的指标有（　　　）。

A.黏度　　　　　　　　　B.凝点　　　　　　　　C.冷滤点　　　　　　　　D.闪点

7. 喷气燃料的燃烧性能良好表现在（　　　）。

A.热值较高

B.燃烧稳定，不因工作条件变化而熄火，一旦熄火后在高空中容易再启动

C.燃烧完全，产生的积炭少

D.以上都正确

8. 喷气燃料燃烧时生成积炭的倾向与（　　　）有关。

A.燃烧室的结构　　　　　　B.发动机的工作条件

C.燃料的化学组成　　　　　D.燃料的蒸发性

9. 影响喷气燃料启动性的因素有（　　　）。

A.燃料的自燃点　　　　　　B.着火延滞期　　　　　C.燃烧极限

D.可燃混合气发火所需的最低点火能量、蒸发性的大小、黏度

10. 在喷气燃料质量标准中，表征其积炭倾向的指标是（　　　）。

A.萘系芳烃含量　　　　　　B.烟点　　　　　　　C.辉光值　　　　　　　　D.闪点

三、判断题

1. 一般汽油机有四个或六个气缸，按一定顺序排列，使不连续的点火燃烧和膨胀做功过程变成连续的经连杆带动曲轴旋转的过程。　　　　　　　　　　　　　　　　　（　　　）

2. 汽油机的压缩比越大，所需汽油的辛烷值就越高。　　　　　　　　　　　　（　　　）

3. 实际胶质可用来表征进气管道和进气阀上生成沉积物的倾向。　　　　　　　（　　　）

4. 腐蚀试验的目的是判断汽油有无活性含硫化合物。　　　　　　　　　　　　（　　　）

5. 从国四到国五的汽油标号从 90、93、97 降为 89、92、95。　　　　　　　　（　　　）

6. 柴油馏分过重，蒸发速度太慢，来不及在极短的时间内形成混合气，而使燃烧不完全。

（　　　）

7. 柴油的安定性取决于化学组成，不安定组分包括：二烯烃、多环芳烃、含硫和含氮化合物。　　　　　　　　　　　　　　　　　　　　　　　　　　　　　　　　　　（　　　）

8. 对喷气燃料的要求是在 0.01～0.02MPa、−55℃的条件下能与空气形成可燃性混合气并能顺利点燃，稳定燃烧。　　　　　　　　　　　　　　　　　　　　　　　　（　　　）

9. 喷气燃料的烟点与发动机中生成的积炭有关，烟点越低，生成的积炭就越少。

（　　　）

10. 由于非烃化合物具有较强的极性，在金属表面形成牢固的油膜，降低金属间的摩擦

和磨损。   ( )

四、简答题

1. 石油产品分为哪几类？这些产品有哪些主要用途？

2. 简述汽油发动机、柴油发动机和喷气式发动机的工作过程及比较。

3. 什么叫压缩比？压缩比对油品质量有什么要求？它对汽油的消耗有什么影响？

4. 什么是汽油和柴油的抗爆性？抗爆性如何表示？汽油和柴油爆震的原因有何异同？

5. 汽油、柴油、航煤这三种油品对汽化性、低温流动性、抗氧化安定性有什么要求？各用何指标来衡量？

6. 哪些烃类是汽油、柴油、航煤这三种油品的理想组分？为什么？

7. 什么叫无烟火焰高度？它表示航煤的什么性质？

8. 比较汽油机和柴油机的工作过程，并从原因及危害阐述二者爆震的异同点。

9. 为什么喷气燃料中要限制芳烃的含量？

第四章

润滑剂的使用要求与质量标准

第一节　概述

润滑油类产品的品种、牌号是石油产品中最复杂的一类，其全部用量虽然只是石油燃料消耗量的 2%～3%，但使用范围广泛，与汽车、机械、交通运输等行业的发展密切相关，各国十分重视润滑油的研究和生产。

一、摩擦

1.摩擦现象

两个相互接触的物体，当接触表面在外力作用下发生相对运动时，存在一个阻止物体相对运动的作用力，此作用力叫摩擦力，发生的现象称为摩擦。

摩擦是物体相互作用的一种形式，广泛存在于自然界和机械运动之中。在机械运动中，我们把发生相对运动而出现摩擦的零件统称为摩擦副，如轴与轴承、气缸与活塞、凸轮与顶杆、齿轮啮合、皮带传动等。

摩擦产生的现象是消耗动力、摩擦发热、磨损和噪声，其中危害最大的是磨损，它直接影响机械设备的正常运转和寿命。

2.摩擦产生的原因

产生摩擦的主要原因有两方面，一是因为物体表面是不平滑的，其凸起部分阻挡相对运动，产生机械啮合而产生摩擦；二是相互接触部分分子间的引力也导致摩擦产生。实践表明，摩擦不一定随表面粗糙度降低而减小，有时反而会增大，这是因为表面越光滑，相互接触的部分越多，分子间引力产生的摩擦阻力也越大。

3.摩擦的种类

（1）按发生摩擦的物体部位分类

① 外摩擦。这是指在两个相互接触的物体表面之间发生的摩擦。外摩擦即一般所指的摩擦，只与接触表面的作用有关，而与物体内部状态无关。

② 内摩擦。它是指在同一物体内各部分之间发生的摩擦。内摩擦一般发生在液体或气体之类的流体内，但也可能发生在固体内，如石墨、二硫化钼等固体润滑剂内。

（2）按摩擦副的运动状态分类

① 静摩擦。当物体在外力作用下对另一物体产生微观弹性位移，但尚未发生相对运动时的摩擦称为静摩擦。在相对运动即将开始瞬间的静摩擦即最大静摩擦，又称极限静摩擦。此时的摩擦系数称为静摩擦系数。

② 动摩擦。当物体在外力作用下沿另一物体表面相对运动时的摩擦，称为动摩擦。两物体之间发生相对运动时的摩擦系数，称为动摩擦系数。

动摩擦系数一般小于极限静摩擦系数。例如某摩擦副钢和铸铁，摩擦系数在极限静摩擦时为 0.25，动摩擦时为 0.16。

（3）按摩擦副的运动形式分类

① 滑动摩擦。两接触物体做相对滑动时的摩擦，称为滑动摩擦。两接触物体接触点具有不同的速度，可能是速度的大小和方向不同，也可能仅仅是大小或方向不同，见图 4-1（a）。

② 滚动摩擦。两接触物体沿接触表面滚动时的摩擦，称为滚动摩擦。此时两接触物体接触点的速度之大小和方向均相同，见图 4-1（b）。

③ 自旋摩擦（转动摩擦）。物体沿垂直于接触表面的轴线做自旋运动时的摩擦，称为自旋摩擦，见图 4-1（c）。在分类时有时不作为单独的摩擦形式出现，以摩擦力矩来表征。

滑动摩擦和滚动摩擦都是工业以及日常生活中最常见的摩擦形式。滑动摩擦的情况，如活塞在气缸里的往复运动，机床工作台在导轨上往复运动，以及曲轴在轴承套中转动等；滚动摩擦的情况，如滚珠或滚柱在轴承里的滚动，车轮在地面上的滚动，以及齿轮间的传动等。

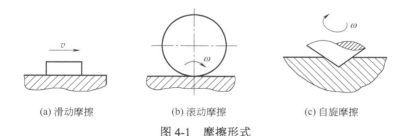

(a) 滑动摩擦　　　　　　(b) 滚动摩擦　　　　　　(c) 自旋摩擦

图 4-1　摩擦形式

（4）按摩擦副表面的润滑状态分类

① 干摩擦。干摩擦是指在没有任何润滑剂的条件下，两物体表面间的摩擦。由于摩擦副间不存在润滑介质，摩擦表面固体直接接触，因而产生的磨损较大。金属干摩擦的摩擦系数一般在 0.1～0.5 的范围内，在机械工作中要严防干摩擦的出现。

② 液体摩擦。液体摩擦又称流体摩擦，是发生在液体内部的一种摩擦现象，包括纯液体流动时的摩擦和液体将金属表面隔开时的摩擦。对于机械运转中的液体摩擦，主要指的是流动的液体薄层将金属摩擦表面相互隔开时的摩擦情况。

③ 边界摩擦。当固体摩擦表面不是被一层具有流动性的液体隔开，而是被一层很薄的吸附油膜隔开，或是被一层具有分层结构和润滑性能的边界膜隔开时的摩擦，称为边界摩擦。边界膜的厚度一般在 0.1～1μm 以下，摩擦面大部分区域被边界膜隔开。

边界摩擦是液体摩擦和干摩擦之间的一种中间状态。其摩擦阻力远小于干摩擦，摩擦系数为 0.01～0.1，摩擦中出现的磨损约为干摩擦的 1%。

边界摩擦、液体摩擦和干摩擦的情形见图 4-2。

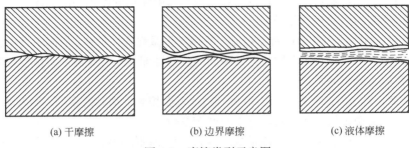

(a) 干摩擦　　　　　　　　(b) 边界摩擦　　　　　　　　(c) 液体摩擦

图 4-2　摩擦类型示意图

由以上分析可知，两个物体相互接触并做相对滑动时，干摩擦的摩擦系数最大，危害也最严重，液体摩擦的摩擦系数最小，边界摩擦也具有很低的摩擦系数。因此，机械摩擦表面应力求避免干摩擦，尽量保持液体摩擦，即使在苛刻的工作条件下也力求保持边界摩擦。实际上，液体摩擦和边界摩擦也是人们用来防止干摩擦的主要润滑方式。

二、磨损

相互接触的物体在做相对运动时，表层材料不断发生损耗的过程或者产生残余变形的现象称为磨损。磨损是摩擦副运动所造成的，即使是经过润滑的摩擦副，也不能从根本上消除磨损。特别是在机械启动时，由于零件的摩擦表面上还没有形成油膜，就会发生金属间的直接接触，从而造成一定的磨损。摩擦副材料的磨损对机械造成的影响是十分严重的，尤其在现代工业自动化、连续化的生产中，某一零件的磨损失效则会影响到全线的生产。可以说，磨损是机械运转中普遍存在的一种现象，不仅是材料消耗的主要原因，也是影响机器使用寿命的重要因素。

1.磨损的类型

根据磨损产生的原因和磨损过程的本质，磨损主要可分为四种类型，即黏着磨损、磨料磨损、疲劳磨损和腐蚀磨损。

（1）黏着磨损　当摩擦副接触时，由于表面不平，发生的是点接触。在相对滑动和一定载荷作用下，在接触点发生塑性变形或剪切，使其表面膜破裂，摩擦表面温度升高，严重时表层金属会软化或熔化，此时，接触点产生黏着。在摩擦滑动中，黏着点被剪断，同时出现新的黏着点，如果黏着点被剪断的位置不是原来的交界面，而是在金属表层，则会造成材料的消耗，即黏着磨损。

（2）磨料磨损　磨料磨损是硬的物质使较软的金属表面擦伤而引起的磨损。它包括两种类型，一是粗糙的硬表面把较软表面划伤的情况；二是硬的颗粒在两摩擦面间滑动引起的划伤。

对于第一种情况，摩擦表面的磨损主要与材料表面的粗糙程度和两表面硬度的差异相关。一般来讲，材料表面的光洁度愈高，所造成划伤的情况就愈轻微；两摩擦表面的硬度相差愈大，愈易产生硬的表面把软表面划伤的情况。

对于硬的颗粒在摩擦面间引起的划伤情况，这往往是混入摩擦面间灰尘、泥沙、铁锈以及发动机中的焦末等造成的，在黏着磨损、腐蚀磨损中产生的颗粒也能引起磨料磨损。磨料磨损是造成摩擦面磨损的一个重要类别。据统计，因磨料磨损而造成的损失，占整个工业范围内磨损损失的50%。因此，对机械摩擦副要特别注意保持摩擦面、润滑系统以及润滑油的清洁，防止混入杂质颗粒。

（3）疲劳磨损　黏着磨损和磨料磨损都是摩擦副一开始工作就出现，直接接触的表面出现材料的损耗。而疲劳磨损是发生在摩擦副经过长时间工作以后的阶段，其现象是较大的片状颗粒从材料上脱落，在摩擦表面上出现针状或豆瓣状的小凹坑。

疲劳磨损通常出现在滚动形式的摩擦机件上，如滚动轴承、齿轮、凸轮以及钢轨与轮箍等。

（4）腐蚀磨损　当摩擦是在腐蚀性环境中进行时，摩擦表面会发生化学反应，并在表面上生成反应产物。一般反应产物与表面黏结不牢，容易在摩擦过程中被擦掉，被擦掉反应层的金属又可产生新的反应层，如此循环下去，而造成金属摩擦副材料较快地被消耗掉，这就是腐蚀磨损。由此可见，材料的腐蚀磨损实质是腐蚀与摩擦两个过程共同作用的结果。

根据与材料发生作用的环境介质的不同，腐蚀磨损可分为氧化腐蚀磨损和特殊介质腐蚀磨损。

氧化腐蚀磨损是与氧作用而产生的。空气中含有氧，所以氧化腐蚀磨损是最常见的一种磨损形式，它的损坏特征是在金属的摩擦表面沿滑动方向呈匀细磨痕。磨损产物通常是呈红褐色小片状的 Fe_2O_3 和灰黑色丝状的 Fe_3O_4。滑动轴承易出现这种氧化磨损现象。为了降低氧化磨损的速度，要求润滑油对轴承材料没有腐蚀作用，或者希望润滑油能与轴承材料作用生成一层比较牢固的保护膜，达到降低氧化磨损速度的目的。因此，润滑油里往往有抗腐蚀添加剂。

特殊介质腐蚀磨损是在摩擦过程中，零件受到酸、碱、盐介质的强烈腐蚀而造成的腐蚀磨损情况。其磨损机理与氧化磨损相似，但磨损速度较快。对这样条件下的工作机件，除要求密封性好，减少与酸、碱的接触外，还要使用能够抗酸、碱的润滑油脂，以延长摩擦机件的工作寿命。

2.影响磨损的因素

（1）润滑对磨损的影响　润滑对减少零件的磨损有着重要的作用。比如液体润滑状态能防止黏着磨损；供给摩擦副洁净的润滑油可以防止磨料磨损；正确选择润滑材料能够减小腐蚀磨损和疲劳磨损等。

（2）材料性能对磨损的影响　材料的耐磨性主要取决于材料的硬度和韧性。材料的硬度决定金属对其表面变形的抵抗能力。过高的硬度易使材料表面产生磨料状的剥落并增加脆性，而韧性则可防止磨粒的产生，提高其耐磨性能。

（3）表面加工质量对磨损的影响　机件的表面加工质量主要指表面粗糙度，也就是表面微观几何形状。

一般来讲，机件表面的磨损随粗糙度的减小而减小。机件表面粗糙度对提高金属抵抗腐蚀磨损的能力也有重要的影响。表面愈粗糙，凹陷愈深，其腐蚀作用愈强，表面磨损愈大。同时，随着表面粗糙度的减小，机件的抗疲劳强度也相应提高，也起到减轻磨损的作用。

（4）机件的工作条件对磨损的影响　除了润滑状况、材料性能和表面粗糙度因素的影响之外，机件所处的外部工作条件对磨损也有一定的影响。机件的工作条件包括机械的负荷、运转的速度和温度以及外部环境等，在不同工作条件下出现磨损的程度是不同的。

三、润滑

润滑就是在相对运动的摩擦接触面之间加入润滑剂，使两接触面之间形成润滑膜，将两接触面之间的干摩擦变为润滑剂内部分子间的内摩擦，以达到减小摩擦、节省动力消耗，降低磨损、延长机械使用寿命，减少机械设备故障、提高生产效率、提高设备利用率和节省成本的目的。

根据润滑油在摩擦表面上所形成润滑膜层的状态和性质，润滑分为流体润滑和边界润滑两大类型。

1.流体润滑

流体润滑又称液体润滑。它是在摩擦副的摩擦面被一层具有一定厚度、并可以流动的流体层隔开时的润滑。此时摩擦面间的流体层，称为流体润滑的润滑膜层。

流体润滑的摩擦系数很小，在 0.001～0.01 之间，磨损也非常低，是润滑中一种最为理想的状态。其不足是流动液体层的形成较困难，需特定的条件，同时所形成的流体层易于流失，承受负荷的能力有限。

流体润滑根据流体润滑膜产生方式，分为流体静压润滑、流体动压润滑及弹性流体动压润滑三种类型。

（1）流体静压润滑　通过外部油泵提供的压力实现流体润滑的方式称为流体静压润滑。润滑中，油品在高压油泵的作用下通过油路输送到轴承底部的油腔中，利用油的压力和流动的冲力将支承的轴顶起，以此形成轴与轴套之间的流体油层。由于这种润滑油层的形成与轴承的运转状况无关，无论轴承的转速是高或低，即使在静止状态时也可以保证摩擦面上有着足够厚度的流动油层，因而称之为流体静压润滑。这种润滑方式的不足是设备昂贵、复杂。

（2）流体动压润滑　通过轴承的转动或摩擦面在楔形间隙中的滑动产生油压而自动形成流体油膜的方式叫作流体动压润滑。流体动压润滑广泛应用于滑动轴承和高速滑动摩擦部件之中，是机械设备中应用最为普遍的润滑方式。

在滑动轴承运转过程中，由于轴和轴套间隙中润滑油受到高速转动轴的摩擦力作用，随同轴一起转动，在转动中油进入轴承底部相接触的摩擦区域时，由于轴与轴套间呈楔形间隙，油流通道变小，使油受到挤压，因而产生油压。油压的产生使得轴受到一个向上的作用力。当轴承的转速足够高，产生的油压达到一定值时，就可以将轴抬起，在摩擦面间形成一层流动的油层。

（3）弹性流体动压润滑　弹性流体动压润滑是一种比较复杂的情况，它是在流动油层已存在的前提下，摩擦面对油层挤压并伴随着金属表面和润滑油性质发生变化的过程。弹性流体动压润滑主要存在于齿轮和滚动轴承的润滑中。

在齿轮和滚动轴承中，摩擦件的相对运动及摩擦面的接触方式同滑动轴承的完全不同。滑动轴承中摩擦件的相对运动和摩擦面的接触都是滑动的方式。而在齿轮部件和滚动轴承中，摩擦副的运动方式是一个摩擦件相对于另一个摩擦件的滚动，摩擦面的接触是从分离到接触，接触后再分离的"离合"过程。在这个"离合"过程中，如果摩擦部位存在着润滑油，则会形成对油的挤压。在接触点上负荷压力的作用会使金属面产生形变，接触面积增大，同时油受到挤压而黏度增大，变得黏稠，因此在机械高速运转的摩擦过程中，往往在润滑油尚未从摩擦面完全挤出的瞬间，就已经完成了一个"离合"挤压的过程，摩擦面上仍保持着一层呈流体状态的油层。

2.边界润滑

摩擦表面被一层极薄的（约 0.01μm）、呈非流动状态的润滑膜隔开时的润滑称为边界润滑。在所有难以形成流体润滑的摩擦机件上，其润滑形式往往是边界润滑。

在边界润滑状态下，摩擦力要比流体润滑状态大得多，摩擦表面的金属凹凸点的边界可能发生直接接触，液体的润滑已不完全是由它的黏度起作用，而主要是靠往润滑剂中加入某些活性化合物。这些化合物能与摩擦表面的金属起物理或化学作用而在凸点峰顶处形成边界膜，正是这层边界膜起到主要的润滑作用。

边界润滑是一类相当普遍的润滑状态。如气缸与活塞环、凸轮与挺杆等处都可能处于边界润滑状态。在一般情况下，边界润滑的摩擦系数小于 0.1，高于流体润滑而低于干摩擦。

边界润滑根据润滑膜的性质和形成的原理不同，分为吸附膜边界润滑和反应膜边界润滑两种。吸附膜又可分为物理吸附膜和化学反应膜。对于在高温高压下形成的反应膜边界润滑(即条件最苛刻的边界润滑)，也称为"极压润滑"。

四、润滑油的作用

润滑油占全部润滑材料的 85%，种类牌号繁多，润滑油的主要作用如下。

（1）润滑作用　润滑油的首要作用是润滑。在机械设备使用过程中，它可在摩擦表面形成润滑膜层，减小摩擦机件的摩擦和磨损。由此降低发动机和机械的能量损耗，提高机械效率，并减缓机件磨损，延长设备的工作寿命。

（2）冷却作用　机械在工作时，发动机中燃料燃烧放出的热量使气缸壁和活塞等机件受热，机件的相互摩擦也产生热量，这些热量会使金属机件温度逐渐升高，降低机件强度，甚至可以使之变形，而且会使润滑油迅速蒸发和变质，破坏润滑作用。如果润滑油在机件间不断地循环，便可将这些热量带走，降低机件温度，从而起到冷却作用，保证机械正常工作。

（3）保护作用　发动机中金属表面经常与空气、水蒸气和燃气等腐蚀性气体接触，极易受到腐蚀。如果金属表面经常保持有一层润滑油膜就能使金属表面与腐蚀性气体隔开，保护金属，减少或避免腐蚀。

（4）密封作用　在汽油机、柴油机和空气压缩机等设备中，润滑油在气缸与活塞之间形成油层，可以减少气缸与活塞之间的漏气，起到密封作用，提高机械效率。

（5）清洁作用　利用润滑油在发动机中循环并过滤的过程，润滑油可以不断带走摩擦表面间的金属屑和其他杂质，减少其危害，保持机械的清洁。

（6）传递动力　在许多情况下润滑油具有传递动力的功能，如液压传动等。

（7）减震作用　在受到冲击负荷时，可以吸收冲击能，如汽车减震器等。

五、润滑剂的类型和选用

1.润滑剂的类型

根据润滑剂的物理状态，可将其分为固体润滑剂、液体润滑剂、气体润滑剂和半固体润滑剂四大类。

（1）固体润滑剂 这类润滑材料虽然历史不长，但其经济效果好，适应范围广，发展速度快，能够适应高温、高压、低速、高真空、强辐射等特殊使用工况，特别适合于给油不方便、装拆困难的场合。当然，它也有摩擦系数较高、冷却散热不良等缺点。

固体润滑剂可分为有机物、无机物、金属化合物、软金属四类。按其形状可分为固体粉末、薄膜和自润滑复合材料三种。固体粉末可分散在气体、液体及胶体中使用；薄膜有喷涂、真空沉积、火焰喷镀、离子喷镀、电泳、烧结等多种方式；自润滑复合材料的生产工艺多种多样，是新兴的重要润滑材料。

（2）液体润滑剂 液体润滑剂是用量最大、品种最多的一类润滑材料，包括矿物油、合成油、动植物油和水基液体等。由于这些液体润滑剂有较宽的黏度范围，对不同的负荷、速度和温度条件下工作的运动部件提供了较宽的选择余地。液体润滑剂具有低的、稳定的摩擦系数和低的可压缩性，能有效地从摩擦表面带走热量，保证相对运动部件的尺寸稳定和设备精度，而且多数是价廉产品，因而获得广泛应用。矿物油是目前用量最大的一种液体润滑剂。

（3）半固体润滑剂 半固体润滑剂是在常温、常压下呈半流体状态，并且有胶体结构的润滑材料，称为润滑脂。一般分为皂基脂、烃基脂、无机脂、有机脂四种。它们除具有抗磨、减磨性能外，还能起密封、减震等作用，并使润滑系统简单、维护管理方便、节省操作费用，从而获得广泛使用。其缺点是流动性小、散热性差，高温下易产生相变、分解等。

（4）气体润滑剂 气体可以像油一样成为润滑剂，符合流体动力润滑的物理定律。气体的黏度很低，意味着其膜厚也很薄。所以，气体动压轴承只适用于高速、轻载、小间隙和公差控制得十分严格的情况下。由于这种缘故，一般较常用的是气体静压轴承，它能承受较高的载荷，对间隙和公差的要求不太苛刻，还能用于较低速度下，甚至于零速时。

常用气体润滑剂有空气、氦、氮、氢等。要求清净度很高，使用前必须进行严格的精制处理。

综上所述，可将润滑剂进行简单分类，见图 4-3。

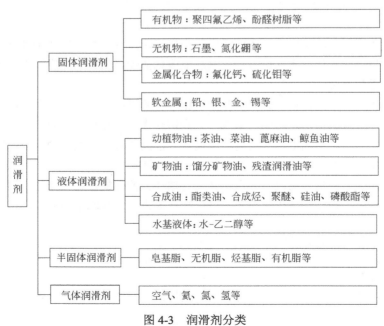

图 4-3 润滑剂分类

2.润滑剂选用

选择润滑剂类型主要考虑速度和负荷两个因素，除此之外还应考虑使用温度、环境及寿命等。

（1）负荷太大　选用较黏的油、极压油、润滑脂、固体润滑剂。

（2）速度太高（可能造成温度太高）　增加润滑油量或油循环量，采用黏度较小的油、气体润滑剂。

（3）温度太高　采用添加剂或合成油、较黏的油、固体润滑剂，增加油量或油循环量。

（4）温度太低　采用较低黏度的油、合成油、固体润滑剂、气体润滑剂。

（5）太多磨损碎片　增加油量或油循环量。

（6）污染　采用油循环系统、润滑脂、固体润滑剂。

（7）需要较长寿命：选用含添加剂、较黏的油或合成油，油量较多或油循环润滑脂。

第二节　润滑油的分类、组成和性能

润滑油是指在各种发动机和机器设备上使用的石油基液体润滑剂。虽然润滑油的产量仅占原油加工量的 1%左右，但因其使用对象、条件千差万别，品种繁多，应用广泛，而且对其使用要求严格，是除石油燃料之外的最重要的一类石油产品。2019 年全球润滑油消费量为 4800 万吨，其中车用润滑油占 54%，工业润滑油占 46%。2019 年我国润滑油表观消费量为 718 万吨，其中生产量为 700 万吨，进口量为 29 万吨，出口量为 11 万吨；车用润滑油占 58.5%，工业润滑油占 41.5%。

一、润滑油的分类

润滑油种类繁多，规格、牌号都很复杂，不同的应用领域要求使用不同的规格，不同的使用环境和使用条件，又要求不同的牌号。为此国际标准化组织（ISO）制定了 ISO 6743—99：2002《润滑剂、工业用油和有关产品（L 类）的分类——第 99 部分：总分组》（英文版）分类标准，我国等效采用该标准制定了《润滑剂、工业用油和有关产品（L 类）的分类　第 1 部分：总分组》（GB/T 7631.1—2008）。根据应用场合将润滑剂和相关产品分为 18 组，如表 4-1 所示。

表 4-1　润滑油分组及应用场合

组别	应用场合	组别	应用场合
A	全损耗系统	N	电器绝缘
B	脱膜	P	气动工具
C	齿轮	Q	热传导液
D	压缩机（包括冷冻机和真空泵）	R	暂时保护防腐蚀
E	内燃机	T	汽轮机
F	主轴、轴承和离合器	U	热处理
G	导轨	X	用润滑脂的场合
H	液压系统	Y	其他应用场合
M	金属加工	Z	蒸汽汽缸

为方便起见，习惯上将润滑油按其应用场合分为以下几类：

（1）内燃机润滑油　包括汽油机油、柴油机油等。这是需要最多的一类润滑油，约占润滑油总量的 50% 以上。

（2）齿轮油　齿轮油是在齿轮传动装置上使用的润滑油，其特点是它在机件间所受的压力很高。

（3）液压油及液力传动油　液压油是在传动、制动装置及减震器中用来传递能量的液体介质，它同时也起润滑及冷却作用。

（4）工业设备用油　工业设备用油包括机械油、汽轮机油、压缩机油、气缸油以及并不起润滑作用的电绝缘油、金属加工油等。

二、润滑油的组成

润滑油一般由基础油和添加剂两部分调和而成，一般而言，基础油占 70%～95%，添加剂占 5%～30%。

（一）基础油

基础油是润滑油的最重要成分，其质量对于润滑油性能至关重要，它提供了润滑油最基础的润滑、冷却、抗氧化、抗腐蚀等性能，决定着润滑油的基本性质。而润滑油基础油的性能与其化学组成有密切关系，如表 4-2。

表 4-2　基础油化学组成与润滑油性能关系

性能	化学组成影响	解决方法
黏度	馏分越重黏度越大；沸点相近时，链状烃黏度小，环状烃黏度大	蒸馏切割馏程合适的馏分
黏温特性	链状烃黏温特性好；环状烃黏温特性较差，且环数越多；胶质沥青质含量越高，黏温特性越差	脱除多环短侧链芳烃（精制）；脱沥青
低温流动性	大分子链状烃（蜡）凝点高，低温流动性差；大分子多环短侧链、胶质沥青质低温流动性差	脱蜡、脱沥青、精制
抗氧化安定性	非烃类化合物安定性差；烷烃易氧化，环烷烃次之，芳烃较稳定。烃类氧化后生成酸、醇、醛、酮、酯	脱除非烃类化合物
残炭	形成残炭的主要物质为润滑油中的多环芳烃、胶质、沥青质	提高蒸馏精度，脱除胶质、沥青质
闪点	馏分越轻闪点越低，轻组分含量越多闪点越低	蒸馏切割馏程合适的馏分，并汽提脱除轻组分

综合分析可知，润滑油的理想组分是异构烷烃、少环长侧链的环状烃；非理想组分是胶质、沥青质、多环短侧链以及大分子链状烃。

1.基础油种类

润滑油基础油主要分为矿物基础油、合成基础油及动植物基础油三大类。矿物基础油应用广泛，用量很大，但有些应用场合用矿物基础油调配的产品已不能满足使用要求，则必须使用合成基础油调配的产品，因而使合成基础油得到迅速发展。动植物基础油生物降解性好，能作为环保要求高的基础油使用。

（1）矿物基础油　所谓矿物基础油，就是以原油的减压馏分或减压渣油为原料，并根据需要经过脱沥青、脱蜡和精制等过程而制得的润滑油基础油。根据加氢程度的不同，可得到黏度指数、氧化稳定性、倾点、挥发性指标不同的基础油。尽管目前生产的基础油在很多性能方面已有很大改善，但在蒸发损失、高温稳定性、氧化稳定性、倾点、抗磨性等方面仍无法与合成基础油相比。

（2）合成基础油　合成润滑油一般是由低分子组分经过化学合成而制备的较高分子的化合物。因为合成基础油的每一个品种是单一的纯物质或同系物的混合物，构成合成基础油的元素除碳、氢之外，还包括氧、硅、磷和卤素等。在碳氢结构中引入含有这些元素的官能团是合成基础油的特征，所以与矿物基础油相比，合成基础油具有优良的耐高温性能、优良的低温性能、良好的黏温性能、低的挥发损失、难燃性等独特的使用性能。

常用的合成基础油有烷基苯、聚丁烯、合成酯、聚醚、磷酸酯、聚乙二醇等。

（3）动植物基础油　这是人类最早使用的润滑剂。作为润滑剂的动植物油脂主要是植物油，如菜籽油、蓖麻油、花生油、葵花籽油等，其优点是油性好，生物降解性好，缺点是氧化安定性和热稳定性较差，低温性能不够好。随着石油资源的逐渐短缺和环保要求的日益严格，人们又重新重视动植物油脂作为润滑材料的开发应用，并希望通过化学方法改善其热氧化安定性和低温性能，成为未来替代矿物润滑油的重要润滑材料。

2.基础油的分类及代号

（1）API 分类法　美国石油学会（API）和欧洲润滑油工业技术协会（ATIEL）根据基础油组成的主要特性把基础油分成 5 类，见表 4-3。

表 4-3　API 和 ATIEL 基础油分类

类别 \ 指标	饱和烃含量/%	硫含量/%	黏度指数（VI）
Ⅰ	<90	>0.03	80≤VI<120
Ⅱ	≥90	≤0.03	80≤VI<120
Ⅲ	≥90	≤0.03	≥120
Ⅳ	聚 α-烯烃（PAO）		
Ⅴ	不包含在Ⅰ、Ⅱ、Ⅲ、Ⅳ内的其他所有油品		

Ⅰ类基础油通常是由传统的"老三套"工艺生产制得的，有较高的硫含量和不饱和烃（主要是芳烃）含量，饱和烃含量低。

Ⅱ类基础油是通过组合工艺（溶剂工艺和加氢工艺）制得的，其硫、氮含量和芳烃含量较低，烷烃（饱和烃）含量高，热安定性和抗氧化性好，低温和烟炱（烟凝积成的黑灰）分散性能均优于Ⅰ类基础油。

Ⅲ类基础油是用全加氢工艺制得的，其不仅硫、芳烃含量低，而且黏度指数很高，挥发性低。

Ⅳ类基础油为聚 α-烯烃（PAO）合成基础油，用石蜡分解法和乙烯聚合法制得，其倾点极低，通常在-40℃以下，黏度指数高，但边界润滑性差。

Ⅴ类基础油则是除Ⅰ～Ⅳ类以外的其他合成油（如合成烃类、酯类、硅油、植物油、再生基础油等）。

21 世纪对润滑油基础油的技术要求主要有热氧化安定性好、低挥发性、高黏度指数、低硫/无硫、低黏度、环境友好。传统的"老三套"工艺生产的Ⅰ类润滑油基础油已不能满足润滑油的这种要求，加氢法生产的Ⅱ或Ⅲ类基础油和合成基础油将成为市场主流。

（2）我国润滑油基础油的分类　对于从原油制取的润滑油基础油，我国原来是按原油类别将其分为石蜡基基础油系列、中间基基础油系列和环烷基基础油系列。但基础油的性质不仅与原油的基属有关，很大程度上还与基础油的加工方法有关。因此，我国目前采用一种润滑油基础油的新的分类方法。这种分类方法是根据黏度指数将基础油分为超高黏度指数（UHVI）、很高黏度指数（VHVI）、高黏度指数（HVI）、中黏度指数（MVI）以及低黏度指数（LVI）基础油。各类基础油的代号见表 4-4。

表 4-4　润滑油基础油分类及代号

项目 类别		超高黏度指数 VI≥140	很高黏度指数 140＞VI≥120	高黏度指数 120＞VI≥90	中黏度指数 90＞VI≥40	低黏度指数 VI＜40
通用基础油		UHVI	VHVI	HVI	MVI	LVI
专用基础油	低凝	UHVIW	VHVIW	HVIW	MVIW	—
	深度精制	UHVIS	VHVIS	HVIS	MVIS	—

习惯上，将从减压馏分油制取的基础油称为中性油，从减压渣油制取的基础油称为光亮油。每类中性油按其黏度等级分为若干牌号，如 HVI350、MVIS75 等，其牌号中的数字表示 37.5℃（100℉）的赛氏黏度（s）的大约值。每类光亮油也按其黏度分为若干牌号，如 HVIW120BS、MVIS90BS 等，其牌号中的数字表示 98.9℃（210℉）赛氏黏度（s）的大约值。

（二）添加剂

润滑油的基础油具备了润滑油的基本特征和某些使用性能，但仅仅依靠润滑油的加工技术，并不能生产出各种性能都符合使用性能要求的润滑油。为了弥补和改善基础油性能方面的不足，并赋予润滑油一些新的性能，在润滑油中加入各种功能不同的添加剂，常用的有清净分散剂、黏度指数改进剂、抗氧抗腐蚀剂、极压抗磨剂、抗泡沫剂等。添加剂的使用，不仅满足了各种新型机械和发动机的要求，而且延长了润滑油的使用寿命。

三、润滑油的基本性质

润滑油要起到润滑作用，则必须具备两种性能，一种是油性，润滑油要与金属表面结合形成一层牢靠的润滑油分子层，即润滑油要与金属表面有较强的亲和力；另一种是黏性，这样润滑油才能保持一定厚度液体层将金属表面完全隔开。除此之外，根据润滑油的组成性能、工作环境、所起的作用等，润滑油还要具备其他更广泛的性能。

润滑油的基本性质包括一般理化性质、使用性能等。

1.一般理化性质

每一类润滑油、脂都有其共同的一般理化性质（physicochemical property），是衡量和评价润滑油、脂特性的指标。对润滑油来说，常用和基本的物理性质主要有：外观、密度、黏度、黏度指数、闪点、凝点和倾点等；常用和基本的化学性质（组成）主要有：酸值、水分、机械杂质、灰分或硫酸灰分、残炭等。由于润滑油组成极其复杂，因此这些理化性质必须选择、设计及规定相应的试验方法进行测定。润滑油一般理化性质见表 4-5。

表 4-5 润滑油一般理化性质

名称	表征润滑油性能的含义	试验方法
外观	油品的颜色，往往可以反映其精制程度和稳定性。对于基础油来说，一般精制程度越高，其烃的氧化物和硫化物脱除得越干净，颜色也就越浅。但是，即使精制的条件相同，不同油源和基属的原油所生产的基础油，其颜色和透明度也可能是不相同的	
密度	密度是润滑油最简单、最常用的物理性能指标。润滑油的密度随其组成中碳、氧、硫的含量的增加而增大，因而在相同黏度或相同分子量的情况下，含芳烃、胶质和沥青质多的润滑油密度最大，含环烷烃多的居中，含烷烃多的最小	
黏度	黏度是润滑油的主要技术指标，绝大多数的润滑油是根据其黏度的大小来划分牌号的。在未加任何功能添加剂的前提下，黏度越大，形成油膜的厚度与强度越高，流动性越差，内摩擦力越大；黏度越小，形成油膜越薄，不能形成有效的液体润滑。因此，要求润滑油的黏度在一定范围内	GB/T 265
黏度指数	黏度指数表示油品黏度随温度变化的程度。润滑油工作环境往往变化较大，如发动机冷车启动时接近环境温度，而正常工作时局部温度可达 300℃ 左右。要求低温时黏度不能过大，便于启动；高温时黏度不能太小，起到足够的润滑作用。黏度指数越高，表示油品黏度受温度的影响越小，其黏温性能越好；反之越差	GB/T 1995
闪点	闪点是表示油品蒸发性的一项指标。油品的馏分越轻，蒸发性越大，其闪点也越低；反之，油品的馏分越重，蒸发性越小，其闪点也越高。同时，闪点又是表示石油产品着火危险性的指标。油品的危险等级是根据闪点划分的，闪点在 45℃ 以下为易燃品，45℃ 以上为可燃品，在油品的储运过程中严禁将油品加热到它的闪点温度。在黏度相同的情况下，闪点越高越好。因此，应根据使用温度和润滑油的工作条件进行润滑油的选择。一般认为，闪点比使用温度高 20～30℃，即可安全使用	GB/T 3536
凝点和倾点	润滑油的凝点是表示润滑油低温流动性的一个重要质量指标。对于生产、运输和使用都有重要意义。凝点高的润滑油不能在低温下使用；相反，在气温较高的地区则没有必要使用凝点低的润滑油。润滑油的凝点越低，其生产成本越高。一般来说，润滑油的凝点应比使用环境的最低温度低 5～7℃。但是特别提及的是，在选用低温使用的润滑油时，应结合油品的凝点、低温黏度及黏温特性全面考虑。因为低凝点的油品，其低温黏度和黏温特性亦有可能不符合要求。 凝点和倾点都是油品低温流动性的指标，两者无原则的差别，只是测定方法稍有不同。同一油品的凝点和倾点并不完全相等，一般倾点都高于凝点 2～3℃，但也有例外	GB/T 510 GB/T 3535
酸值	中和 1g 油品中酸性物质所需的氢氧化钾质量（以 mg 计）称为酸值，酸值的大小反映润滑油在使用过程中被氧化变质的程度，对其使用影响很大。酸值大，说明油品中的有机酸含量高，可能会对机械设备造成腐蚀。酸值是多种润滑油使用过程中质量变化的监控指标之一	GB 264
水分	水分是指润滑油中含水量的百分数，通常是质量分数。润滑油中水分的存在，会破坏润滑油形成的油膜，使润滑效果变差，加速有机酸对金属的腐蚀作用，锈蚀设备，使油品容易产生沉渣。水分还造成机械设备的锈蚀，并导致润滑油添加剂的失效，使油品的低温流动性变差，甚至结冰、堵塞油路，妨碍润滑油的循环及供应。总之，润滑油中水分越少越好	GB/T 260
机械杂质	机械杂质是指存在于润滑油中不溶于汽油、乙醇和苯等溶剂的沉淀物或胶状悬浮物。这些杂质大部分是砂石和铁屑之类，以及由添加剂带来的一些难溶于溶剂的有机金属盐。通常，润滑油基础油的机械杂质都控制在 0.005% 以下（机械杂质在 0.005% 以下被认为是无杂质）	GB/T 511
灰分 或硫酸灰分	灰分是指在规定条件下，灼烧后剩下的不燃烧物质。灰分的组成一般认为是一些金属元素及其盐类。灰分对不同的油品具有不同的概念，对基础油或不加添加剂的油品来说，灰分可用于判断油品的精制深度。对于加有金属盐类添加剂的油品（新油），灰分就成为定量控制添加剂加入量的指标。国外采用硫酸灰分代替灰分，其方法是：在油样燃烧后灼烧灰化之前加入少量浓硫酸，使添加剂的金属元素转化为硫酸盐	GB 508
残炭	油品在规定的实验条件下，受热蒸发和燃烧后形成的焦黑色残留物称为残炭。残炭是判断润滑油的性质和精制深度而规定的项目。形成残炭的主要物质有胶质、沥青质及多环芳烃。油品精制越深，其残炭值越小。一般讲，空白基础油的残炭值越小越好。现在，许多油品都含有金属、硫、磷、氮元素的添加剂，它们的残炭值很高，因此含添加剂油的残炭值已失去残炭测定的本来意义	GB 268 SH/T 0170

2.使用性能

使用性能是指润滑油除了上述一般理化性质之外，每一种润滑油还应具有表征其使用特性的特殊性质。但也有很多性能是普遍适用大多数润滑油的，某个使用性能对不同润滑油只是侧重点和数据的大小不同而已。越是质量要求高，或是专用性强的油品，其使用性能就越突出。润滑油使用性能指标见表4-6。

表 4-6　润滑油使用性能指标

主要性能	对润滑油产品的影响和意义	试验方法
氧化安定性	氧化安定性是润滑油在实际使用、储存和运输中氧化变质或老化倾向的重要特性。氧化安定性差，易氧化生成有机酸，造成设备的腐蚀。润滑油氧化造成黏度增大，流动性变差，同时还生成沉淀、胶质和沥青质，这些物质沉淀于机械零件上，恶化散热条件，堵塞油路，增加摩擦磨损，造成一系列恶果	SH/T 0196 SH/T 0259
热安定性	热安定性表示油品的耐高温能力，也就是润滑油对热分解的抵抗能力，即热分解温度。现在对一些高质量的抗磨液压油、压缩机油等都提出了热安定性的要求。油品的热安定性主要取决于基础油的组成，很多热分解温度较低的添加剂往往对油品热安定性有不利影响；抗氧剂也不能明显地改善油品的热安定性	
油性、极压性	油性是润滑油中的极性物质在摩擦部位金属表面上形成坚固的理化吸附膜，从而起到耐高负荷和抗摩擦磨损的作用。而极压性则是润滑油的极性物质在摩擦部位金属表面上，受高温、高负荷发生摩擦化学作用分解，并和表面金属发生摩擦化学反应，形成低熔点（或称具有可塑性的）的软极压膜，从而起到耐冲击、耐高负荷及高温的润滑作用	
腐蚀和锈蚀	由于油品的氧化或添加剂的作用，常常会造成钢和其他有色金属的腐蚀。腐蚀试验一般是将紫铜条放入油中，在 100℃下放置 3h，然后观察铜的变化。在水和水汽作用下，钢表面会产生锈蚀。测定防锈性是将 30mL 蒸馏水或人工海水加入300mL 试油中，再将钢棒放置其内，在 54℃下搅拌 24h，然后观察钢棒有无锈蚀。油品应该具有抗金属腐蚀和防锈蚀作用，在工业润滑油标准中，这两个项目通常都是必测项目	GB/T 5096 GB/T 11143
抗泡性	润滑油在运转过程中，由于有空气存在，常会产生泡沫，尤其是当油品中含有具有表面活性的添加剂时，则更容易产生泡沫，而且泡沫还不易消失。润滑油使用中产生泡沫会破坏油膜，使摩擦面发生烧结或增加磨损，并促进润滑油氧化变质，还会造成润滑系统气阻，影响润滑油循环	GB/T 12579
水解安定性	水解安定性表征油品在水和金属（主要是铜）作用下的稳定性，当油品酸值较高，或含有遇水易分解成酸性物质的添加剂时，常会使此项指标不合格。它的测定方法是将试油加入一定量的水之后，在一定温度下和铜片混合搅动一定时间，然后测水层酸值和铜片的失重	
抗乳化性	工业润滑油在使用中常常不可避免地要混入一些水，如果润滑油的抗乳化性不好，它将与混入的水形成乳化液，使水不易从循环油箱的底部放出，从而可能造成润滑不良。因此抗乳化性是工业润滑油的一项很重要的理化性能	GB/T 7305 GB/T 8022
橡胶密封性	在液压系统中以橡胶为密封件者居多，在机械中的油品不可避免地要与一些密封件接触，橡胶密封性不好的油品可使橡胶溶胀、收缩、硬化、龟裂，影响其密封性，因此要求油品与橡胶有较好的适应性	SH/T 0305 SH/T 0436
剪切安定性	加入增黏剂的油品在使用过程中，由于机械剪切的作用，油品中的高分子聚合物被剪断，使油品黏度下降，影响正常润滑。因此剪切安定性是这类油品必测的特殊理化性能	
溶解能力	溶解能力通常用苯胺点来表示。不同级别的油对复合添加剂的溶解极限苯胺点是不同的，低灰分油的极限值比过碱性油要大，单级油的极限值比多级油要大	
挥发性	基础油的挥发性对润滑油的黏度稳定性、氧化安定性影响较大。这些性质对多级油和节能油尤其重要	
电气性能	电气性能是绝缘油的特有性能，主要有介质损耗角、介电常数、击穿电压、脉冲电压等。基础油的精制深度、杂质、水分等均对油品的电气性能有较大的影响	

第三节　润滑油的使用要求与质量标准

一、内燃机润滑油

内燃机在做机械运动时，其活塞与缸套、曲轴连杆及轴承都需要润滑油进行润滑，这种润滑油统称为内燃机润滑油，简称内燃机油，也称为发动机润滑油或曲轴箱油，是润滑油中最主要的品种，其产量几乎占到润滑油总量的一半，并且属于技术密集、产品更新换代速度快的一类。

内燃机油包括汽油机油、柴油机油、活塞式航空发动机油、二冲程汽油机油、船用发动机油和铁路机车柴油机油等。以下重点介绍汽油机油和柴油机油，这两种润滑油是工业和交通运输业应用最多的。

（一）内燃机油的工作特点及性能要求

1.内燃机润滑系统

内燃机润滑系统见图 4-4（a），它是由下曲轴箱、润滑油泵、润滑油散热器、粗滤清器、细滤清器及油管等组成。

润滑油储存在下曲轴箱内。发动机工作时，润滑油泵将润滑油从集滤器吸上，经粗滤清器后分成两路：一路占出油量 90%～95%的润滑油进入主油道；另一路占出油量 5%～10%的润滑油经细滤清器后，回到下曲轴箱。进入主油道的润滑油，又分成两路：一路进入主轴承，再进入连杆轴承，然后从连杆大端的小孔喷溅到气缸壁、活塞销、气门室等部位，完成上述部位润滑任务的润滑油，流回下曲轴箱；另一路进入凸轮轴轴承，润滑后也流回下曲轴箱。润滑油在润滑系统中的循环过程如图 4-4（b）。

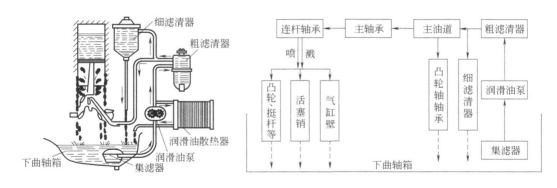

(a) 内燃机润滑系统　　　　　　　　　　　(b) 润滑油在润滑系统中的循环过程

图 4-4　润滑油内燃机润滑系统中的循环

2.内燃机的工作特点

随着内燃机向高速和大功率的方向发展，它的工作条件越来越苛刻，其主要特点如下：

（1）温度高、温差大　内燃机的温度直接受燃料燃烧和摩擦所产生热量的影响。内燃机运行时，各工作区的温度都较高，如活塞顶部、气缸盖和气缸壁的温度为 250～300℃；活塞前部温度为 110～150℃；主轴承、曲轴箱油温为 85～95℃，尤其在曲轴箱变小后，油温可高达 120℃左右。另外，在冬季条件下温度较低，内燃机的运行温度和环境温度差别较大。

（2）运动速度快　内燃机曲轴转速多为 1500～4800r/min，活塞的平均线速度达 8～10m/s，在摩擦表面形成润滑油膜十分困难。再加上润滑油被燃料稀释，使气缸壁与活塞之间经常处于边界润滑状态，严重时会导致摩擦表面出现黏结和烧结现象。

（3）轴承负荷大　现代内燃机的功率高，因而运动摩擦副所受的负荷很大，如连杆轴承负荷为 7.0～24.5MPa，而主轴承负荷为 5.0～12.0MPa。有时连杆轴承还要承受冲击负荷。

（4）受环境因素的影响大　内燃机在进气过程中吸入的大气尘埃和燃料燃烧生成的废气、固态物质及润滑油氧化生成的积炭、漆膜和油泥等沉积物，都会加速摩擦表面的磨损与腐蚀，而影响零部件的使用寿命。

3.对内燃机油的性能要求

针对以上内燃机的工作特点，对内燃机油的主要性能要求如下。

（1）良好的供油性能　外界润滑油加入曲轴箱；曲轴箱中润滑油要通过集滤器、润滑油泵送至各润滑点，都涉及润滑油的供油问题。而润滑油的供油问题主要涉及油的黏性和低温流动性能，相关评定指标主要有运动黏度、低温黏度、边界泵送温度、倾点等。

另外，内燃机油由于快速循环和飞溅，必然会产生泡沫。如果泡沫太多或泡沫不能及时消除，将会造成摩擦表面供油不足，以致破坏正常的润滑。

（2）良好的润滑性能　对于内燃机油的润滑性能，主要要求润滑油具有适当的黏度、良好的黏温性能和抗磨性能。

对于一般负载的内燃机，内燃机油在 100℃条件下的黏度为 10mm²/s、黏度指数在 90 以上为宜。若黏度过低，则摩擦副得不到良好润滑，而产生磨损。如黏度在 6mm²/s 以下（含有增黏剂，在 4.5～6mm²/s）时，则连杆轴承磨损明显增加。若黏度过高，内燃机低温冷启动困难，机油泵送性变差，功率损失增加，甚至产生干摩擦。为适应内燃机工作温度范围，内燃机油不仅需具有适当的黏度，而且必须具有良好的黏温性能。

内燃机的轴承负荷重及气缸壁上油膜的保持性很差，这就要求内燃机油具有良好的油性和极压性能。通常内燃机油中都加有抗磨剂和油性剂或极压添加剂。

（3）良好的安定性能　内燃机油在生产、储存及使用过程中涉及的安定性能主要为抗热、氧化、剪切等安定性能，以及热、氧化产物的清净分散性能。

在发动机工作温度下，由于金属的催化作用和高温，内燃机油被空气氧化产生氧化、聚合、缩合等产物，如酸性物质、漆膜、油泥和积炭等，而使油品的润滑性能变差，甚至丧失；同时由于漆膜和积炭的生成，不仅使发动机气缸过热，活塞环密封性下降，而且使发动机的功率损失增大。为使润滑油具有抑制氧化的能力，要选择适宜的基础油和添加剂，以提高其抗氧化安定性能。

内燃机油应具有良好的清净分散作用，使氧化产物在油中处于悬浮分散状态，不致堵塞油路、滤清器及聚结在发动机的高温部位继续氧化而生成漆膜、积炭，导致活塞环黏结、磨损加剧，直至发动机停止运转。为此，内燃机油中都加有金属清净剂和无灰分散剂，以提高其清净分散性能。

（4）对设备危害性小　内燃机油对设备的危害性，主要涉及润滑油对设备金属材质的腐蚀和锈蚀以及对合成材料的溶胀。

现代内燃机的主轴承和曲轴轴承，均使用机械强度较高的耐磨合金，如铜铅、镉银、锡青铜或铅青铜等。油品含有的或在氧化过程中、燃料燃烧过程中生成的酸性物质，对这些合金有很强的腐蚀作用。为此，要求在油品中添加抗氧抗腐蚀剂，以阻止氧化的进行及中和已经生成的有机酸和无机酸。

（5）对环境的危害性小　内燃机油对环境危害性，主要涉及润滑油基础油中所含的硫、氮、氧化合物及添加剂等对环境有害组分造成的影响。

（二）内燃机油分类

内燃机油根据使用内燃机类型分为汽油机油和柴油机油，汽油机油又分为四冲程和二冲程机油；柴油机油分为柴油机油和农用柴油机油。对于某一指定内燃机油我国采用国际上通用的 API（American Petroleum Institute）性能（质量等级），SAE（Society of Automotive Engineers）黏度（黏度等级）再进行分类。内燃机油分类原则可简单描述为：根据性能（质量）定等级，依据黏度定牌号。

1.质量等级

内燃机油的质量等级分类，国际上通常采用 API 分类。《内燃机油分类》（GB/T 28772—2012）根据产品特性、使用场合和使用对象确定了汽油机油、柴油机油详细分类及代号。在《内燃机油分类》标准中，"S"代表汽油机油，"C"代表柴油机油（农用柴油机油除外）。

在内燃机油中还有一类既可用于汽油机又可用于柴油机的产品，它们称为通用内燃机油，其牌号可用 SC/CC、SD/CC、SE/CD 等表示。此类通用内燃机油的性能全面、适应面宽，可简化油品管理、方便使用。

GB/T 28772—2012 规定，汽油机油分为 SE、SF、SG、SH/GF-1、SJ/GF-2、SL/GF-3、SM/GF-4 和 SN/GF-5 等质量等级，其中 GF-1、GF-2、GF-3、GF-4 和 GF-5 是节能汽油机油，其特性和使用场合见表 4-7；柴油机油分为 CC、CD、CF、CF-2、CF-4、CG-4、CH-4、CI-4 和 CJ-4 等质量等级，其特性和使用场合见表 4-7。无论汽油机油还是柴油机油，其质量等级

表 4-7　内燃机油质量分类（GB/T 28772—2012）

机油名称	品种代号	特性和使用场合
汽油机油	SE	用于轿车或某些货车的汽油机以及要求使用 API SE、SD 级油的汽油机，此种油品的抗氧化及控制汽油机高温沉积物、锈蚀和腐蚀性能优于 SD 或 SC，并可代替 SD 或 SC
	SF	用于轿车或某些货车的汽油机以及要求使用 API SF、SE、SD 级油的汽油机，此种油品的抗氧化及抗磨损性能优于 SE，还具有控制汽油机沉积物、锈蚀和腐蚀性能，并可代替 SE、SD 或 SC
	SG	用于轿车、货车或轻型卡车的汽油机以及要求使用 API SG 级油的汽油机，此种油品改进了 SF 级油控制发动机沉积物、磨损和油的氧化性能，具有抗锈蚀和腐蚀性能，并可代替 SF、SF/CD、SE 或 SE/CC
	SH /GF-1	用于轿车、货车或轻型卡车的汽油机以及要求使用 API SH 级油的汽油机。此种油品在控制发动机沉积物、油的氧化、磨损、锈蚀和腐蚀等方面的性能优于 SG，并可代替 SG GF-1 与 SH 相比，增加了对燃料经济性的要求
	SJ /GF-2	用于轿车、动力型多用途汽车、货车和轻型卡车的汽油机以及要求使用 API SJ 级油的汽油机。此种油品在挥发性、过滤性、高温泡沫性和高温沉积物控制等方面的性能优于 SH，并可替代 SH 和 SH 以前的"S"系列等级使用 GF-2 与 SJ 相比，增加了对燃料经济性的要求，GF-2 可替代 GF-1

机油名称	品种代号	特性和使用场合
汽油机油	SL /GF-3	用于轿车、动力型多用途汽车、货车和轻型卡车的汽油机以及要求使用 API SL 级油的汽油机。此种油品在挥发性、过滤性、高温泡沫性和高温沉积物控制等方面的性能优于 SJ，并可替代 SJ 和 SJ 以前的"S"系列等级使用。 GF-3 与 SL 相比，增加了对燃料经济性的要求，GF-3 可替代 GF-2
	SM /GF-4	用于轿车、动力型多用途汽车、货车和轻型卡车的汽油机以及要求使用 API SM 级油的汽油机。此种油品在高温氧化和清净性能、低温油泥以及高温沉积物控制等方面的性能优于 SL，并可替代 SL 和 SL 以前的"S"系列等级使用。 GF-4 与 SM 相比，增加了对燃料经济性的要求，GF-4 可替代 GF-3
	SN /GF-5	用于轿车、动力型多用途汽车、货车和轻型卡车的汽油机以及要求使用 API SN 级油的汽油机。此种油品在高温氧化和清净性能、低温油泥以及高温沉积物控制等方面的性能优于 SM，并可替代 SM 和 SM 以前的"S"系列等级使用。对于资源节约型的 SN 油品，除具有上述性能外，强调燃料经济性、对排放系统和涡轮增压器的保护以及乙醇含量高达 85% 的燃料的兼容性能。 GF-5 与资源节约型 SN 相比，性能基本一致，GF-5 可代替 GF-4 使用
柴油机油	CC	用于中及重负荷下的非增压、低增压或增压式柴油机，包括一些重负荷下的汽油机，对于柴油机具有控制高温沉积物和轴瓦腐蚀的性能；对于汽油机具有控制锈蚀、腐蚀和高温沉积物的性能
	CD	用于需要高效控制磨损及沉积物或使用包括高硫燃料非增压、低增压或增压式柴油机以及国外要求使用 API CD 级柴油发动机，具有控制轴承腐蚀和高温沉积物的性能，可代替 CC 级油
	CF	用于非道路间接喷油式柴油机和其他柴油机，也可用于需有效控制活塞沉积物、磨损和含铜轴瓦腐蚀的自然吸气、涡轮增压和机械增压式柴油机。能够使用硫的质量分数大于 0.5% 的高硫燃料，并可代替 CD
	CF-2	用于需高效控制气缸、环表面胶合和沉积物的二冲程柴油发动机，并可替代 CD-Ⅱ
	CF-4	用于高速、四冲程柴油机及要求使用 API CF-4 级油柴油机。特别使用于高速公路行驶的重负荷卡车。此种油品在机油消耗和活塞沉积物控制等方面的性能优于 CE 并可替代 CE、CD 和 CC
	CG-4	用于可在高速公路和非道路使用的高速、四冲程柴油发动机，能够使用硫的质量分数小于 0.05%～0.5% 的柴油燃料。此种油品可有效控制活塞沉积物、磨损、腐蚀、泡沫、氧化和烟炱的累积，并可代替 CF-4、CE、CD 和 CC
	CH-4	用于高速、四冲程柴油发动机，能够使用硫的质量分数不大于 0.5% 的柴油燃料。即使在不利的应用场合，此种油品可凭借其在磨损控制、高温稳定性和烟炱控制方面的特性有效地保持发动机的耐久性；对于非铁金属的腐蚀、氧化和不溶物的增稠、泡沫性以及由于剪切所造成的黏度损失提供最佳保护。其性能优于 CG-4，并可替代 CG-4、CF-4、CE、CD 和 CC
	CI-4	用于高速、四冲程柴油发动机，能够使用硫的质量分数不大于 0.5% 的柴油燃料。此种油品在装有废气再循环装置的系统里使用可保持发动机的耐久性。对于腐蚀性和烟炱有关的磨损倾向、活塞沉积物以及由于烟炱所引起的黏温性变差、氧化增稠、机油消耗、泡沫性、密封材料的适应性降低和由于剪切所造成的黏度损失可提供最佳保护。其性能优于 CH-4，并可替代 CH-4、CG-4、CF-4、CE、CD 和 CC
	CJ-4	用于高速、四冲程柴油发动机，能够使用硫的质量分数不大于 0.05% 的柴油燃料；对于使用废气后处理系统的发动机，如使用硫的质量分数大于 0.0015% 的柴油燃料，可能会影响废气后处理系统的耐久性和/或机油的换油期。此种油品在装有微粒过滤器和其他后处理系统里使用可特别有效地保持排放控制系统的耐久性，对于催化剂中毒的控制、微粒过滤器堵塞、发动机磨损、活塞沉积物、高低温稳定性、烟炱处理特性、氧化增稠、泡沫性和由于剪贴所造成的黏度损失可提供最佳保护。其性能优于 CI-4，并可替代 CI-4、CH-4、CG-4、CF-4、CE、CD 和 CC
农用柴油机油		用于以单缸柴油机为动力的三轮汽车（原三轮农用运输车）、手扶拖拉机等，还可用于其他以单缸柴油机为动力的小型农机具，如抽水机、发电机等。具有一定的抗氧、抗磨性能和清静分散性能

以 A、B、C、…为序号，序号越靠后质量等级越高。

2.黏度等级

黏度是润滑油的主要物理化学性质，也是润滑油的一个基本性能指标。在实际应用中，机械相对运动时的摩擦热、摩擦损失、磨损、密封性和泄漏等情况都与油品的黏度有密切关系。黏度分级就是以一定温度下的黏度范围来划定内燃机油的牌号。

国际上通用的内燃机油黏度分类是美国汽车工程师协会制定的黏度分类（SAE J300），将内燃机油的黏度分为 11 个级号，其黏度系列中 0W、5W、10W、15W、20W、25W 各号是以指定温度下最大低温黏度、最高边界泵送温度及 100℃时最小黏度来划分的；不含 W 的黏度系列中 20、30、40、50、60 各号是以其 100℃运动黏度来划分的。

我国参考 SAE J300 制定了 GB/T 14906—2018 黏度分类，内燃机油的分类见表 4-8。

表 4-8　黏度等级分类

黏度等级	低温启动黏度 /mPa·s 不大于	低温泵送温度（无屈服应力）/℃不大于	运动黏度（100℃）/(mm²/s)不小于	运动黏度（100℃）/(mm²/s)小于	高温高剪贴黏度（150℃）/mPa·s 不小于
试验方法	GB/T 6538	NB/SH/T 0562	GB/T 265	GB/T 265	SH/T 0751
0W	6200（−35℃）	60000（−40℃）	3.8	—	—
5W	6600（−30℃）	60000（−35℃）	3.8	—	—
10W	7000（−25℃）	60000（−30℃）	4.1	—	—
15W	7000（−20℃）	60000（−25℃）	5.6	—	—
20W	9500（−15℃）	60000（−20℃）	5.6	—	—
25W	13000（−10℃）	60000（−15℃）	9.3	—	—
8	—	—	4.0	6.1	1.7
12	—	—	5.0	7.1	2.0
16	—	—	6.1	8.2	2.3
20	—	—	6.9	9.3	2.6
30	—	—	9.3	12.5	2.9
40	—	—	12.5	16.3	3.5（0W-40,5W-40 和 10W-40 等级）
40	—	—	12.5	16.3	3.7（15W-40,20W-40 和 25W-40 和 40 等级）
50	—	—	16.3	21.9	3.7
60	—	—	21.9	26.1	3.7

这 15 个级号的油品，均为单级油，只能满足低温或高温条件使用，因而单级油的使用有明显的地区范围和季节的限制。如果油品能同时满足 2 个黏度等级，其黏度既符合低温黏度级号，又符合 100℃运动黏度级号的，通称为多级油。

单级油：如 SAE30 表示该油的 100℃运动黏度应在 9.3～12.5mm²/s 范围内，最小高温高剪切黏度不小于 2.9mm²/s，对低温性无要求。

多级油：如 SAE 15W-40 表示该油既符合 SAE40 黏度等级的要求，其 100℃运动黏度在 12.5～16.3mm²/s 范围内，最小高温高剪切黏度不小于 3.7mm²/s，又符合 SAE 15W 对低温性的要求，如在−20℃时最大冷启动黏度不大于 7000mPa·s，−25℃时无屈服应力的最大泵送黏度不超过 60000mPa·s，多级油可冬夏通用。

多级内燃机油与单级内燃机油主要区别在黏温特性，多级内燃机油黏度指数一般大于 130，而单级内燃机油黏度指数一般为 75～100。

3.内燃机油的种类及牌号

内燃机油牌号由质量等级、黏度等级及文字说明组成。在质量等级中，第一个字母"S"代表汽油机油，"C"代表柴油机油；第二个字母代表内燃机油质量等级；后面的数字代表黏度等级。

（1）汽油机油　按 GB 11121—2006 规定，汽油机油分为 SE、SF、SG、SH、SJ、SL 常规汽油机油产品 6 种，每个品种又分为 0W-20、0W-30、5W-20、5W-30、5W-40、5W-50、10W-30、10W-40、10W-50、15W-30、15W-40、15W-50、20W-40、20W-50、30、40 和 50 黏度等级 17 种（牌号）；GF-1、GF-2、GF-3 节能产品 3 个，涉及 0W-20、0W-30、5W-20、5W-30、10W-30 黏度等级 5 种（牌号）。

汽油机油标记范式：

　　　　　［质量等级］　　［黏度等级］　　［汽油机油］

例如：　　SJ　　　　　　40　　　　　　　汽油机油，SJ 40 汽油机油；

　　　　　SJ　　　　　　15W-40　　　　　汽油机油，SJ 15W-40 汽油机油；

　　　　　GF-3　　　　　10W-30　　　　　汽油机油，GF-3 10W-30 汽油机油；

　　　　　SL/GF-3　　　 10W-30　　　　　汽油机油，SL/GF-3 10W-30 汽油机油。

（2）柴油机油　按 GB 11122—2006 规定，柴油机油分为 CC、CD、CF、CF-4、CH-4 和 CI-4 6 个品种，分为 20 个黏度等级（牌号），分别是 0W-20、0W-30、0W-40、5W-20、5W-30、5W-40、5W-50、10W-30、10W-40、10W-50、15W-30、15W-40、15W-50、20W-40、20W-50、20W-60、30、40、50 和 60。

柴油机油标记范式：

　　　　　［质量等级］　　［黏度等级］　　［汽油机油］

例如：　　CI-4　　　　　40　　　　　　　柴油机油，CI-4 40 柴油机油；

　　　　　CI-4　　　　　15W-40　　　　　柴油机油，CI-4 15W-40 柴油机油。

（3）通用机油　柴油机油和汽油机油虽然都用在内燃机上，但品质上有一定差别。汽油车特别是轿车，负荷较小，而且经常开开停停，常在较低温度下工作，润滑油容易在曲轴箱中生成沉淀，所以要求汽油机油有较好的低温分散性。柴油车的负荷较大，经常是连续工作，气缸、活塞区域的温度很高，容易在气缸中生成积炭，在活塞和活塞环槽中生成漆膜，所以要求柴油机油有较好的高温清净性。汽油机和柴油机通用油，既能满足汽油机的性能要求，又能满足柴油机的性能要求，要求其通过汽油机油的台架试验和柴油机油的台架试验。

通用内燃机油最早是为了方便汽油车和柴油车混合车队的用油需求而设计的，但是，随着内燃机热负荷越来越高，新型的高等级汽油机都要求使用具有高等级汽油机油性能，又具有相关的柴油机油性能的通用内燃机油，所以国外高等级的汽油机轿车大部分都使用通用内燃机油。

通用内燃机油产品的标记范式为：

　　　　　［汽油机油质量等级/柴油机油质量等级］　　［黏度等级］　　［通用内燃机油］

　或　　　［柴油机油质量等级/汽油机油质量等级］　　［黏度等级］　　［通用内燃机油］

例如：SJ/CF-4 15W-40 通用内燃机油、CF-4/SJ 15W-40 通用内燃机油。

SJ/CF-4 15W-40 通用内燃机油或 CF-4/SJ 15W-40 通用内燃机油表示其同时符合 SJ 汽油机油和 CF-4 柴油机油的全部质量指标。在黏度等级方面，低温黏度等级符合 SAE 15W 黏度等级的低温性要求，高温黏度等级符合 SAE 40 黏度等级的黏度范围。

（三）内燃机油的选用

内燃机选用润滑油，除了根据发动机的特点，考虑不同质量等级外，还必须根据使用地区的气候条件和季节气温的变化，选用适当的黏度等级。只有综合这两方面的情况，才能做到合理用油。内燃机油选用基本原则是：根据性能要求选质量等级，依据黏度要求选牌号。

1.质量等级选择

质量等级选择的原则是：根据内燃机的机械负荷和热负荷、内燃机制造商的推荐、工作条件的苛刻程度、机油容量、燃料性质等来确定。

（1）根据内燃机的机械负荷和热负荷选油　内燃机的机械负荷和热负荷越大，对润滑油的抗氧化安定性、清净分散性和抗磨性的要求越高，因此要求使用一定质量等级的润滑油。

内燃机的机械负荷和热负荷也是选用油的重要根据。如根据压缩比、发动机附设装置选择汽油机油质量等级，根据强化系数选择柴油机油质量等级。

（2）根据内燃机制造商的推荐选油　汽车制造商在汽车出厂时，都会对内燃机润滑油的使用作严格的试验，并在出厂说明书中推荐内燃机油，这是内燃机油选用的重要依据。但这仅仅是选油的一般原则，同时还需要考虑市场可供润滑油的质量水平和发动机使用的工况。

（3）根据工作条件的苛刻程度选油　在苛刻条件或恶劣环境下，必须按照上述原则选油，有时还要提高一个档次选油。国外规定了5种情况为苛刻工作条件，符合其中一条者，用油要考虑提高一个质量档次或缩短换油期。5种苛刻工作条件为：

① 汽车处于停停开开使用状态，如邮递车和出租车，易产生低温油泥；
② 长时期低温低速（温度0℃，速度16km/h以下）行驶，易产生低温沉积物；
③ 长时间在高温、高速下工作，特别是满载长距离行驶；
④ 2t以上的牵引车，满载长时间行驶；
⑤ 灰尘大的场所。

（4）根据机油容量及燃料性质选油　在同等条件下，内燃机油容量的大小直接影响单位时间内机油的循环次数，因而直接影响机油的氧化（老化）速度。机油容量大，机油的氧化速度慢，对机油质量要求可以低些；反之，对机油质量要求就比较高。

柴油质量差，含硫量高，对柴油机油的质量要求就苛刻。一般情况下，柴油含硫量大于0.5%时，应选用质量高一个等级的柴油机油。

2.黏度牌号选择

（1）根据地区、季节气温　冬季寒冷地区，应选用黏度小、倾点低的油或多级油。夏季或全年气温较高的地区，应选用黏度适当高些的油。

（2）根据载荷和转速　当车辆载荷高、转速低，摩擦副表面不易形成足够厚的油膜以保证润滑时，应选用黏度稍大的机油；而当车辆载荷低、转速高，摩擦副表面容易形成油膜时，应选用黏度稍低的机油以利于启动和节能。

（3）根据内燃机的磨损情况　新内燃机应选用黏度较小的油，而磨损大（间隙增大）的内燃机则应选用黏度较大的油。在保证润滑的条件下，应尽量选用低黏度油，特别是使用加有黏度指数改进剂的多级油。

二、齿轮油

齿轮传动是机械工程中的一个重要组成部分，用于传递运动和动力，改变运动方向和速度，其传递功率范围大，传动效率高，可传递任意两轴之间的运动和动力。运动和动力的传递是齿轮机构系统在每对啮合齿面的相互作用、相对运动中完成的，其间必然产生摩擦。为避免在齿轮工作面之间形成直接摩擦，需要润滑剂将工作面隔开，以保持齿轮机构的工效和延长使用寿命，用于润滑齿轮传动装置的润滑剂就是齿轮油。

（一）齿轮的工作特点及对齿轮油的使用性能要求

1.齿轮的类型

从齿轮润滑的角度，可将齿轮分为如下三种：

（1）正齿轮　见图 4-5（a）～（e），正齿轮、伞齿轮、斜齿轮、人字齿轮和螺旋伞齿轮容易在齿面上形成润滑油膜。

（2）涡轮螺杆　见图 4-5（f）。蜗轮蜗杆齿面相对滑动速度大，摩擦热大，较难解决润滑问题，须使用高黏度并含有摩擦改进剂和抗磨剂的齿轮油。

（3）双曲线齿轮　见图 4-5（g）。双曲线齿轮体积较小，传递的动力大，齿面相对滑动速度大，齿面上难以形成润滑油膜，是最难润滑的摩擦副之一，须使用加有高活性极压剂的齿轮油。近代汽车后桥传动装置多采用双曲线齿轮，须使用双曲线齿轮油，即重负荷车辆齿轮油。重负荷车辆齿轮油是润滑性要求最高的汽车齿轮润滑材料。

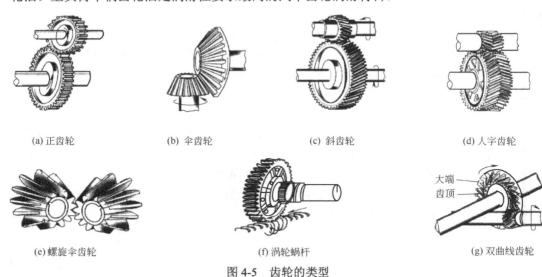

(a) 正齿轮　　　　　　(b) 伞齿轮　　　　　　(c) 斜齿轮　　　　　　(d) 人字齿轮

(e) 螺旋伞齿轮　　　　　　　　　(f) 涡轮蜗杆　　　　　　　　　(g) 双曲线齿轮

图 4-5　齿轮的类型

齿轮油是润滑油三大油品之一，虽然其用量远低于内燃机油和液压系统用油，但它广泛应用于车辆及工业部门的机械传动。我国每年消耗 10 万余吨，目前世界齿轮油的年需求量约 180 万吨。齿轮油包括工业齿轮油和车辆齿轮油两种。

2.齿轮润滑的方式

开式及半开式齿轮传动，或速度较低的闭式齿轮传动，通常由人工周期性加油润滑，所用润滑剂为润滑油或润滑脂。

通用的闭式齿轮传动，其润滑方法根据齿轮的圆周速度而定。当齿轮的圆周速度 $v<$ 12m/s 时，常将大齿轮的轮齿浸入油池中进行浸油润滑（见图4-6）。这样，齿轮在传动时，就把润滑油带到啮合的齿面上，同时也将油甩到箱壁上，借以散热。

当齿轮的圆周速度 $v>$ 12m/s 时，采用喷油润滑（见图4-7），即由油泵以一定的压力供油，借喷嘴将润滑油喷到轮齿的啮合面上。

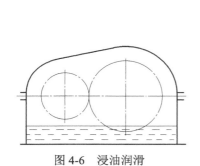

图4-6　浸油润滑

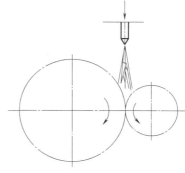

图4-7　喷油润滑

3.齿轮油润滑类型

由于齿轮工作状态和条件较为复杂，因此齿轮在工作状态下有不同润滑形式，大多数情况是不同润滑形式同时存在。

（1）流体动力润滑　在齿轮啮合过程中，保持一定厚度的润滑油层，将并不平滑的摩擦面完全隔开而不使其发生直接接触，此时为流体动力润滑。

（2）弹性流体润滑　当负荷增大时，啮合齿面发生弹性变化，润滑油黏度在压力下急剧增大。因而不会被完全挤出而迅速形成极薄的弹性流体动力膜，仍能将摩擦面完全隔开，此时为弹性流体润滑。

（3）边界润滑　当载荷继续增大时，齿面微小的凸起在运动中已不能由弹性流体膜隔开。此时承担润滑任务的是吸附在金属表面上的一层或几层分子构成的边界吸附膜，吸附现象的发生依赖于齿轮油中极性组分的分子。在高温高压下，边界吸附膜发生脱附，丧失润滑作用，此时要靠在齿面生成化学反应膜起润滑作用。以边界吸附膜（包括物理吸附和化学吸附）及化学反应膜完成润滑任务的状态叫作边界润滑状态。

4.齿轮的工作特点

（1）工作温度范围宽　汽车齿轮油的工作温度一般比发动机润滑油低，如汽车在气温36.8℃、满负荷以 40～60km/h 的速度行驶时，后轴齿轮箱的油温仅为 65～72℃。但装置双曲线齿轮的载重汽车在山区行驶时，后轴齿轮箱油温可达 110～120℃。而在启动时，油品的温度低，受气温的影响大，如寒区冬季，车辆在启动时齿轮油的温度可低到−20℃以下。如果齿轮油的低温性不好，就会使齿轮转动困难，车辆难以起步。

（2）齿面接触应力非常高　一般滑动轴承单位负荷压力最大不超过 100MPa，而一些重载机械的齿面应力可达 400～1000MPa，双曲线齿轮的齿面应力可达 1000～3000MPa。例如某车辆的双曲线齿轮，两齿轴线在空中交错，齿长方向仍是弧形，齿面载荷可高达 1.7GPa，冲击载荷可高达 2.8GPa，造成齿面接触压力高，且齿面以很高的速度滑移，发生强烈的摩擦，使得齿面局部温度骤升，很容易出现烧结、熔焊（胶合）等损伤。

（3）齿轮的当量曲率半径小，油楔条件差　齿轮的当量曲率半径小，难形成油楔，齿轮的每次啮合均须重新建立油膜，且啮合表面不相吻合，有滚动也有滑动，因此形成油膜的条件各异。

（4）齿轮润滑的断续性　由于齿面加工精度不高，润滑膜的建立是一个连续的过程，每次啮合都需重新建立油膜，在齿轮润滑过程中，流体动力润滑、弹性动力润滑与混合摩擦三种润滑方式同时存在，大部分齿轮工作是处于混合摩擦状态，因此容易引起磨损、擦伤和胶合。

（5）润滑状态对齿轮失效有较大影响　使用的润滑油黏度、润滑油的性能、润滑方式以及润滑油供应量对齿轮失效都有明显影响。齿轮润滑好坏还易受其他因素影响，如齿形的修整、箱体及轴的变形、材料的选取、热处理方法是否适当、装配及安装精度如何等。

5.齿轮油的使用性能要求

由齿轮的工作特点可知，齿轮油的主要作用就是在齿轮的齿与齿之间的接触面上形成牢固的吸附膜和化学反应膜，以保证正常的润滑及防止齿面间的咬合。

为了保证齿轮传动的正常运转，满足各种使用条件，发挥齿轮油的各种作用，对齿轮油提出以下性能要求。

（1）良好的供油性能　外界润滑油加入齿轮箱，齿轮箱中润滑油要通过齿轮浸油，或通过油泵输送到喷嘴，再由喷嘴喷入润滑点都涉及润滑油的供油问题。而有关润滑油的供油主要涉及油的黏性和低温流动性能。相关评定指标主要有运动黏度、低温黏度、边界泵送温度、倾点等。

齿轮运转中的剧烈搅动，或油循环系统的油泵、轴承等的搅动以及向油箱回流的油面过低等原因，都会使得油品产生泡沫。如果泡沫不能很快消失，会因油面升高从呼吸孔漏油，同时将影响齿轮啮合面油膜的形成，或堵塞油路，使供油量减少，冷却作用不够而引起齿轮损伤。这些现象都可能引起齿轮及轴承损伤。所以齿轮油应当泡沫生成少、消泡性好，即齿轮油应具有良好的抗泡沫性。

（2）良好的润滑性能　对于齿轮，主要要求润滑油具有适当的黏度，良好的黏温性、油性、极压性及抗磨性等性能。

黏度是齿轮油的主要质量指标，黏度越大其耐载荷能力越大，但黏度过大也会给循环润滑带来困难，增加齿轮运动的搅拌阻力，以致发热而造成动力损失。同时还由于黏度大的润滑油流动性差，对一度被挤压的油膜及时自动补偿修复较慢而增加磨损。因而黏度一定要合适，特别是加有极压抗磨剂的齿轮油，其耐载荷性能主要是靠极压抗磨剂来发挥，这类齿轮油更不能追求高黏度。

齿轮油应具有良好的黏温性能，以保证摩擦面高温下，齿轮油黏度不致降低太多，以形成足够厚的润滑油膜，防止摩擦面擦伤；低温下具有较好的流动性，保证齿轮转动时将足够量的油带到齿面及轴承，防止出现损伤。

润滑油分子在摩擦副上的吸附力称为油性。极压性是指润滑油在低速高负荷或高速冲击负荷条件下（摩擦面接触压力非常高，油膜容易破裂），即在边界润滑条件下，防止擦伤和烧结的能力。抗磨性是指润滑油在轻负荷和中等负荷条件下，即在流体润滑或混合润滑条件下，能在摩擦表面形成薄膜，防止磨损的能力。

（3）良好的安定性能　齿轮油在生产、储存及使用过程中涉及的安定性能主要为抗热、氧化、剪切等安定性能。

齿轮油工作时被激烈搅动与空气充分接触，加上水分、杂质和金属的作用，使其很容易被氧化造成黏度增加，产生氧化物或油泥。而黏度增加会使冷却效果和供油性下降，氧化物是造成磨损的原因，而且从节能和维护的观点出发，希望尽可能延长换油期，因此要求齿轮油具有良好的热安定性和氧化安定性。

提高油品抗氧化安定性的一个主要途径是加抗氧剂，基础油精制程度越高，抗氧化剂的作用就会越显著。

齿轮油黏度变化的发生是齿轮啮合运动所引起的剪切作用的结果，特别是重载荷条件下，最容易受剪切影响的成分是聚合物，如黏度指数改进剂。因此齿轮油中使用的黏度指数改进剂必须有良好的抗剪切安定性，以保证齿轮油在使用过程黏度基本保持不变。

（4）对设备危害性小　齿轮油对设备危害性，主要涉及设备金属材质的腐蚀和锈蚀及对密封材料的溶胀。

齿轮油的腐蚀性来源于油中的酸性物质，无机酸和低分子有机酸对齿轮有很强的腐蚀性，金属中以铅、铜等有色金属及合金对酸性腐蚀最敏感。另外由于齿轮油中含有极压添加剂，化学活性强，低温下容易与金属表面发生反应造成腐蚀。齿轮油在使用过程中会发生分解或氧化变质产生酸类和胶质，特别是与水接触时容易产生腐蚀和锈蚀，因此齿轮油中要加入防锈防腐剂以提高其防锈防腐性能。

齿轮油中由于有基础油和极压抗磨剂等，会造成密封材料溶胀、硬化，因而机械强度、密封性能和使用寿命下降。伴随着密封材料的密封性能下降，会使齿轮油因泄漏而油量不足，以及外部异物进入齿轮传动面和轴承而造成损伤。泄漏出来的齿轮油如果接触到制动器或轮胎等机件后，会因发生滑动而危及行车安全。所以齿轮油与密封材料必须有很好的相容性——配伍性。

（5）对环境的危害性小　齿轮油对环境危害性，主要涉及润滑油基础油中所含的硫、氮、氧化合物及添加剂等对环境有害组分造成的影响。

（二）齿轮油的分类

我国的齿轮油分为车辆齿轮油和工业齿轮油两大类。

1.车辆齿轮油分类和规格

车辆齿轮油是润滑油重要的产品类别之一，是各种车辆的变速器、驱动桥、转向器等齿轮传动机构所用的润滑油。和发动机润滑油一样，国外汽车齿轮油也是按黏度和使用性能水平进行分类。常用美国的 API 使用性能分级和 SAE 黏度分类。

（1）车辆齿轮油的质量分类　《车辆齿轮油分类》（GB/T 28767—2012）是参照 API 1560：1995《汽车手动变速器、手动变速箱和驱动桥用润滑剂的使用规定》制定，根据齿轮的形式、负载情况等使用要求对齿轮油进行分类，详细分类见表 4-9。

表 4-9　车辆齿轮油分类

级别	使用范围及性能要求
GL-3	用于中等速度及负荷运转的汽车变速器和后桥螺旋伞齿轮，其承载能力较 GL-4 低，加有极压剂
GL-4	在高速低扭矩及低速高扭矩下运转的汽车、轿车和其他车辆的各种齿轮，特别是双曲线齿轮
GL-5	在高速冲击负荷、高速低扭矩、低速高扭矩条件下运转的轿车和其他车辆的各种齿轮，特别是准双曲线齿轮
MT-1	适用于客车和重型卡车上使用的同步手动变速器中，提供防止化合物分解、部件磨损及密封件变坏的性能。这些性能是 GL-4 和 GL-5 所不具有的，MT-1 没有给出乘用车和重负荷车辆中同步器和驱动桥的性能要求

（2）车辆齿轮油黏度分类　《汽车齿轮润滑剂黏度分类》（GB/T 17477—2012）是参照 SAE J306—2005《汽车齿轮润滑剂黏度分类》制定，将车辆齿轮油按黏度分为 11 个级号，见表 4-10。

表 4-10　汽车齿轮润滑油黏度分类

SAE 黏度级别	150000mPa·s 时最高油温（D2983）/℃	100℃运动黏度（ASTM D445）/(mm²/s)	
		最小	最大
70W	−55	4.1	—
75W	−40	4.1	—
80W	−26	7.0	—
85W	−12	11.0	—
80	—	7.0	<11.0
85	—	11.0	<13.5
90	—	18.5	<18.5
110	—	13.5	<24.0
140	—	24.0	<32.0
190	—	2.5	<41.0
250	—	41.0	—

除了以上黏度分类（单级）外，把同时具有良好的低温及高温两种黏度等级特性的齿轮油称为多级齿轮油。例如，SAE 80W-90 表示低温黏度特性相当于 SAE 80W 和高温黏度特性相当于 SAE 90 的齿轮油，"W"表示冬季使用。而 SAE 85W-90、SAE 85W-140 则分别表示同 SAE 90 和 SAE 140 具有大致相同的黏温特性。多级齿轮油黏度分类见表 4-11。

表 4-11　多级齿轮油黏度分类

SAE 黏度级别	100℃运动黏度/(mm²/s)		150000mPa·s 时最高油温（D2983）/℃	成沟点/℃	闪点/℃
	最小	最大		最大	最小
75W-90	13.5	24.0	−40	−45	150
80W-90	13.5	24.0	−26	−35	165
85W-90	13.5	24.0	−12	−20	180
85W-140	24.0	41.0	−12	−20	180

2.工业齿轮油分类和规格

工业齿轮油一般由基础油与添加剂调制而成。基础油由矿物油加工精制而成，也有使用合成油的。一般优质工业齿轮油选用黏度指数较高的石蜡基基础油，按一定比例将重质光亮油和轻质中性油调和至所需黏度。使用的添加剂有改善润滑油性能的黏度指数改进剂、破乳剂、降凝剂、抗泡剂和保护金属表面和润滑油本身的摩擦改进剂、极压抗磨剂、防腐剂、防锈剂、抗氧化剂等。使用添加剂使齿轮润滑油的性能得到显著改善，为进一步适应齿轮传动的高速、重负荷要求创造良好的条件。

同样，工业齿轮油有质量和黏度两种分类方式。

（1）质量等级分类　工业齿轮根据其应用场所，分为开式齿轮和闭式齿轮，对应开式齿轮油有 CKB、CKC、CKD、CKE、CKS、CKT 和 CKG 七个质量等级；闭式齿轮油有 CKH、CKJ、CKL 和 CKM 四个质量等级。其分类、组成及应用见表 4-12。

（2）黏度等级分类　根据 GB/T 3141—1994《工业液体润滑剂 ISO 粘度分类》标准，将工业齿轮油分为若干个黏度等级。对应美国齿轮制造协会（AGMA）及国际标准化组织（ISO）

黏度等级关系见表 4-13。

表 4-12　工业齿轮油产品分类（GB/T 7631.7—1995）及应用情况

类型	代号	组成特性	应用情况
开式齿轮	CKB	精制矿物油，具有抗氧化、腐蚀及泡沫性能	采用连续飞溅、循环或喷射方式润滑的轻负荷下运转的齿轮
	CKC	CKB 油，增加极压和抗磨性	采用连续飞溅、循环或喷射方式润滑的保持在正常或中等恒定油温和重负荷下运转的齿轮
	CKD	CKB 油，增加抗热氧化安定性	采用连续飞溅、循环或喷射方式润滑的在高的恒定油温和重负荷下运转的齿轮
	CKE	CKB 油，降低摩擦系数	采用连续飞溅、循环或喷射方式润滑的在高摩擦下运转的齿轮（即涡轮）
	CKS	在极低和极高温度条件下使用的具有抗氧、摩擦和腐蚀性	采用连续飞溅、循环或喷射方式润滑的在更低的、低的或更高的恒定流体温度和轻负荷下运转的齿轮
	CKT	在极低和极高温度及重负荷条件下的 CKS 型	采用连续飞溅、循环或喷射方式润滑的在更低的、低的或更高的恒定流体温度和重负荷下运转的齿轮
	CKG	具有极压和抗磨性的润滑脂	采用连续飞溅方式润滑的在轻负荷下运转的齿轮
闭式齿轮	CKH	具有抗腐蚀性的沥青型产品	采用间断或浸渍的润滑方式应用在中等环境温度和通常在轻负荷下运转的圆柱形齿轮或伞齿轮
	CKJ	CKH 油型产品，增加了极压和抗磨性能	
	CKL	具有改善极压、抗磨、抗腐和热稳定性的润滑脂	采用间断或浸渍的润滑方式应用在高的或更高的环境温度和重负荷下运转的圆柱形齿轮或伞齿轮
	CKM	允许在极限负荷条件下使用，改善抗擦伤性的产品和具有抗腐蚀性的产品	间断应用在偶然特殊重负荷下运转的齿轮

表 4-13　工业齿轮黏度等级

GB/T 3141 黏度等级	40℃运动黏度/(mm²/s)	AGMA 黏度等级	ISO 黏度等级
68	61.2～74.8	2	VG 68
100	90～110	3	VG 100
150	135～165	4	VG 150
220	198～242	5	VG 220
320	288～352	6	VG 320
460	414～506	7	VG 460
680	612～748	8	VG 680

（三）齿轮油的选用

1.车辆齿轮油的选用

选用车用齿轮油时应首先选择齿轮油质量等级，然后再选齿轮油黏度等级。

（1）质量等级选择　汽车发动机功率及转速越来越高，相应传动机构工作强度则逐渐增强，对齿轮油的质量要求也越来越高。另外，由于车用齿轮的类型及润滑部位不同，对齿轮油的质量要求也有所不同。例如，汽车后桥普遍采用双曲面齿轮结构，这种齿轮负荷重，滑动速度快，使用温度高，工作条件又比较苛刻，因此要选用质量级别较高的 GL-5 或更高级别的齿轮油。对于一般手动机械变速器，则选用 GL-4 就能满足其工作要求。

在车辆齿轮传动装置中，驱动桥齿轮工作条件较为苛刻，所以选油可主要依据后桥主减速器进行。如果后桥是渐开线齿轮，选用普通车辆齿轮油；如果后桥是双曲面齿轮，选用中负荷或重负荷车辆齿轮油。车辆齿轮油质量等级选择见表 4-14。

表 4-14　车辆齿轮油质量等级选择

齿轮形状	齿面载荷	车型及工况	质量档次
双曲线	压力<2000MPa，滑动速度 1.5～8m/s	一般	GL-4
双曲线	压力<2000MPa，滑动速度 1.5～8m/s	拖挂车 山区作业	GL-5
双曲线	压力>2000MPa，油温 120～130℃	不论	GL-5
螺旋锥齿		国产车	GL-3
螺旋锥齿		进口车或重型车	GL-4

（2）黏度等级的选择　车用齿轮油黏度级别的选择基于齿轮使用环境温度和齿轮工作的最高温度，环境温度取决于地域和季节，最高工作温度则取决于齿轮结构、负荷及操作技能。

要根据使用地区的最高和最低工作温度来确定齿轮油的黏度级别，以满足高、低温使用条件下的润滑要求。齿轮油的黏度最好能同时满足一年内最高和最低气温的要求，即冬夏通用。一般而言，气温低、负荷小，可选择黏度较小的油；反之，气温较高、负荷较重的车辆，宜选用黏度较大的油。多级油可同时满足最低环境温度冷启动和正常工作条件下温度要求的黏度。在环境温度较高的地区，不必要使用适用低温条件下的车辆齿轮油；而在低温地区使用适用环境温度高地区的车辆齿轮油，不仅齿轮运行阻力增大，动力损失增加，不利于节油，而且很容易造成汽车无法起步。

选择适宜的车辆齿轮油黏度可参考表 4-15。

表 4-15　各种黏度牌号车辆齿轮油适用的温度范围

黏度等级	70W	75W	80W-90	85W-90	85W-140	90	140
适用温度/℃	−55～10	−40～10	−25～50	−15～50	−15～50	−10～50	0～50

按上述要求选用汽车齿轮油黏度等级，一般可以保证汽车驱动桥的正常润滑，四季通用，冬季不用换油。需要注意的是，对于重载或道路条件恶劣的条件下，应适当选择高一级的黏度牌号齿轮油。

2.工业齿轮油的选用

选用工业齿轮油时应首先选择齿轮油质量等级，然后再选择齿轮油黏度等级。

（1）质量等级选择　根据齿面接触应力选择齿轮油的类型，见表 4-16。

表 4-16　工业齿轮润滑油种类的选择

齿面接触应力/MPa	齿轮使用工况	推荐用油
≤350	一般齿轮传动	抗氧、防锈工业齿轮油
350～500（低负荷齿轮）	一般齿轮传动	抗氧、防锈工业齿轮油
	有冲击齿轮传动	中负荷工业齿轮油
500～1100（中负荷齿轮）	矿井提升机、露天采掘机、水泥窑、化工、水电、矿山机械、船舶海港机械等齿轮传动	中负荷工业齿轮油
接近 1100（中负荷齿轮）	高温、油冲击、有水进入润滑系统的齿轮传动	重负荷工业齿轮油
>1100（重负荷齿轮）	冶金轧钢、井下采掘、高温、有冲击、含水部位的齿轮传动	重负荷工业齿轮油

（2）黏度等级选择　根据齿轮线速度选择齿轮油黏度。速度高的选用低黏度油，速度低的选用高黏度油。表 4-17 是闭式齿轮油黏度等级。

表 4-17　闭式齿轮油黏度选用等级

齿轮种类	节线速度/（m/s）	黏度等级（40℃）/（mm²/s）
直齿轮	0.5	460～1000
	1.3	320～680
	2.5	220～460
斜齿轮	5.0	150～320
锥齿轮	12.5	100～220
	25	68～150
	50	46～100

三、液压油

液压系统是以液体为工作介质进行能量传递和控制运动方向的机械装置，广泛应用于工业、农业、建筑业和交通运输的机械设备中。工作液体多为石油系液压油，若用于明火或高温环境下，则应选用合成油或水-油乳化液、水-乙二醇溶液。

（一）液压传动工作原理

液压传动是以液体为介质，依靠运动液体的压力能来传递动力。液力传动则是依靠运动液体的动能来传递动力。

液压传动是利用连通管原理进行工作的，并依靠液压系统中容积变化来传递运动，如图4-8 所示，作用在连通器两端活塞上的压强是相等的，因此压力 F_1、F_2 分别与活塞面积 S_1、S_2 成正比，而与活塞行程 L_1、L_2 成反比。

$$\frac{F_1}{F_2} = \frac{S_1}{S_2} = \frac{L_2}{L_1}$$

在面积较小的活塞上使用较小的作用力运动较长的行程能够在较大面积的活塞上形成较大的压力，是利用了工作腔容积变化来传递压力能。图4-9 是液压传动系统工作原理图。

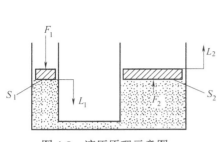

图 4-8　液压原理示意图

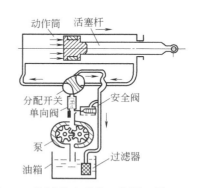

图 4-9　液压传动系统工作原理图

实际生产中液压系统是由动力元件、操纵元件、执行元件和辅助元件四大部分组成的。

动力元件主要是各种油泵，油泵的作用是将机械能传给液体使之转变成液体的压力能，如各种齿轮泵可以产生 20～30MPa 的压力，而柱塞泵可产生 50～60MPa 的压力。

操纵元件又称控制和调节装置，包括各种单向阀、溢流阀、节流阀、换向阀，通过它们来控制和调节液体的压力、流量和流向以满足机器的工作性能要求，并实现各种不同的工作循环。

执行元件又称液压机，包括传递旋转运动的液压电机和传递往复直线运动的油缸，把液体的压力能转换成机械能输出到工作机械上。

辅助元件包括油箱、油管、管接头、蓄能器、冷却器、滤油器以及各种控制仪表，起到储存输送液体、控制液体温度、对液体进行过滤、储存能量以及密封等作用。

（二）液压系统的特点及对液压油的要求

1.液压系统的特点

液压系统由油箱、泵、控制阀门、导管和传动机构组成，液压传动系统具有元件单位质量传递功率大、结构简单、布局灵活、便于与其他传动方式联用等优点，易于实现远距离操纵和自动控制。

从工作性能上看，液压传动系统具有速度、扭矩、功率均可无级调节，能迅速换向和变速，调速范围宽，动作速度快的优点。

从使用维护看，液压传动系统的元件自润滑性好，能实现系统的过载保护与保压，使用寿命长，元件易实现系列化、标准化、通用化。

液压传动系统与机械传动相比，缺点是速比不如机械传动准确，传动效率较低，对油液的质量、密封、冷却、过滤以及对元件的制造精度、安装、调整和维护要求较高。

2.液压油的性能要求

在液压系统中使用的润滑油除要求传递压力和能量之外，还要减轻泵、阀门等运动部件的摩擦和磨损，减少流体的泄漏，并保护金属表面不受锈蚀。为使能量传递做到准确、灵敏，机器运行和控制有最佳效率，对液压油的使用性能提出了以下多方面的要求。

（1）合适的黏度和良好的黏温性能　黏度低可以减少摩擦和油管的压力损失，但也必须有适当高的黏度，以提供满意的润滑和减少泄漏。

为保证启动顺利，液压油启动时的黏度不能太大。但由于液压系统启动以后温度发生变化，特别是户外工作机械的液压系统，启动前后的温差很大。为了能在很宽的温度范围内保持合适的黏度，要求油品具有较高的黏度指数。在室内工作的机械，液压系统正常工作温度在 $50\sim60℃$，黏度指数在 75 以上已能满足要求，而对于工作温度宽的航空液压油，则要求黏度指数达到 $130\sim180$。

（2）良好的剪切安定性　液压油在实际应用中，通过泵、阀件和微孔等元件时，所受剪切速率一般达 $10^4\sim10^6s^{-1}$。在高剪切速率下，含黏度指数改进剂的液压油的黏度易下降。液压油在高剪切速率下黏度的暂时降低同样能使液压油的泄漏损失增加，还会影响润滑特性及其他工作性能。为防止液压油黏度暂时降低过多，应尽量减少黏度指数改进剂的用量。除暂时性的黏度降低外，还会发生永久性的黏度降低。

（3）良好的润滑性　液压油不仅是液压系统中传递能量的工作介质，而且也是润滑剂。为了使系统中各运动部件磨损尽量减小，液压油应具有良好的润滑性能。特别在启动和停车时，可能处于边界润滑状态，所以液压油还需满足在边界润滑条件下保证润滑的要求。良好的润滑性还可防止启动或低速运转时产生"爬行"现象。

（4）良好的抗氧化性　液压油和其他油品一样，在使用过程中都不可避免地发生氧化，特别是空气、温度、水分、杂质、金属催化剂等有利于或加速氧化的因素存在，要求液压油有较好的抗氧化性。

液压油被氧化后产生的酸性物质会增加对金属的腐蚀性，产生的黏稠油泥沉淀物会堵塞过滤器和其他孔隙，妨碍控制机构的工作，降低效率，增加磨损。氧化严重时，液压油的许多性能都大为下降，以致必须更换。因此，液压油的抗氧化性越好，使用寿命就越长。

（5）与密封材料的良好适应性　液压油对与其接触的各种金属材料以及橡胶、涂料、塑料等非金属材料、密封材料应有良好的适应性，不因相互作用而使金属腐蚀，涂料溶解，橡胶过分溶胀、收缩或硬化，密封失效或油变质。

天然橡胶不耐油，石油基液压油对一般橡胶的溶胀作用主要是其中的芳香烃或无侧链的多环环烷烃引起的。因为它们最容易极化并与橡胶的极性基相互作用。至于油品中芳香烃的含量可从苯胺点的高低反映出来。苯胺点较高的油品芳香烃含量较少，对橡胶的溶胀性低。

（6）清洁度　机械杂质进入液压系统后，容易引起液压元件工作表面的破坏，从而使液压元件的寿命大大缩短。为了保证液压系统的正常工作，提高液压元件的寿命，进入液压系统的液压油必须十分清洁，不允许含有超过限度的固体颗粒和其他脏物。特别是对于应用电液伺服阀的高度自动化的液压装置，由于伺服阀里的滑阀间隙仅 $2\sim5\mu m$，对液压油的清洁度提出了更高的要求。随着液压系统的工作压力越来越高，对液压油清洁度的要求越来越严，除了控制机械杂质的数量外，还提出控制杂质颗粒直径的要求。

液压油中混入水分，除了对于矿物油的影响与其他润滑油相同以外，对于用硅酸酯或磷酸酯作基础油的液压油，会发生水解，产生相应的酸，腐蚀金属零件。因此，要求液压油中应无水分。

（7）有很好的空气释放特性和抑制泡沫生成的能力　油中分散的细微气泡聚集成较大的气泡，而又不能及时从油中释放出去时，形成气穴。气穴出现在管道中会产生气阻，妨碍液压油的流动，严重时会使泵吸空而断流。气穴还会降低液压系统的容积效率，并使系统的压力、流量不稳定而引起强烈的振动和噪声。当气穴被油流带入高压区时，气穴受到压力的作用，体积急剧缩小甚至溃灭。气穴溃灭时，周围液体以高速来填补这一空间，因而发生碰撞，产生局部高温、高压。局部压力升高能达 $10\sim100MPa$。如果这种局部液压冲击作用在液压系统零件的表面上，会使材料剥蚀，形成麻点。这种由于气穴消失在零件表面产生的剥蚀称为气蚀。为了减少液压系统中发生的气穴和气蚀现象，要求溶解和分散在油中的气泡应尽快地从油中释放出来，即要求液压油应具有较好的空气释放性。

（8）良好的防腐蚀和锈蚀性能　液压油在工作过程中，不可避免地要接触水、空气，液压元件会因此发生锈蚀。液压油中的添加剂发生氧化、水解后，也会产生腐蚀性物质。液压元件的锈蚀、腐蚀会影响液压元件的精度，锈蚀产生的颗粒脱落也会造成磨损，从而影响液压系统的正常工作和寿命。因此，要求液压油要有较强的防锈蚀、防腐蚀能力。

（三）液压油的分类

液压油的种类繁多，分类方法各异。如按用途分类，可分为精密机床液压油、液压导轨油、船舶液压油、低凝液压油、航空液压油、数控液压油、工程机械液压油等。

1.液压油质量等级

2003 年我国等同采用 ISO 6743/4—1999《润滑剂、工业用油和相关产品（L 类）　第 4

部分：H组（液压系统）》制定了 GB/T 7631.2—2003《润滑剂、工业用油和相关产品（L 类）的分类 第 2 部分：H 组（液压系统）》。该标准把液体传动系统用工作介质分为流体静压系统和流体动力系统工作介质，见表 4-18。

表 4-18　液压油的国家标准（GB/T 7631.2—2003）

组别符号	应用范围	特殊应用	更具体应用	组成和特性	产品符号	典型应用	备注
H	液压系统	流体静压系统	用于要求使用环境可接受液压液的场合	无抑制剂的精制矿物油	HH		
				精制矿物油，并改善其防锈和抗氧性	HL		
				HL 油，并改善其抗磨性	HM	有高负荷部件的一般液压系统	
				HL 油，并改善其黏温性	HR		
				HM 油，并改善其黏温性	HV	建筑和船舶设备	
				无特定难燃性的合成液	HS	特殊性能	
				甘油三酸酯	HETG	一般液压系统（可移动式）	每个品种的基础液的最小含量应不少于 70%（质量分数）
				聚乙二醇	HEPG		
				合成酯	HEES		
				聚 α-烯烃和相关烃类产品	HEPR		
			液压导轨系统	HM 油，并具有抗黏滑性	HG	液压和滑动轴承导轨润滑系统合用的机床在低速下使振动或间断滑动（黏滑）减为最小	这种液体具有多种用途，但并非在所有液压应用中皆有效
			用于使用难燃液压液的场合	水包油型乳化液	HFAE		通常含水量大于 80%（质量分数）
				化学水溶液	HFAS		通常含水量大于 80%（质量分数）
				油包水型乳化液	HFB		
				含聚合物水溶液①	HFC		通常含水量大于 35%（质量分数）
				磷酸酯无水合成液①	HFDR		
				其他成分的无水合成液①	HFDU		
		流体动力系统	自动传动系统		HA		与这些应用有关的分类尚未进行详细研究，以后可能增加
			耦合器和变矩器		HN		

① 这类液体也可以满足 HE 品种规定的生物降解性和毒性要求。

2.液压油黏度等级

液压油黏度的分级方法是用 40℃运动黏度的中心值为黏度牌号，共分为 10、15、22、32、46、68、100、150 八个黏度等级，见表 4-19。常用的黏度等级为 32、46、68 三种。

（四）液压油的选用

通常依据使用环境和工况条件来选择液压油的品种，依据工作温度和泵的类型确定其黏度。

表 4-19　液压油黏度牌号

黏度级别	40℃运动黏度 /（mm²/s）	ISO 黏度级	黏度级别	40℃运动黏度 /（mm²/s）	ISO 黏度级
10	9.00～11.0	VG 10	46	41.4～50.6	VG 46
15	13.5～16.5	VG 15	68	61.2～74.8	VG 68
22	19.8～24.2	VG 22	100	90.0～110	VG 100
32	28.8～35.2	VG 32	150	135～165	VG 150

1.品种的确定

① 一般对于室内固定设备，液压系统压力＜7.0MPa、温度 50℃以下选 HL 油；系统压力 7.0～14.0MPa、温度 50℃以下选 HL 或 HM 油，温度 50～80℃选 HM 油；液压系统压力＞14.0MPa，选 HM 油或高压抗磨液压油。

② 对于露天寒区或严寒区选 HV 或 HS 油。

③ 对于高温热源附近设备，选抗燃液压油。

④ 对于环保要求较高的设备（如食品机械），选环境可接受液压油。

⑤ 对于要求使用周期长、环境条件恶劣的液压设备选用液压油优等品；对于要求使用周期短、工况缓和的液压设备选用液压油一等品。

⑥ 液压及导轨润滑共用一个系统，应选用液压导轨油。

⑦ 电液脉冲马达的开环数控机床选用数控机床液压油；电液伺服机构的闭环系统，选用清净液压油。

2.黏度的确定

在液压油品种确定后，还必须确定其使用的黏度。中、低压液压系统的工作温度通常在环境温度以上 40～50℃，在此温度下，液压油应具有 13～16mm²/s 的黏度。低于 10mm²/s 以下，就会加大泵的磨损。在高压系统中，压力大于 30MPa 时工作温度比低压时高 10℃，为减少泵的内泄漏，工作黏度最好在 25mm²/s。

液压油的最大黏度是由被长期停止后的系统启动温度和使用泵的类型所限定。每个液压泵制造厂都规定适合本厂产品使用的油品在操作温度下的最低黏度和最高黏度。不同类型的泵要求不同，见表 4-20。

表 4-20　不同类型泵满足运行的黏度限度

泵型	最高黏度/（mm²/s）	最低黏度/（mm²/s）
齿轮泵	2000	20
柱塞泵	1000	8
叶片泵	500～700	10

四、其他润滑油

（一）压缩机油

压缩机油是用来润滑、密封、冷却空气压缩机运动部件的油品。常用的压缩机有活塞和回转式两类。图 4-10 是活塞式两级空气压缩机的原理示意图。回转式压缩机中最常用的是回转滑片式压缩机，其构造和工作原理见图 4-11。

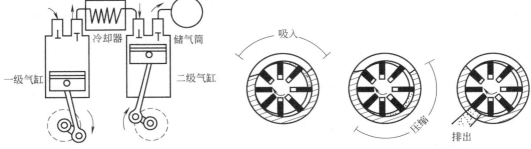

图 4-10　两级空气压缩机工作原理简图　　　　图 4-11　回转滑片式压缩机构造和工作原理

1.空气压缩机的工作特点

在各种类型的空气压缩机中，以多级往复式空气压缩机的工作条件最为苛刻。它的工作特点是：

（1）压力大，温度高　根据实验，如压缩空气不经冷却，将 15.1℃的空气压缩到 353.5kPa 时，温度即升到 177℃，压缩到 707kPa 时，温度升高到 260℃，压缩到 1.414MPa 时，温度升高到 330℃。压缩机气缸外面即使有冷却套，在多级空气压缩机上，压缩终了时的温度也可达 200℃以上。因此，以湿润状态附着在排气阀和排气管表面的一部分润滑油，长期处于高温气体的作用下而常常严重氧化，形成积炭。

（2）与氧的接触机会多，又受铜的催化作用　空气受压缩之后，氧分压增大，即氧气密度增大，润滑油的氧化速度与氧分压成正比。因此，在空气压缩机压缩系统中工作的润滑油就较其在大气中更易氧化。同时，空气压缩机有较多的铜制部件，如阀门等，对润滑油的氧化也起催化作用。由于上述原因，压缩机油是在易于氧化的条件下进行工作的。

2.空气压缩机油的性能要求

（1）要有良好的抗氧化安定性，不易产生积炭　根据调查，空气压缩机的故障中，有 70% 是由于积炭积累。积炭并不是纯炭，而是由烃的氧化缩合物、油、磨屑、尘土等组成。所以，积炭里面的油分，受到强烈氧化时，积炭便出现火星。这时，如果火星周围油的裂化气或油蒸气的浓度在爆炸浓度以内，便会引起爆炸。所以，压缩机油必须具有良好的抗氧化安定性，尤其是用于多级压缩机的润滑油。

（2）闪点要高　闪点，实际上是润滑油蒸发性的一个指标。闪点低的润滑油，在高温下所形成的润滑油蒸气就多，当积炭出现火星时，产生爆炸的可能性就大，所以要求压缩机油的闪点要高。通常，压缩机油的闪点应高于压缩空气正常工作温度 30～40℃以上。

（3）黏度要适当　从考虑气缸与活塞环之间的润滑与密封要求出发，黏度不能过小；但黏度过大，则更有害，因为高黏度油比低黏度油更易生成积炭。所以，对于往复式空气压缩机不能追求使用高黏度润滑油，而在运转温度和压力下，压缩机油能保持润滑和密封所需的最低黏度就可以了。

3.空气压缩机油的品种

我国压缩机油主要分为活塞式压缩机油和回转式压缩机油两大类。在国家标准 GB/T 7631.9 中，有 DAA、DAB、DAC、DAH、DAG、DAJ 六个品种，前三个品种是活塞式（包括滑片式）空气压缩机润滑用油；后三个品种是喷油回转式空气压缩机润滑用油。其中，DAC 和 DAJ 为合成油品，其他为矿物油润滑油。详细分类见表 4-21。

表 4-21　压缩机油分类

负荷	用油品种代号	操作条件	
轻	DAA	间断运转	每次运转周期之间有足够的时间进行冷却 ① 压缩机开停频繁 ② 排气量反复变化
		连续运转	① 排气压力≤1000kPa，排气温度≤160℃，级压力比<3∶1 ② 排气压力>1000kPa，排气温度≤140℃，级压力比<3∶1
中	DAB	间断运转	每次运转周期之间有足够的时间进行冷却
		连续运转	① 排气压力≤1000kPa，排气温度>160℃ ② 排气压力>1000kPa，排气温度>140℃，但≤160℃ ③ 级压力比>3∶1
重	DAC	间断运转或连续运转	当达到上述中负荷使用条件，而预期用中负荷油（DAB）在压缩机排气系统严重形成积炭沉淀物，则应选用重负荷油（DAC）
轻	DAG	空气和空气-油排出温度<90℃，空气排出压力<800kPa	
中	DAH	空气和空气-油排出温度<100℃，空气排出压力为 800~1500kPa 空气和空气-油排出温度 100~110℃，空气排出压力<800kPa	
重	DAJ	空气和空气-油排出温度>100℃，空气排出压力<800kPa 空气和空气-油排出温度≥100℃，空气排出压力为 800~1500kPa 空气排出压力>1500kPa	

（二）冷冻机油

1.冷冻机油的工作特点

冷冻机油用来润滑制冷设备的压缩机。制冷设备的压缩机压缩的是制冷剂，如氨等。制冷剂在常温下是气体，经压缩以后，就可以使它在较高的温度下液化。液化了的制冷剂，经降压膨胀，就会蒸发汽化，吸收大量的热量，使周围的温度降低，达到制冷的目的，这就是冷冻机的简单制冷原理。图 4-12 是压缩机的制冷装置。制冷剂被压缩机压缩以后，进冷凝器冷却，此时制冷剂已被液化。当制冷剂通过膨胀阀后，因压力下降，便在蒸发器中蒸发。制冷剂在蒸发的过程中吸收冷库的热量，使冷库的温度下降。从蒸发器中出来的气态制冷剂，再重新被压缩机压缩，从而在密闭的循环系统中连续工作。

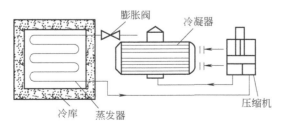

图 4-12　压缩机的制冷装置

（1）工作温度低　进入压缩机气缸中的制冷剂温度均低于 10℃，因此在进气过程中，气缸壁将被气态制冷剂所冷却。虽然在压缩时温度可达 120℃，但平均温度仍在 60℃左右。

（2）与制冷剂接触　有些制冷剂对润滑油的性质有影响，使润滑油的黏度有所下降。

（3）使用时间长　电冰箱、低温箱、空调及其他小型制冷设备，通常都把压缩机和电动机共同封闭在一个机壳内，并用焊接方法焊死，这叫全封闭式制冷压缩机。这种制冷压缩机不能经常换油，加一次油需要使用 10～15 年以上。

2.冷冻机油性能要求

（1）凝点要低　冷冻机油难免会混入制冷剂中，随制冷剂进入蒸发器，而蒸发器的温度很低，如果冷冻机油低温性不好，就会在蒸发器内凝固而附在管壁，使蒸发器导热不良，降低冷冻效果。所以，要求冷冻机油有良好的低温性和低的凝点。我国的冷冻机油，规定其凝点不高于–40℃。

（2）不含水分　因为水分进入制冷剂循环系统中时，就可能在膨胀阀处结冰，引起阀的故障。如果是以氨为制冷剂时，当水溶于氨后，生成活泼的碱性化合物氢氧化氨，增大对设备的腐蚀。

（3）有良好的抗氧化安定性　因为冷冻机油要能够满足全封闭式制冷压缩机在 10～15 年以上不换油，这就要求冷冻机油抗氧化安定性要好，长期使用不变质。所以，有的冷冻机油需加入抗氧化剂，以提高它的抗氧化安定性。

（4）黏度要适当　考虑冷冻机油的黏度时，不仅要考虑到压缩机的润滑和密封，还要考虑到制冷剂的影响。如制冷剂对润滑油有稀释作用，在选用润滑油时，就应选择黏度稍大一点的冷冻机油。

3.冷冻机油的分类

冷冻机油是一种质量要求较高的专用润滑油，它以深度精制的矿物油或以合成油作基础油，加入一定量的添加剂如抗氧剂、润滑剂、抗泡剂和降凝剂（制冷剂与降凝剂会发生化学反应）等调制而成。冷冻机油（制冷压缩机油）是 GB/T 7631.9 分类体系中的一部分。该标准根据冷冻机油的特性、蒸发器的操作温度和所用制冷剂的类型，把冷冻机油分成 DRA、DRB、DRC 和 DRD 四种，见表 4-22。DRA、DRB 和 DRC 分别适用于蒸发温度大于–40℃、

表 4-22　冷冻机油的分类

组别符号	应用范围	特殊应用	更具体应用	产品类型和（或）性能要求	品种代号	典型应用	备注
			操作温度制冷剂类型				
D	制冷压缩机（冷冻机）	往复式和回转式的容积型压缩机（封闭、半封闭或开放式）	>–40℃（蒸发器）氨或氯代烷	深度精制矿物油（环烷基油、石蜡基油或白油）和合成烃油	DRA	普通冷冻机、空调	
			<–40℃（蒸发器）氨或氯代烷	合成烃油，允许烃/制冷剂混合物有适当相容性控制。这些合成烃必须互溶	DRB	普通冷冻机	装有干蒸发器时，相容性不重要。在某些情况下，根据制冷剂的类型可使用深度精制矿物油（要考虑低温和相容性）
			>0℃（蒸发器或冷凝器）和/或高排气压力和温度　氯代烷	深度精制矿物油；具有良好热/化学稳定性的合成烃油	DRC	热泵、空调、普通冷冻机	允许对烃/制冷剂的相容性适当控制的合成油或烃/矿物油的混合物
			所有蒸发器温度（蒸发器）烃类	合成液（与制冷剂、矿油和合成烃油无相容性的）	DRD	润滑剂和制冷剂必须不互溶且易分离	通常用于某些开式压缩机

小于–40℃和大于 0℃的各种制冷压缩机，而 DRD 则适用于所有的蒸发温度及润滑油与制冷剂不互溶的开式压缩机。

（三）真空泵油

真空泵油是一种专门为真空设备上的真空泵而研制的特种润滑油，分矿物油和合成油两种。其性能要求是具有适宜的黏度，在低温下能使真空泵迅速启动，在高温下能具有良好的密封性，在泵内具有较低的温升；油品的饱和蒸气压尽量低，在泵的最高工作温度下，仍具有足够低的饱和蒸气压；不含有轻质的易挥发组分，降低使用过程中真空泵的返油率；具有优良的热稳定性与氧化安定性；具有良好的水分离性及抗泡性。

我国机械真空泵油分类见表 4-23。

表 4-23　机械真空泵油分类（GB/T 7631.9）

特殊应用	具体应用	品种代号	典型应用	备注
压缩室有油润滑的容积式真空泵	活塞式、喷油、滴油回转式（滑片和螺杆）	DVA	低真空，用于无腐蚀性气体	低真空为 $10^{-1} \sim 10^{2} kPa$
		DVB	低真空，用于有腐蚀性气体	
	油封式真空泵（回转滑片和加转柱塞）	DVC	中真空，用于无腐蚀性气体	中真空为 $10^{-4} \sim 10^{-1} kPa$
		DVD	中真空，用于有腐蚀性气体	
		DVE	高真空，用于无腐蚀性气体	高真空为 $10^{-8} \sim 10^{-4} kPa$
		DVF	高真空，用于有腐蚀性气体	

（四）变压器油

变压器油用于油浸式变压器和油开关。

变压器在工作过程中，线圈和铁芯中的电能损失会转变为热能，使变压器各部分的温度升高。若变压器的温度过高就会使绝缘恶化，使变压器的使用寿命缩短。因此，必须设法将热量导出。在油浸式变压器中，油的作用就是导出热量和起绝缘作用。在油开关中，还可防止火花的产生。

1.变压器油的工作特点和性能要求

因为多数变压器安装在室外，受气温的影响很大。譬如，北方地区的冬季，尤其是严寒地区冬季，室外的气温很低，有的达–45℃左右。南方地区则不同，夏季的室外气温，有的达 40℃以上。还有变压器在工作中，由于电场的作用，线圈绕组和铁芯便发热，这些热量传至变压器后，即使有散热设备，油温仍长期在 70～80℃。再者变压器油的使用时间较长，有的达 5～10 年。所以对变压器油的性能要求是抗氧化安定性要好；绝缘性要好，这是对变压器油的特殊要求。为了达到要求，变压器油必须无水分、无机械杂质、无水溶性酸或碱，酸值要小。变压器油的绝缘性，通常用"介质损失角"表示；低温性要好，在寒区冬季工作的变压器，一旦断电，变压器油就可降至很低的温度，所以要求变压器油的低温性要好，凝点要低；黏度不能过大，变压器油的作用是散热、绝缘和防止油开关产生电火花，而不是起润滑作用，所以要求它黏度不能过大，以便于对流散热。

2.变压器油的规格、牌号和使用

变压器油按凝点分为 10 号、25 号和 45 号三个牌号，其代号分别为 DB-10、DB-25 和

DB-45，均系由石油润滑油馏分经脱蜡、酸碱或溶剂精制、白土处理而成，并允许加入抗氧化剂。

（五）汽轮机油

汽轮机油是供电厂的蒸汽涡轮机、水力涡轮机及发电机的轴承润滑和冷却用，并作为蒸汽涡轮液压控制系统的液压油用。在大型舰船上是用来润滑蒸汽轮机的轴承及减速齿轮。另外，汽轮机油还可用来润滑增压柴油机的增压器轴承和潜艇主电机的轴承以及润滑风动工具。蒸汽轮机的功率比较大，电厂用的达数十万千瓦，有的甚至达百万千瓦。船用用的能达数万千瓦。船舰用的汽轮机需要润滑的部件主要是汽轮机的支持轴承、主轴承、推力轴承和齿轮减速器，见图4-13。

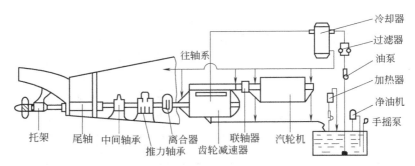

图 4-13　汽轮机的润滑系统及润滑部位

汽轮机油具有适当的黏度、良好的抗乳化性、良好的防锈性能和抗氧化性能才能满足汽轮机的要求。

GB/T 7631.10—2013 中对汽轮机油的分类见表4-24。该标准根据汽轮机的工作原理和应用特点，分为蒸汽涡轮机、燃气涡轮机、调速控制系统、航空和液压等主要应用场合。

表 4-24　汽轮机油的分类

特殊应用	具体应用	组成和性能要求	代号 L-	典型应用
蒸汽，直接或齿轮连接到负荷	一般用途	具有防锈性和氧化安定性的深度精制的石油基润滑油	TSA	发动机、工业驱动装置及其相配套的控制系统，不需改善齿轮承载能力的船舶驱动装置
	特殊用途	不具有特殊难燃性的合成液	TSC	要求使用具有某些特殊性如氧化安定性和低温性液体的发动机、工业驱动装置及其相配套的控制系统
	难燃	磷酸酯润滑剂	TSD	要求使用具有难燃性液体的发电机、工业驱动装置及其相配套的控制系统
	高承载能力	具有防锈性、氧化安定性和高承载能力的深度精制石油基润滑油	TSE	要求改善齿轮承载能力的发电机、工业驱动装置和船舶齿轮装置及其配套的控制系统
气体（燃气），直接连接到负荷	一般用途	具有防锈性和氧化安定性的深度精制石油基润滑油	TGA	发电机、工业驱动装置及其相配套的控制系统，不需改善齿轮承载能力的船舶驱动装置
	较高温度下使用	具有防锈性和改善氧化安定性的深度精制石油基润滑油	TGB	由于有热点出现，要求耐高温的发电机、工业驱动装置及其相配套的控制系统
	特殊用途	不具有特殊难燃性的合成液[①②]	TGC	要求具有某些特殊性如氧化安定性和低温性液体的发电机、工业驱动装置及其相配套的控制系统

特殊应用	具体应用	组成和性能要求	代号 L-	典型应用
气体（燃气），直接连接到负荷	难燃	磷酸酯润滑剂③	TGD	要求使用具有难燃性液体的发电机、工业驱动装置及其相配套的控制系统
	高承载能力	具有防锈性、氧化安定性和高承载能力的深度精制石油基润滑油	TGE	要求改善齿轮承载能力的发电机、工业驱动装置和船舶齿轮装置及其配套的控制系统
控制系统	难燃	磷酸酯润滑剂	TCD	要求液体和润滑剂分别供给，并有耐热要求的蒸汽轮机和汽轮机控制机构
航空涡轮发动机			TA	
液压传动装置			TB	

① 此类产品可能与石油基产品不相容。

② 此类产品包括合成烃以及其他化学产品。

③ 此类产品尚未建立。

（六）全损耗系统用油

全损耗系统用油用于无特殊要求的一次性使用场合，采用滴、涂、喷雾等方式供油。在机器中停留时间不长就流失而损耗，不做循环使用。因工作条件，只起润滑和防护作用，具有一定的润滑性和黏附性，不要求抗氧化性，采用精制的矿物油即可，价格较低。

我国等效采用国际标准 ISO 6743/1—1981《润滑剂、工业润滑油和有关产品（L 类）的分类 第 1 部分：A 组（全损耗系统）》，制定了 GB/T 7631.13 标准，将这类油按组成分为 L-AB、L-AN 和 L-AY 三个品种，见表 4-25。

表 4-25　全损耗系统油分类

组别符号	应用范围	组成和特征	品种代号 L-	典型应用
A	全损耗系统	精制矿物油，并含有沥青或添加剂以改善其黏附性、极压性和抗腐蚀性	AB	开式齿轮、绳缆
		精制矿物油，也可加入少量降凝剂	AN	轻负荷部件
		精制矿物油，其凝点低	AY	粗加工用、车轴、铁路设施等

全损耗系统用油的质量要求主要是合适的黏度、无腐蚀性、机械杂质少等。还必须具有较高的闪点，以保证机械安全运转。

（七）仪表油

仪表油用来润滑仪器仪表的轴承、齿轮等摩擦部位，有时也用于特种设备或工业自动控制装置需要用油的部位。

根据不同仪器仪表主要润滑部件的工作特点，仪器仪表的润滑条件如下：

① 陀螺仪转子轴承转速高，如飞机上的地平仪，舰艇上的电罗经，坦克上的火炮稳定器等，都装有陀螺仪。陀螺转子为高速旋转件，如飞机地平仪的陀螺转子的转速为 21000～22000r/min；

② 工作温度范围宽，以航空仪表最为突出，多数仪表要在-60～+60℃范围内工作。

③ 摩擦力矩小或启动力矩小，是仪器仪表的工作特点之一；

④ 用油量少，换油期长，以普通手表的宝石轴承为例，用头发丝那样小的工具蘸一滴油加在宝石轴承上，就能工作 2～3 年。

仪表油的使用性能要求是黏度宜小，蒸发小，不流失；良好的黏温性能和低温流动性，凝点要低；抗氧化安定性要好，寿命要长；油品洁净，不含机械杂质。

我国的仪表油，按基础油不同，可分为矿物油类仪表油和合成类仪表油，其中合成类仪表油又分为若干品种。

我国矿物油类仪表油品种较少，目前主要使用的品种为 10 号仪表油（过去又称为 8 号仪表油）。该油品以新疆低凝原油为原料，经过常减压蒸馏得馏分，经溶剂精制、溶剂脱蜡和白土精制得到基础油，加入抗氧剂而制得。也有的以聚 α-烯烃合成油作基础油，加入抗氧剂而制成。

我国合成仪表油的品种牌号较多，大体可划分为三个系列：一是仿苏产品系列，如特 3、特 4、特 5、特 14、特 16 号精密仪表油；二是空军油料研究所的精密仪表油系列，如 18 号、32 号、38 号、58 号精密仪表油；三是一坪化工厂的高低温仪表油系列，如 4112、4113、4114、4115、4116 高低温仪表油。

第四节　润滑脂的使用要求与质量标准

润滑脂是一种油膏状的润滑剂，俗称为"黄油"，是在常温、常压下呈半流体至半固体状态的塑性润滑剂。其广泛用于汽车、坦克、舰船、飞机以及其他机械，组成与润滑油大不相同。

一、润滑脂的基本组成

润滑脂主要由基础油、稠化剂、添加剂及稳定剂四部分组成。一般润滑脂中稠化剂含量为 10%～20%，基础油含量为 75%～90%，添加剂及填料的含量在 5% 以下。

1.基础油

在润滑脂中，基础油对润滑脂的性能有很重要的影响。例如，润滑脂的蒸发性和对橡胶密封材料的相容性几乎完全取决于基础油。

润滑脂的低温性能，在很大程度上受基础油的低温黏度、凝点和黏温性影响，因此低温用脂要求用低温黏度小、凝点低和黏温性好的基础油。

润滑脂的高温性能受基础油的氧化安定性、热分解温度和蒸发性的影响，制备高温用脂不仅要求用能耐高温稠化剂，而且也要求用热安定和氧化安定性好、蒸发量小的基础油。对于一些特殊条件下使用的润滑脂，基础油还需具备一些特殊的性能，例如抗辐射、耐化学介质等。

润滑脂的基础油分为两大类，一类是矿物油，另一类是合成油。据估计，全世界润滑脂市场中有 7%～15% 为合成润滑脂。

（1）矿物油　矿物油是指一般石油润滑油，它是目前润滑脂生产中用量最多、使用面最广且价格最低的基础油。

矿物油作为润滑脂基础油的优点是润滑性能好，黏度范围宽，不同黏度的油品分别适于制造不同用途的润滑脂。例如，低黏度、低凝点的矿物油可制备低温用脂；高黏度的矿物油可制备高温、重负荷用润滑脂。另外，矿物油的来源比较广泛，加工成本低廉，价格比较便宜。矿物油制备的润滑脂在一定的温度范围内能满足使用要求，因而至今仍是润滑脂工业中量大面广的产品。

矿物油作为润滑脂基础油的缺点是对高温低温不能同时兼顾，也就是不能适应宽温度范围，同时在一些极高温度、极低温度、高转速、长寿命、耐化学介质、耐辐射等特殊条件下无法满足要求。要制备满足这些苛刻条件下使用的润滑脂，还得需要使用各种合成油。

（2）合成油　作为润滑脂基础油的合成油有合成烃类油、酯类油、硅油、含氟油和聚醚型油等。合成烃有聚 α-烯烃、烷基苯、烷基萘等。其中聚 α-烯烃使用最多。聚 α-烯烃油作润滑脂的基础油时，润滑脂的高温性能、低温性能比矿物油润滑脂好得多。因此，聚 α-烯烃油可作为宽温度范围多效通用润滑脂的基础油，可作寒区、严寒区低温润滑脂的基础油，也可以作为高转速、低转矩的仪器仪表润滑脂的基础油。

酯类油是目前合成润滑脂中使用最多的一类基础油。它具有良好的润滑性能和良好的高低温性能，并且对添加剂具有良好的感受性；酯类油的黏温性好、凝点低，和黏度相近的矿物油相比，它的蒸发损失低，闪点较高，热安定性较好，氧化安定性也较好。大多数无机及有机稠化剂可以稠化酯类油，制备高低温用润滑脂和高转速润滑脂以及一些特殊用途润滑脂。润滑脂的使用温度范围随稠化剂及酯类油的结构不同而异。制备润滑脂时，根据产品的使用要求可选择一种或两种酯类油作基础油，也可以选用酯类油和其他合成油或者矿物油的混合油作基础油。

硅油的黏温性极好，同时具有优良的高低温性能，蒸发性小。另外，硅油憎水、抗燃，呈化学惰性，电气绝缘性好。缺点是边界润滑性差，和矿物油相容性较差，作为润滑脂的基础油的硅油除了甲基硅油、乙基硅油、甲苯基硅油之外，还有甲苯氯苯基硅油、氟硅油等。

聚醚型油包括聚苯醚和聚亚烷基醚油。聚苯醚是一类新型高温润滑剂，可以作为润滑脂的基础油，但是价格昂贵。

聚苯醚油具有优良的热安定性和氧化安定性。它在 450℃时热安定性仍极好，在 288℃氧化安定性也很好，至今常用的各类型基础油中，聚苯醚油的热安定性和氧化安定性最好。另外，聚苯醚油的抗辐射性非常好。在一般矿物油吸收 γ 射线固化的条件下，聚苯醚仍是油状，具有润滑性。它的主要缺点是凝点高，一般在 5℃时已凝固，低温流动性差，黏温性能较差。

聚亚烷基醚油也是润滑脂的重要基础油，它具有很好的黏温特性和高的承载能力，良好的抗氧化性，使用温度可达 220℃。

含氟油分为三大类，即全氟碳油、氟氯碳油和全氟烷基聚醚，都可以作润滑脂的基础油。含氟油性能上有许多特殊之处，但是价格相当昂贵。用含氟油制成的润滑脂，可用于与强腐蚀性、强氧化性介质以及与有机物接触的轴承和齿轮的润滑，也可用于液氧泵上的密封和润滑。

2.稠化剂

稠化剂是润滑脂的重要组分，稠化剂分散在基础油中并形成润滑脂的结构骨架，使基础油被吸附和固定在结构骨架中。润滑脂的抗水性及耐热性主要由稠化剂所决定。用于制备润滑脂的稠化剂有两大类：皂基稠化剂（即脂肪酸金属盐）和非皂基稠化剂（烃类、无机类和有机类）。

皂基稠化剂分为单皂基（如钙基脂）、混合皂基（如钙钠基脂）、复合皂基（如复合钙基脂）三种。90%的润滑脂是用皂基稠化剂制成的。

稠化剂的种类和含量对润滑脂的性质有很大影响。如钠基润滑脂耐热但不耐水，钙基润滑脂耐水而不耐热，锂基润滑脂既耐水又耐热。由无机和有机稠化剂制得的润滑脂具有较高的抗热和抗辐射性能。一般稠化剂含量多的润滑脂比较硬，含量少的润滑脂较软。

3.稳定剂

稳定剂的作用是使稠化剂和基础油能稳定地结合而不易产生分油。它虽然用量很少，但对某些润滑脂来说是必不可少的。稳定剂是一些极性较强的物质，如有机酸、醇、胺等化合物。只有水这个极性化合物是唯一例外的稳定剂。由于这些稳定剂含有极性基团，如羧基、氨基、羟基等，它们趋向于吸附在皂分子的极性端间，皂纤维中的皂分子的排列距离就相应地增大，使基础油膨化到皂纤维内的量增大。结构稳定剂的作用如图4-14所示。

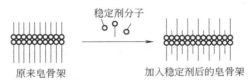

图4-14　结构稳定剂的作用

在常用润滑脂中，钙基润滑脂需要特别加以说明，因为钙基润滑脂必须用微量的水（1%～2%）作为稳定剂，一旦钙基润滑脂失去水分，脂的结构就完全被破坏，造成严重的油皂分离。不同润滑脂使用的稳定剂不同，如钠基润滑脂中的甘油，钙基润滑脂中的环烷酸皂，复合钙基润滑脂中的醋酸钙，钡基润滑脂中的醋酸钡，铅基润滑脂中的油酸等，均起稳定剂的作用。

实践中发现，结构稳定剂的用量过多或过少都对润滑脂的质量有不利影响。稳定剂过少，皂的聚结程度较大，膨化和吸附的油量较少，皂-油体系不安定；反之，如果过多，由于极性的影响，也会造成胶体结构的破坏，所以结构稳定剂用量要适宜，一般是由实验确定的。

4.添加剂

为了满足润滑脂的使用性能要求，在润滑脂中还需要加入一些添加剂，既改善润滑脂固有的性能，也可以增加其原来不具有的性能。添加剂主要有抗氧剂、极压抗磨剂、防锈剂和抗腐剂、拉丝性增强剂等。

（1）抗氧剂　润滑脂的氧化主要是基础油氧化的结果。由于皂基润滑脂中的金属有催化作用，因此皂基润滑脂比润滑油更容易氧化。根据稠化剂中金属种类的不同，催化效果也有所差别。由于钠、锂皂的催化作用较强，需要添加更多的抗氧剂来抑制氧化过程。常用的抗氧剂有酚类和有机胺，如2,6-二叔丁基对甲酚、二苯胺、苯二胺和苯基-α-萘胺等。此外，还有酚、胺型抗氧剂（如N-正丁基对氨基酚）、二烷基二硫代氨基甲酸盐等。

（2）极压抗磨剂　含硫、磷、氯、铅、钼的化合物可作为极压抗磨剂。通常含铅、氯、硫的化合物能提高抗负荷能力，含磷化合物的抗磨效果更好。硫化物有硫化烯烃、硫化鲸油、硫苄和硫化脂肪等。磷化物有磷酸三甲酚酯、磷酸三乙酯和亚磷酸二正丁酯等。此外，还有氯化石蜡、环烷酸铅和二烷基硫代氨基甲酸盐（铅、钼、锑等）。

（3）防锈剂和抗腐剂　专用防锈润滑脂或强化防锈能力的润滑脂还要求添加防锈剂。防锈剂的作用是在金属表面聚积起一层薄膜而防止润滑油与金属接触，阻止金属离子扩散到油中去。常用的防锈剂有中性和碱性石油磺酸钡和磺酸钙、二壬基萘磺酸钡、山梨糖醇单油酸酯、脂肪酸胺等，此外还有亚硝酸钠等。有时接触润滑脂的有色金属（如铜或铜合金）发生腐蚀，要求加入抗腐剂。常用的抗腐剂有苯并三氮唑、苯并噻唑、咪唑啉类等。

（4）防水剂　润滑脂的抗水性与基本组分有关。不能抗水的润滑脂（如钠基润滑脂、硅胶润滑脂），通过添加多聚戊基、辛基、十二烷基、十六烷基丁烯酸等高聚物可以改善其抗水性。

（5）拉丝性增强剂　为了提高润滑脂的黏附性或增强低黏度基础油制得的润滑脂的黏附力，可以添加高分子聚合物，如聚异丁烯、聚甲基丙烯酸酯等。

二、润滑脂的特性及应用范围

1.润滑脂的触变性

润滑脂的组成和结构决定了它同润滑油不同的特性。在润滑脂使用过程中，当施加一个外力时，润滑脂在流动中逐渐变软，表观黏度降低，但是一旦处于静止，经过一段时间（很短）后，稠度再次增加（恢复），这种特性称为触变性，这是润滑脂所具有的最基本的特性。在常温和静止状态时，润滑脂像固体，能保持形状不流动，能黏附在摩擦部件表面而不滑落。在高温或受到一定限度的外力时，它又像液体能产生流动。在机械中受到运动部件的剪切作用时，它能产生流动并进行润滑，降低运动物体表面的摩擦和磨损。当剪切作用停止时，它又恢复到一定的稠度和黏度，但不一定恢复到原来的稠度和黏度。润滑脂的这种特殊性能，决定了它可以在不适于用润滑油润滑的部位润滑，而显示它优良的性能。

2.润滑脂的优点

（1）耐压性强　润滑脂在金属表面上的附着能力很强，它能在润滑油无法润滑的部位形成牢固的润滑膜，并承受很大压力。在高负荷或摩擦部位比较粗糙的机械（如推土机、轧钢机等）上大都使用润滑脂。

（2）缓冲性能好　润滑脂用于做往复运动的机械中，当这些机械的运动方向、运动速度或负荷发生改变，产生很大冲击力和震动时，润滑脂能起缓冲作用，减弱或消除机械的震动，并能在反复冲击的情况下保证必要润滑。

（3）不易流失　由于润滑脂是半固态油状软膏，当它被用于垂直表面或不密封的摩擦部位时，能保持足够的厚度，即使在离心力的作用下也不至于流失，所以能保证可靠润滑。

（4）密封性能和防护性能好　润滑脂的密封性能优于润滑油，它可以防止水分、灰尘、杂质和腐蚀性物质进入摩擦表面，保持摩擦表面清洁，防止其被锈蚀。

（5）黏温性能好　润滑脂的黏度受温度变化的影响比润滑油小，这是润滑脂特有的优良性能，因而适用于运动速度和温度变化幅度较大情况下的润滑。

3.润滑脂的缺点

润滑脂虽然具有上述优点，但它并不能完全取代液态的润滑油。由于润滑脂的流动性差，散热性不好，不利于带走润滑部件在工作时产生的热量；它没有清洗作用，一旦水、灰尘或其他异物混到润滑脂中，很难将它们从润滑脂中清除；它没有流动性，不能循环使用；它的氧化安定性不如润滑油；润滑脂处理（如加注、更换和清洗）有点困难；润滑脂黏滞性强。

4.润滑脂的应用范围

从应用领域来看，各种机械设备都离不开润滑脂。工业上，不仅采矿、冶金、机械等许多重工业的设备需要使用润滑脂，而且轻工业如纺织、造纸、印染、食品、通信等设备也需要润滑脂。农业上，拖拉机和其他许多农业机械需要润滑脂。交通运输和国防上，汽车、铁路机车、飞机等各种交通工具以及坦克、导弹等都需要润滑脂。

总之，润滑脂的应用范围十分广泛，应用领域不断扩大，润滑脂是不可或缺的一类润滑材料。

三、润滑脂的基本性质

1.外观

润滑脂通过目测和感观检验来控制其质量。其外观主要包括颜色、光亮、透明度、黏附性、均一性和纤维状况等。由外观可以初步鉴定出润滑脂的种类牌号，推断产品质量。因此，在规格标准中，几乎对每一种润滑脂都规定了外观这项质量指标。

润滑脂的外观检查方法，一般是直接用肉眼观察。但最好用刮刀把它涂抹在玻璃上，在层厚 1~2mm 下对光检查，仔细观察。此外，还可以用手捻压来检查判断。外观的主要检查内容包括：

① 观察颜色和结构是否正常，是否均匀一致，有无明显析油倾向；

② 观察有无皂块，有无粗大颗粒、硬粒杂质以及外来杂质；

③ 观察纤维状况、黏附性和软硬程度等。

皂基润滑脂的颜色因选用的稠化剂和基础油的性质以及生产工艺条件的不同而异，一般呈淡黄色至暗褐色。大部分皂基润滑脂是半透明或不透明状，呈现一定光泽的均匀油膏，而且具有不同强度的纤维感觉。

检查润滑脂的外观可以初步区别各种不同类型的润滑脂，对简易识别润滑脂有一定的参考。通常，天然脂肪制得的润滑脂颜色较浅，合成脂肪酸制得的润滑脂的颜色较深而暗，并稍有特殊臭味。烃基脂类产品的外观一般为淡黄色至黄褐色半透明或不透明的油膏，一般都不具光泽，有很强的黏稠性、拉丝性和附着能力。用无机稠化剂制成的润滑脂带纤维结构。

当润滑脂内加有石墨时，呈现黑色，能看到具有乌黑光泽的石墨粒子存在；当润滑脂加有二硫化钼时，呈现灰蓝色，并具有二硫化钼光泽。

下面介绍几种常用润滑脂的外观特征。

钠基润滑脂：淡黄色到暗褐色，纤维状，黏附性差；

锂基润滑脂：白色至淡黄色，呈光滑均匀的油膏状，并有细小的纤维；

铝基润滑脂：呈光滑透明的凝胶状；

普通钙基润滑脂：淡黄色到暗褐色，纤维很短，光滑均匀状；

复合钙基润滑脂：色泽深黄，纤维较长，直观较硬；

石墨润滑脂：黑色或灰黑色，有金属光泽，黏附性强。

此外，从外观也可以初步判断润滑脂质量的优劣。如有的润滑脂从表面可以看出呈现硬化、氧化变色，有的表面严重析油，有的表面呈现明显龟裂或凝胶状，有的有明显不均匀的块状等。这些都可从外观检查推断出该产品在原料、组成及生产工艺上或多或少存在一定问题。

2.滴点

滴点是润滑脂规格中重要的质量指标之一。其反映润滑脂的耐高温性能。滴点是指其在规定条件下达到一定流动性时的最低温度（单位为℃）。滴点没有绝对的物理意义，它的数值因设备与加热速率不同而异。

润滑脂的滴点主要取决于稠化剂的种类和含量，添加剂和复合剂也有影响。稠化剂的种类不同，润滑脂的高温性能也不同。从表4-26可以看出，无机润滑脂、脲基脂和复合皂基脂的滴点高，被称为高滴点润滑脂，代表了润滑脂的发展方向。

表 4-26　几种润滑脂的滴点

种类	膨润土脂	脲基脂	复合皂脂	锂基脂	钠基脂	钙基脂	凡士林
滴点/℃	>280	>260	>260	>180	>140	<100	<55

润滑脂的滴点可大致反映其使用温度的上限。润滑脂达到滴点时其已丧失对金属表面的黏附能力。一般地说，润滑脂应在滴点以下20~30℃或更低的温度条件下使用。

润滑脂的滴点可按GB/T 3498—2008《润滑脂宽温度范围滴点测定法》进行测定。方法是将润滑脂装入滴点计的脂杯中，在规定的标准条件下，试样从脂杯中滴下第一滴流体或流出25mm油柱时的温度。

同一种润滑脂，其耐热性随稠化剂含量的增加而增强。润滑脂的类型不同，其滴点差别较大。

3.稠度

在规定的剪力或剪速下，测定润滑脂结构体系变形程度以表达体系的结构性，即为稠度的概念。它是一个与润滑脂在润滑部位上保持能力和密封性能，以及与润滑脂的泵送和加注方式有关的重要性能指标。某些润滑点之所以要使用润滑脂，就是因为其有一定的稠度，从而使其具有一定的抵抗流失的能力。不同稠度的润滑脂所适用的机械转速、负荷和环境温度等工作条件不同，因此，稠度是润滑脂的一个重要指标。

润滑脂的稠度等级可用锥入度来表示。润滑脂的锥入度是指在规定仪器中，在25℃下，利用质量为150g的金属圆锥体，测定其5s内靠自重刺入润滑脂的深度，以（1/10）mm表示。润滑脂的锥入度测定方法详见《润滑脂和石油脂锥入度测定法》（GB/T 269—1991）。

锥入度根据测定方法分为未工作锥入度、工作锥入度和延长工作锥入度。未工作锥入度是指润滑脂样品从容器中取出直接放入润滑脂工作器中不经过工作或搅动时的锥入度。工作锥入度是指润滑脂放入工作器中经过60次工作（剪切）后的锥入度，平时说的锥入度大多是工作锥入度。搅拌超过60次测定的锥入度，称延长工作锥入度，延长工作锥入度可表示润滑脂的剪切安定性。通常润滑脂的牌号就是以工作锥入度的等级来划分的，见表4-27。

表 4-27　润滑脂稠度等级

稠度等级	锥入度范围（工作60次）/（1/10mm）	状态
000	445~475	液体
00	400~430	半液体
0	355~385	非常软
1	310~340	很软
2	265~295	软

稠度等级	锥入度范围（工作 60 次）/（1/10mm）	状态
3	220～250	中软
4	175～205	硬
5	130～160	很硬
6	85～115	非常硬

从表 4-27 可以看出，绝大多数润滑脂呈半固体油膏状，但也有少数润滑脂呈液体或半液体状，因为它含有构成润滑脂的组分，因而把它们归为润滑脂类，如防锈润滑脂等。

锥入度的大小主要取决于润滑脂中稠化剂的含量。稠化剂含量越少的润滑脂，其锥入度越大。在稠化剂含量为 10%～40%（质量分数）的范围内，稠化剂含量与锥入度几乎成直线关系。润滑脂的锥入度还随温度的变化而变化。温度升高，锥入度增大；温度降低，锥入度减小。

4.强度极限

润滑脂是半固体状的物质，所受的外力如果不大，它只会塑性变形，而不会流动；当外力逐渐加大，达到某临界数值时，润滑脂开始流动。使润滑脂产生流动所需的最小的力，称为润滑脂的强度极限。

强度极限对润滑脂的使用有重要意义，如润滑脂的强度极限过小，在不密封的摩擦部位或垂直面上使用时，容易流出或滑落；在高速旋转的机械中使用时如强度极限过小，也会被离心力甩出。此外，润滑脂的高、低温使用性能也和强度极限有关。在高温下，润滑脂强度极限会减小，如减得过小，则润滑脂容易流失；在低温下润滑脂强度极限也不应过大，否则，便会使机械启动困难，或消耗过多的动力。因此，规定润滑脂在较高温度下强度极限不小于某一数值，在低温下强度极限不大于某一数值。

润滑脂强度极限的测定按 SH/T 0323—1992 进行，在规定温度下，以塑性计螺纹管内润滑脂发生移动时的最高压力为强度极限值，单位为 Pa。大部分润滑脂在使用温度范围内强度极限为 0.1～0.3kPa。

强度极限在很大程度上取决于稠化剂的种类和在润滑脂中的用量，含稠化剂量增多，润滑脂的强度极限也增大。因此，低温用润滑脂含稠化剂量应较少，以免低温强度极限过大。

5.低温性能

汽车与工程机械起步时的温度与环境温度近乎一致，在寒冷地区使用时，要求润滑脂在低温条件下仍能保持良好的润滑性能，它取决于润滑脂低温条件下的相似黏度及低温转矩。

（1）相似黏度　润滑脂的黏度在一定温度条件下随着剪切速率而变化的变量，称之为相似黏度，单位为 Pa·s。润滑脂中相似黏度随着剪切速率的增高而降低，但当剪切速率继续增加，润滑脂的相似黏度接近其基础油的黏度后便不再变化。润滑脂相似黏度与剪切速率的变化规律称为黏度-速度特性。黏度随剪切速率变化愈显著，其能量损失愈大。一般可以根据低温条件下润滑脂相似黏度的允许值来确定润滑脂的低温使用极限。

润滑脂的相似黏度也随温度上升而下降，但仅为基础油的几百甚至几千分之一，所以，润滑脂的黏温特性比润滑油好。

SH/T 0048—1991 规定了润滑脂相似黏度的测定方法，采用的是非恒定流量毛细管黏度计。

（2）低温转矩　低温转矩是指润滑脂装入轴承内后，在低温条件下，当轴承内环在低速下转动时，随轴承外环转动的力矩。所谓启动转矩是指转动开始测得的最大转矩。运转转矩是指在稳定转动之后的平均转矩，由于从静止到开始运转所需施加于润滑脂的应力远大于正常流动时的应力，因而低温启动转矩也远大于运转转矩。

低温转矩表示润滑脂在低温条件下使用时阻滞低速滚珠轴承转动的程度，它是衡量润滑脂低温性能的一项重要指标。低温转矩的大小关系到用润滑脂润滑的轴承低温启动的难易和功率损失，如果低温转矩过大将使启动困难并且功率损失增多。低温转矩对于在低温使用的微型电机、精密控制仪表等特别重要。精密设备要求轴承的转矩小而稳定，以保证容易启动和灵敏、可靠地工作。低温转矩可以表示润滑脂的低温使用性能，用 9.8N·cm 转矩测出使轴承在 1min 内转动一周时的最低温度，作为润滑脂的最低使用温度。

润滑脂的低温转矩与其组成有关，以合成油为基础油的润滑脂，其低温性能优于以石油基润滑油为基础油的润滑脂。

润滑脂的低温转矩与其强度极限有关，当润滑脂强度极限愈高时，转矩就愈大，机件转动就愈困难。特别是对于航空小电动机、小发电机与仪表轴承，因强度极限增大而不易转动、摆动或滑动。

《滚珠轴承润滑脂低温转矩测定法》规定了启动与运转转矩的测定方法，该方法可测在 −20℃ 条件下滚珠轴承润滑脂的启动与运转转矩，作为润滑脂在低温条件下运转阻力大小的评定指标。

6.极压性与抗磨性

涂在相互接触的金属表面间的润滑脂所形成的脂膜，能承受来自轴向与径向的负荷，脂膜具有的承受负荷的特性就称作润滑脂的极压性。一般而言，在基础油中添加了皂基稠化剂后，润滑脂的极压性就增强了。在苛刻条件下使用的润滑脂，常添加有极压剂，以增强其极压性。目前普遍采用四球试验机来测定润滑脂的脂膜强度。

四球机试验原理：将试验头下方的三个标准钢球固定作为承重部件，并将润滑脂填充在承重球固定杯内，上方的标准钢球通过传动装置施加负荷，在设定的温度、转速和负荷下进行运转，通过钢球的运动状态来确定润滑脂的极压、抗磨性能。

（1）最大无卡咬负荷　在一定温度、转速下钢球在润滑状态下不发生卡咬的最大负荷，此指标测量值越高，说明润滑脂的润滑性能越好。

（2）烧结负荷　在一定温度、转速下逐级增大负荷，当上方钢球和下方钢球因负荷过重而发生高温烧结，设备不得不停止运转的负荷即烧结负荷，烧结负荷越高，说明润滑脂的极压润滑性能越好。

（3）磨迹　在一定温度、转速、负荷和运转时间下，承重钢球表面因摩擦导致磨损斑痕直径的大小即磨迹，磨迹越小，说明润滑脂的抗磨损能力、润滑性能越好。

润滑脂通过保持在运动部件表面间的油膜，防止金属对金属相接触而磨损的能力称为抗磨性。润滑脂的稠化剂本身就是油性剂，具有较好的抗磨性。在苛刻条件下使用的润滑脂，添加有二硫化钼、石墨等减磨剂和极压剂，因而具有比普通润滑脂更强的抗磨性，这种润滑脂被称为极压型润滑脂。

7.抗水性

润滑脂的抗水性是指润滑脂在水中不溶解、不乳化、不从周围介质中吸取水分、不被水洗掉和在与水接触时不明显地改变它的性能的能力。

润滑脂的抗水性主要取决于稠化剂，其次是基础油。一般说来，以硅油为基础油的润滑脂的抗水性较好，其次是矿物油、酯类油，聚醚油的抗水性较差。从稠化剂来说，脲基脂、烃基脂的抗水性最好，铝基脂、钡基脂、钙基脂以及复合铝、复合钡、复合钙基脂次之，再次之是锂基脂，抗水性最差的是钠基脂和复合钠基脂。

润滑脂抗水性评定方法有抗水淋性能试验、抗水喷雾性能试验、抗水和抗水-乙醇性能试验及加水剪切和加水滚筒试验。

抗水性好的润滑脂可以保证在有水或水汽存在下，能够起到良好润滑作用，而抗水性差的润滑脂则不宜用于与水接触的部位。例如轧钢工业的连续铸钢操作过程的特点是有大量冷却水喷淋赤热的钢坯，不但有大量的水进入轴承，也有大量的水蒸气存在，润滑脂一直处于高温高湿状态，在这些部位使用抗水性良好的脲基脂或膨润土脂比使用极压锂基脂的效果要好，减少了轴承的损坏。

对于绝大多数的使用部位来说，都要求润滑脂具有良好的抗水性。但是有一些部位则相反，如针织机、缝纫机上使用的润滑脂则希望其具有水溶性，当油脂溅到织物上时，要经过漂洗工序使油污痕迹很容易洗掉。若使用抗水性好的润滑脂时，反而不容易洗掉油迹，会造成次品增多。因此，在具体选用润滑脂时一定要灵活对待。

8.保护性能

润滑脂的保护性能是指对金属的保护作用，防止金属受到腐蚀和生锈的性能。用作保护的润滑脂，必须具备以下三个条件：

① 本身不腐蚀金属，即不易氧化，酸值要小；
② 抗水性好，即不吸水，不易被水冲掉；
③ 黏附性好，高温不滑落，低温不龟裂，能有效地使金属表面与空气隔绝。

评价润滑脂保护性能的方法主要有腐蚀试验、防锈油脂湿热试验、防护性能试验和游离有机酸或游离碱测定。

9.安定性

润滑脂在安定性方面的要求是具有良好的胶体安定性，在储存和使用过程中不易分油；具有良好的氧化安定性，不易发生氧化变质；具有良好的机械安定性，受到剪切后稠度变化小。

（1）胶体安定性　胶体安定性是指润滑脂在储存和使用时避免胶体分解，防止液体润滑油析出的能力。润滑脂发生皂油分离的倾向性大则说明其胶体安定性不好，将直接导致润滑脂稠度改变。

评定润滑脂胶体安定性可采用分油试验进行。按《润滑脂压力分油测定法》（GB/T 392—1977）和《润滑脂分油的测定　锥网法》（NB/SH/T 0324—2010）进行。通过测定润滑脂的分油量来评定润滑脂的胶体安定性。分油量越大的润滑脂，其安定性越差。

润滑脂的胶体安定性与其组成和外界条件有关。一般含皂类稠化剂少、润滑油黏度小和含碱多的润滑脂，其胶体安定性较差。烃基润滑脂的胶体安定性最好。

润滑脂在储存中，如果发现微量分油，而锥入度和滴点仍合格，那么它对质量的影响不大，还可以使用，但不宜久存；如出现大量分油，其他质量指标明显变为不合格，则应报废。

（2）氧化安定性　润滑脂的氧化安定性是指润滑脂在长期储存或长期高温情况下使用时，抵抗热和氧的作用以免发生质量变化的能力。润滑脂在保管和使用过程中因受热和与空气接触，再加上储存容器或摩擦部位的金属的催化作用，会引起润滑脂发生氧化变质，其结果是游离碱含量减小或游离有机酸含量增大、滴点下降、外观颜色变深，出现异臭味；稠度、强度极限、相似黏度下降；生成腐蚀性产物，对金属有腐蚀现象；生成破坏润滑脂结构的物质，造成皂油分离等。

润滑脂的氧化与其组分，也即稠化剂、添加剂及基础油有关。润滑脂中的稠化剂和基础油，在储存或长期处于高温的情况下很容易被氧化。氧化的结果是产生腐蚀性产物、胶质和破坏润滑脂结构的物质，这些物质均易引起金属部件的腐蚀和降低润滑脂的使用寿命。由于润滑脂中的金属（特别是锂皂）或其他化合物对基础油的氧化具有促进作用，所以，润滑脂的氧化安定性很大程度上取决于基础油的氧化安定性，且其氧化安定性要比其基础油差，因此润滑脂中普遍加入抗氧剂。

润滑脂的氧化安定性的测定按《润滑脂氧化安定性测定法》（SH/T 0325—1992）、《润滑脂化学安定性测定法》（SH/T 0335—1992）和《润滑脂氧化诱导期测定法（压力差示扫描量热法）》（SH/T 0790—2007）进行。

（3）储存安定性　润滑脂储存过程中性质可能发生一些变化，我国制定了《润滑脂贮存安定性试验法》（SH/T 0452—92）。润滑脂在 38℃ 放置 6 个月后，锥入度的变化值不得超过 30。

（4）机械安定性　机械安定性是指润滑脂在机械工作条件下抵抗稠度变化的能力。机械安定性差的润滑脂，使用中容易变稀甚至流失，影响脂的寿命。机械安定性也叫剪切安定性，SH/T 0122—92《润滑脂滚筒安定性测定法》规定了润滑脂机械安定性的测定方法。方法是用 50g 试样，在室温（21~38℃）条件下，在滚筒试验机上工作 2h 后，测定试验前后润滑脂的工作锥入度。

10.机械杂质

润滑脂中的机械杂质主要是指磨损性的机械杂质，如砂粒、尘土、铁锈、金属屑等，这些机械杂质主要来源于以下几个方面：

① 制造润滑脂时，原料过滤不好而带来的，如制造钙基润滑脂时，石灰乳过滤不细；

② 制造过程中混入的，如生产厂房简陋，没有达到无尘要求；

③ 容器不清洁；

④ 管理不当，如有些基层单位的加油站桶装润滑脂不加盖等。

润滑脂混入机械杂质后，既不能沉淀，也不能过滤，会造成润滑部位的严重磨损，因此要严格控制。

机械杂质的评定方法有《润滑脂机械杂质测定法（酸分解法）》（GB/T 513—77）、《润滑脂机械杂质测定法（抽出法）》（SH/T 0330—92）、《润滑脂杂质含量测定法（显微镜法）》（SH/T 0336—1994）和《润滑脂有害粒子鉴定法》（SH/T 0322—92）四种。

11.水分

润滑脂的水分有两种，一种是游离水，它会引起金属生锈，这是不希望有的；另一种是结合水，它是润滑脂结构的稳定剂。不同的润滑脂，含水量不同。通常，烃基润滑脂不允许含水分，皂基润滑脂的含水量也有不同的规定。但有些润滑脂本身具有一定的吸水性，如钠基润滑脂、滚珠轴承润滑脂、4 号高温润滑脂、硅胶润滑脂等，对这类润滑脂应密封保管。

检查润滑脂的水分含量按《润滑脂水分测定法》（GB/T 512—90）进行。

12.蒸发性

润滑脂的蒸发性是衡量润滑脂在使用和储存中由于基础油的蒸发，导致润滑脂变干的质量指标。润滑脂的蒸发性几乎完全取决于基础油的种类、性质、馏分组成和分子量，基础油馏分越轻，蒸发越快，馏分越重，蒸发越慢。如润滑脂的蒸发性不好，其使用寿命不会太长。研究表明，润滑脂经过长期蒸发后将变稠，滴点绝大多数降低，酸值增加，分油减少，因而影响其使用寿命。故要求润滑脂的蒸发性越小越好，尤其是高温、宽温度范围或高真空条件使用的润滑脂和仪器仪表脂显得特别重要。

润滑脂蒸发性的测定方法有《润滑脂蒸发度测定法》（SH/T 0337—92）和《润滑脂和润滑油蒸发损失测定法》（GB 7325—87）。前者属于高温对流测定法，后者属于中温动态空气测定法，以试验前后润滑脂的质量差并计算成百分比来表示润滑脂的蒸发度。

四、润滑脂的分类

1.按使用性能分类

国际标准化组织 ISO 于 1987 年发布了以润滑脂使用性能为基础的分类方法 ISO 6743/9—1987。该分类方法主要考虑操作温度、水污染、极压性能等，这些性能要求在润滑脂代号中用大写英文字母表示，最后标记润滑脂稠度等级号。我国于 1990 年等效采用 ISO 6743/9 标准颁布了 GB/T 7631.8《润滑剂和有关产品（L 类）的分类 第 8 部分：X 组（润滑脂）》国家标准。该标准适用于润滑各种设备、机械部件、车辆等所有种类润滑脂的分类，但不适用于特殊用途的润滑脂（如接触食品、高真空、抗辐射等）的分类。

一种润滑脂的完整标记应包括以下几部分，即润滑脂代号为：

L－X（字母1）（字母2）（字母3）（字母4）（稠度等级）

润滑脂代号中字母的意义如表 4-28。润滑脂标记中各字母含义见表 4-29。

表 4-28　润滑脂代号中字母的意义

L	X	字母 1	字母 2	字母 3	字母 4	稠度等级
润滑剂类	润滑脂组	最低温度	最高温度	水污染	极压性	稠度号

表 4-29　润滑脂标记中各字母含义

字母序号	1（组别）	2（最低的操作温度）/℃				3（最高操作温度）/℃						
代号	X	A	B	C	D	E	A	B	C	D	E	F	G
含义	润滑脂	0	−20	−30	−40	<−40	60	90	120	140	160	180	＞180
字母序号	4（抗水性能和防锈水平）									5		
代号	A	B	C	D	E	F	G	H	I	A		B
环境条件①	L	L	L	M	M	M	H	H	H	非极压		极压
防锈性能②	L	M	H	L	M	H	L	M	H			

① L 表示干燥环境，M 表示静态潮湿环境，H 表示水洗。

② L 表示不防锈，M 表示淡水存在下的防锈性，H 表示盐水存在下的防锈性。

润滑脂稠度根据 NLGI 的划分方法，按工作锥入度分为 9 个等级，润滑脂的牌号与锥入度的关系见表 4-30。

表 4-30　润滑脂稠度等级

润滑脂牌号	锥入度（工作60次）/（1/10mm）	状态	适用润滑法	主要用途
000	445～475	液体	集中	循环润滑系统（冬）
00	400～430	半液体	集中	循环润滑系统（夏）
0	355～385	非常软	集中、涂抹	集中润滑系统（冬）
1	310～340	很软	集中、脂杯	集中润滑系统（夏）
2	265～295	软	脂杯、脂枪	轮轴（冬）
3	220～250	中软	脂杯、脂枪	轮轴（夏）
4	175～205	硬	脂杯、脂枪	轴箱填充（亚热）
5	130～160	很硬	涂抹	轴箱填充（热）
6	85～115	非常硬	脂块填充	轴头填充

2.按稠化剂的类型分类

润滑脂按其所含稠化剂的种类分为皂基脂、烃基脂、无机脂和有机脂四大组，见表 4-31。皂基脂按所含皂类的不同又分为单一皂基脂、混合皂基脂和复合皂基脂等若干个小组。

表 4-31　润滑脂分类分组表

组别	皂基													烃基	无机	有机
	单一皂基							混合皂基				复合皂基				
	钙基	钠基	锂基	铝基	钡基	铅基	其他基	钙钠基	钙铝基	铅钡基	铝钡基	复合钙基	复合铝基			
符号	G	N	L	U	B	Q	A	GN	GU	QB	UB	FG	FU	J	W	Y

五、常用润滑脂品种

现介绍几种常用的润滑脂，常用润滑脂有钙基润滑脂、石墨钙基润滑脂、无水钙基润滑脂、复合钙基润滑脂、钠基润滑脂、钙钠基润滑脂、通用锂基润滑脂、合成锂基润滑脂、二硫化钼极压锂基润滑脂、多用途润滑脂等。

1.钙基润滑脂

以金属钙作为稠化剂的润滑脂有钙基润滑脂、石墨钙基润滑脂和复合钙基润滑脂。

（1）普通钙基润滑脂　钙基润滑脂俗名为"黄油"，曾经是我国应用较多的一种润滑脂，但是随着锂基润滑脂的发展，钙基润滑脂的用量已日益减少。

钙基润滑脂按锥入度分为 1、2、3、4 四个牌号，可用在汽车、拖拉机、冶金和纺织等机械设备。其外观是浅黄色至暗褐色的均匀油膏，使用温度范围为 −10～60℃；最高使用温度 60℃，耐热性差，耐水性好；钙皂的水化物在 100℃ 左右会水解，这使该脂超过 100℃ 时丧失稠度，滴点在 80～95℃ 之间；它的抗水性好，遇水不易乳化，容易黏附于金属表面，胶体安定性好。长期以来钙基润滑脂被用来润滑汽车轮毂轴承、水泵轴承和凸轮等部位，价格较低。

（2）石墨钙基润滑脂　石墨钙基润滑脂是由动植物油钙皂稠化中等黏度的矿物油并加入 10% 的鳞片状石墨制得的。石墨是一种良好的润滑剂和填充剂，抗水性好，对金属表面的黏附性也好。石墨钙基润滑脂是黑色均匀油膏，滴点为 80℃，工作温度在 60℃ 以下。

石墨钙基润滑脂有较好的极压抗磨性，适用于重负荷、低转速和粗糙摩擦面的润滑，如汽车钢板弹簧，吊车、起重机齿轮转盘等承压部位的润滑。石墨钙基润滑脂有较好的抗水性，能适应与水或潮气接触的机械设备的润滑。

（3）复合钙基润滑脂　复合钙基润滑脂是由乙酸钙复合的高级脂肪酸钙皂稠化中等黏度的矿物油制成。按其锥入度分为 ZFG-1、ZFG-2、ZFG-3 与 ZFG-4 四个牌号。复合钙基润滑脂适用于工作温度为 120～150℃的摩擦部件润滑，适合于车辆轮毂轴承及水泵轴承的润滑。不少地区将 3%（质量分数）的二硫化钼加到复合钙基润滑脂中，取得良好效果，特别是在南方炎热、潮湿地区使用更为适宜。可根据设备的负荷选用相应牌号的润滑脂，一般常用的是 2 号或 3 号。

复合钙基润滑脂的主要性能是滴点高、耐热性好；有一定的抗水性，可在潮湿环境或与水接触的情况下工作；有较好的机械安定性和胶体安定性，可用于较高速的滚动轴承上。

复合钙基润滑脂的缺点是有表面硬化的趋势，不宜长期储存。

2.钠基润滑脂

常用的以钠皂为稠化剂的润滑脂有：钠基润滑脂、4 号高温润滑脂、特 12 号精密仪表脂等。

（1）钠基润滑脂　钠基润滑脂是以动植物脂肪酸钠皂稠化矿物润滑油而成，外观为深黄色到暗褐色的纤维状均匀油膏。钠基润滑脂的特性是滴点高，可达 160℃。耐热性好，适用于 -10～110℃温度范围内中等负荷机械设备的润滑；抗水性差，不适用于与水相接触的润滑部位。钠基润滑脂可用于中型电动机、发电机的轴承和汽车、拖拉机轮毂轴承等。

（2）4 号高温润滑脂　4 号高温润滑脂是以硬脂酸钠皂稠化 20 号航空润滑油而成，并加有胶体石墨，呈黑绿色均匀油性软膏状，耐热冲击负荷的润滑脂。其耐负荷性能好，是一种适用于高温摩擦部位，并能耐重负荷，可用来润滑喷气式飞机的轮毂轴承。但这种润滑脂的缺点是低温性能差，而且长期储存后因吸水而滴点下降。

（3）特 12 号精密仪表脂　特 12 号精密仪表脂是由钠皂和地蜡稠化 14 号精密仪表油而成，适用于精密仪器、仪表的滚动轴承作润滑和防护用，使用温度为 -70～110℃。

特 12 号精密仪表脂含有较多的矿物油，润滑性较好，适合用于负荷较大的仪器仪表滚动轴承，如飞机上的电动自动驾驶仪的陀螺电机轴承等。

3.钙钠基润滑脂

钙钠基润滑脂是由动植物油钙钠基混合皂稠化中等黏度的矿物油而成。钙钠基润滑脂兼有钙基润滑脂的抗水性和钠基润滑脂的耐热性，具有良好的输送性与机械安定性。滴点在 120℃左右，所以使用温度不高于 90～100℃。钙钠基润滑脂适用于各种类型的电动机、发电机、鼓风机、汽车、拖拉机和其他机械设备滚动轴承的润滑。

4.通用锂基润滑脂

通用锂基润滑脂是由 12-羟基硬脂肪酸锂皂稠化中等黏度矿物油，并加入抗氧防锈添加剂制成。它具有良好的抗水性、机械安定性、防锈性和氧化安定性，适用于 -30～120℃温度范围内汽车轮毂轴承、底盘、水泵和发电机等各摩擦部位的润滑以及各种机械设备的滚动轴承、滑动轴承等摩擦部位的润滑。也可以在潮湿和与水接触的机械部件上使用，具有良好的机械安定性和胶体安定性，在高速运转的机械剪切作用下，润滑脂不会变稀或流失；耐热性好，滴点高，可在较高温度条件下使用。

通用锂基润滑脂不宜用大容器盛装，以免引起析油。如有少量析油，可在常温下搅拌或研磨均匀后使用。不要与其他脂类混合使用。其他注意事项与钙基脂相同。

5.合成锂基润滑脂

合成锂基润滑脂是由合成脂肪酸的锂皂稠化中等黏度的矿物油，并添加抗氧剂等制成。

合成锂基润滑脂是一种多用途、长寿命的润滑脂，适用于工作温度在–20～120℃范围内各种机械设备的滚动和滑动摩擦部位的润滑。它可取代钙基、钠基及钙钠基脂，广泛使用在高温、高速、与水接触的机械部件上，且可在 120℃左右的环境中使用。

6.二硫化钼极压锂基润滑脂

二硫化钼极压锂基润滑脂是由 12-羟基硬脂酸锂皂稠化精制矿物油，并加入防锈剂、极压抗磨剂等添加剂和二硫化钼粉制成。二硫化钼极压锂基润滑脂适用于冶金机械、矿山机械、重型起重机械以及汽车等重负荷齿轮和轴承的润滑。用于有冲击负荷的重载部位，能有效地防止机械部件的卡咬和烧结。

二硫化钼极压锂基润滑脂的适用温度范围为–30～120℃，除具有锂基脂良好的高低温性能、机械安定性、胶体安定性、氧化安定性、抗水性和防锈性能外，还具有突出的极压抗磨性能。

7.中小型电动机轴承锂基润滑脂

中小型电动机轴承锂基润滑脂是由锂皂稠化中等黏度矿物油，加有抗氧、防锈、抗磨等添加剂制成，属于专用润滑脂，是一种优良的低噪声水平润滑剂。其主要适用于 0.5kW 至几百千瓦，绝缘等级为 A、E、B 级的中小型电动机轴承的润滑。可在高温、多水、多盐雾等工况条件下使用，适用温度范围为–25～110℃。需注意，使用温度不宜长期超过 120℃，不能与其他润滑脂混用。

8.半流体锂基润滑脂

半流体锂基润滑脂（即 0 号、00 号和 000 号润滑脂）是由少量的脂肪酸锂皂稠化矿物油，并加有添加剂制成。半流体锂基脂属于专用润滑脂，分为非极压型和极压型两类。非极压型中加有抗氧剂、防锈剂，适用于矿山机械、建筑机械（如混凝土泵车）、重型机械等大型设备的集中润滑系统。极压型中还加有复合极压抗磨剂，适用于各种重型机械集中润滑以及齿轮箱、蜗杆副等传动装置。半流体锂基脂使用的温度范围为–30～120℃。

9.工业凡士林

工业凡士林不含皂分，是由石油脂、地蜡、石蜡等固体烃稠化高黏度润滑油制成，属非皂基脂中固体烃基脂的一种。白色至微黄色均匀的软膏状物质，可作润滑剂、绝缘剂、防锈剂和防水剂。工业凡士林适用于仓储的金属物品和工厂生产出来的金属零件及机器的防锈；作为橡胶工业的软化剂用；在机械的工作温度不高、负荷不大时，也可以当作减磨润滑脂使用。

工业凡士林有一定的防锈性；不溶于水，不乳化；有一定的润滑性和较好的黏附性。

习　　题

一、单选题

1. 润滑是在相对运动的两个接触表面之间加入润滑剂，从而使摩擦面之间形成（　　），将直接接触的表面分隔开来，变干摩擦为润滑剂分子间的内摩擦，达到减少摩擦，降低磨损，延长机械设备使用寿命的目的，即谓之润滑。

  A.润滑膜   B.润滑油   C.润滑剂   D.摩擦

 2. 在两摩擦面之间加有液体润滑剂，润滑油把两摩擦面完全隔开，变金属接触干摩擦为液体的（ ），这就是流体润滑。

  A.外摩擦   B.内摩擦   C.静摩擦   D.动摩擦

 3. 下列不是表示润滑油纯洁性的指标是（ ）。

  A.酸值   B.机械杂质   C.水分   D.灰分

 4. 润滑脂与润滑油相比的缺点是（ ）。

  A.适用的温度范围较窄   B.密封性能差

  C.清除杂质难   D.黏附力小

 5. 反映润滑脂软硬程度的指标是（ ）。

  A.滴点   B.锥入度   C.低温相似黏度   D.软化点

 6. 润滑油的主要性质取决于（ ）。

  A.基础油   B.添加剂   C.原油基属   D.评定方法

 7. 为了减缓油品的氧化，较为有效的办法是（ ）。

  A.加入抗氧抗腐蚀剂   B.加入降凝剂

  C.加入黏度指数改进剂   D.加入抗泡剂

 8. 多级内燃机油与单级内燃机油的主要区别在（ ）。

  A.黏温性能   B.抗氧化性能   C.低温性能   D.以上都不对

 9. 按我国润滑油分类，其中 T 类是（ ）。

  A.液压油   B.内燃机油   C.汽轮机油   D.导轨油

 10. API 是（ ）。

  A.国际标准化组织   B.国际润滑剂标准化及审核委员会

  C.美国汽车工程师协会   D.美国石油学会

 11. 多级油黏度指数（ ），高低温性能好，使用范围宽，可以全年通用，并且节约能源。

  A.低   B.中   C.高   D.以上都不对

 12. 按出厂说明书上的要求选用内燃机油的质量等级和（ ）等级。

  A.黏度   B.稠度   C.浓度   D.以上都不对

 13. 润滑脂是根据（ ）大小来分牌号的。

  A.熔点   B.相似黏度   C.锥入度   D.软化点

 14. 发动机油的牌号中，凡带 W 级号是表示（ ）。

  A.有高温性能的要求   B.有低温性能的要求

  C.有常温性能的要求   D.有高低温性能的要求

 15. 由于发动机油具有（ ）作用，所以它能够把摩擦面上的杂质、沉积物带走，避免机件运转中的损坏。

  A.冷却   B.密封   C.洗涤   D.润滑

二、多选题

1. 表示油品纯洁性的指标是（　　　）。
   A.机械杂质　　　　　B.水分　　　　　　C.灰分　　　　　D.残炭

2. 评定电气用油绝缘性能的两个指标是（　　　）。
   A.击穿电压　　　　　B.击穿场强　　　　C.酸值　　　　　D.总碱值

3. 润滑油的安定性包括（　　　）。
   A.氧化安定性　　　　B.热安定性　　　　C.剪切安定性　　　D.水解安定性

4. 润滑油发生氧化反应的原因是（　　　）。
   A.化学组成　　　　　　　　　　　B.金属的催化作用
   C.温度　　　　　　　　　　　　　D.与空气的接触面积

5. 润滑油的理想组分包括（　　　）。
   A.分支比较多的异构烷烃　　　　　B.少环长侧链的环烷烃
   C.少环长侧链的芳烃　　　　　　　D.正构烷烃

6. 内燃机油的工作特点是（　　　）。
   A.使用温度高　　　　　　　　　　B.摩擦件间的负荷较大
   C.运动速度多变　　　　　　　　　D.所处的环境复杂

7. 对空气压缩机油的性能要求是（　　　）。
   A.要有良好的抗氧化安定性　　　　B.不易产生积炭
   C.闪点要高　　　　　　　　　　　D.黏度要适当

8. 合成油的优点有（　　　）。
   A.价格不太高　　　　　　　　　　B.极佳的黏温性和低温流动性
   C.高温抗氧化性强　　　　　　　　D.蒸发损失低

9. 基础油的低温流动性主要涉及（　　　）指标。
   A.倾点　　　　　　　B.凝点　　　　　　C.润滑性　　　　D.滴点

10. 反映润滑脂低温性能的指标有（　　　）。
    A.低温相似黏度　　　B.锥入度　　　　　C.蒸发度　　　　D.低温转矩

三、判断题

1. 任何用于运动表面或运动表面之间以实现减少摩擦的做法都称为润滑。　　　（　　　）

2. 根据摩擦副的工作条件和作用性质，选用适当的润滑剂。　　　　　　　　（　　　）

3. 机械零件的黏着磨损、表面疲劳磨损和腐蚀磨损与润滑条件没有关系。　　（　　　）

4. 润滑剂不具备传递动力的功能。　　　　　　　　　　　　　　　　　　　（　　　）

5. 如果一种润滑油的品种牌号为 SM/CF-4 15W/40，则这是一种汽油机和柴油机通用油，并且是四季通用油。　　　　　　　　　　　　　　　　　　　　　　　　　（　　　）

6. 内燃机油颜色越浅，质量越好。　　　　　　　　　　　　　　　　　　　（　　　）

7. 磨合期应使用黏度较小的内燃机油。　　　　　　　　　　　　　　　　　（　　　）

8. L-HM、L-HG、L-HV 是矿物油型液压油。　　　　　　　　　　　　　（　　　）

9. L-HS 是矿物油型液压油。　　　　　　　　　　　　　　　　　　　　　（　　　）

10. 润滑脂的蒸发性是衡量润滑脂在使用和储存中由于基础油的蒸发，导致润滑脂变干的质量指标。（　　）

四、简答题

1. 摩擦有哪几种分类法？简述其分类。
2. 磨损包括哪四个基本类型？
3. 磨损的影响因素有哪些？根据这些影响因素，试分析如何减少磨损？
4. 什么是润滑？润滑的目的和作用分别是什么？
5. 润滑按润滑膜的状态和性质可以分为几类？说明其特点与所形成润滑膜的特点。
6. 简述润滑油基础油 API 分类情况。
7. 简述润滑油主要性能与化学组成的关系。
8. 简述内燃机油的工作特点和使用性能要求。
9. 简述齿轮油的工作特点和使用性能要求。
10. 简述润滑脂的优点、缺点和应用场合。
11. 简述润滑脂的主要性质。

第五章
其他石油产品

第一节　燃料油

燃料油又名重油，广泛用作船舶锅炉燃料、加热炉燃料、冶金炉和其他工业炉燃料。与用于内燃机的汽油、柴油和喷气燃料相比，一般都属于馏分组成较重的燃料油或残渣燃料油。

各种锅炉和工业炉的基本工作原理和燃料系统大致相同。抽油泵将重油从储油罐中抽出，再经过粗、细过滤器，除去机械杂质，再进入预热器，加热到 70～120℃；预热后的重质燃料油黏度降低，流动性增大了，然后经过调节阀，在 0.8～2MPa 压力下，重质燃料油通过喷油嘴，由空气或蒸汽将其分散成雾状喷入炉膛，进行燃烧，燃烧生成的废气经烟囱排入大气。

一、燃料油的使用性能

由于燃料油是通过喷油嘴直接喷散在炉膛内进行燃烧的，对重质燃料油的要求远不如对内燃机燃料那么严格。

燃料油主要由石油的裂化残渣油和直馏残渣油制成，其特点是黏度大，含非烃化合物、胶质、沥青质多。为了保证工业炉具有高的热效率，重质燃料油必须易被喷散、雾化良好、燃烧完全，同时还应具备一些其他必要的使用性能。

1.黏度

燃料油的黏度是最重要的质量指标和使用性能。

黏度决定了燃料油的使用可能性和使用条件，燃料油的黏度直接影响抽油泵、喷油嘴的工作效率和燃料消耗量。使用黏度过大的燃料油，抽油泵的效率明显降低，喷油速度减慢，引起燃油雾化不良，燃烧不完全，烟囱冒黑烟，喷油嘴中积炭量和燃烧炉炉膛中残渣、焦炭量增加，进一步恶化燃料雾化状况，增加了耗油量。燃料油在抽注时的阻力受其黏度影响很大，为了提高抽油泵的效率和抽油速度，必须加热燃料油以降低其黏度。

燃料油的黏度和黏度随温度变化情况，与燃料油的组成、含胶质量、含蜡量等多种因素有关。随温度升高，黏度开始急剧减小，但当温度升高到一定程度后，燃料油黏度变化趋于稳定。

为了保证正常供油，正常雾化，使用燃料油的时候，应该把重油加热到黏度较小并趋于相对稳定时的温度为宜。根据不同的牌号，一般应加热到 70～120℃。海军燃料油根据战斗要求，燃烧时不应出现冒黑烟和炉膛结焦现象，以免影响舰艇隐蔽性和燃烧炉热效率。

为了保证舰艇能快速行动，避免贻误战机，海军燃料油常掺有部分柴油，用以降低重油的黏度，提高其启动性。

2.热值

燃料油的热值是决定炉膛热强度和燃料消耗的重要因素。对舰船上使用的海军燃料油更为重要，因为船上的储油容器有限，使用热值愈高的燃料油，其续航里程就愈长，这对远航舰船和战备来说都具有重要意义。通常燃料油热值约为 40000～42000J/g，民用燃料油的质量标准中未作规定，但海军燃料油把热值作为一个重要的质量指标。

3.低温性能

燃料油的低温性能用凝点来评定，它是确定燃料油抽注、运输和储存作业时温度的重要依据之一。

由于凝点是在规定的试验条件下测定的，与使用条件不可能相同，因而，凝点只能作为重质燃料油在不加热情况下丧失流动性温度的参考，并不等于实际使用中燃料油丧失流动性的最高温度。燃料油的凝点与原油的化学组成和加工方法有密切关系，还与含水量有关，随着油中含水量的增加，燃料油的凝点上升，因此必须限制燃料油中的含水量。

4.安全性能

燃料油的防火防爆安全性是十分重要的使用性能，特别是用于舰船的燃料油要求更高。

燃料油的防火安全性能由闪点来决定。在保证燃料油闪点质量标准的前提下，注意燃料油预热温度不要过高，并杜绝火源，这样可以避免火灾，保证安全。但一定闪点的燃料油，其着火危险性与燃料油的黏度有关，因为黏度大的燃料油，要能保证燃料系统正常工作，就必须提高燃料油预热温度，着火危险性随之增大。

因而，在储运和使用重质燃料油时，必须严格控制燃料油的预热温度，如果在敞口容器中加热燃料油，油温必须控制在重油闪点以下 17℃。绝不允许油温达到或超过闪点温度，也绝不允许用明火加热燃料油。

5.腐蚀性

燃料油中含有大量胶质、沥青质，也含有大量含硫化物。所有硫化物燃烧后生成 SO_2 和 SO_3，遇水生成 H_2SO_3 和 H_2SO_4，严重地腐蚀金属设备，因此，必须控制燃料油的含硫量。不同牌号燃料油质量标准规定其含硫量不能大于 1.0%～3.0%。即使在满足此标准的情况下，所含硫化物引起的腐蚀问题也是严重的。

为了防止金属设备被腐蚀，除了限制燃料油含硫量以外，在燃烧炉工作时，应保证废气在排离炉子的金属设备之前，温度不低于废气的露点。在此条件下，即使燃料油含硫量大于3%，燃烧废气也不会引起金属腐蚀。

用于冶金、陶瓷和玻璃等工业炉的燃料油，为了防止硫对产品质量的不良影响，必须选用含硫量低的燃料油作燃料。

含硫量高的燃料油除了引起金属设备腐蚀外，对环境还会造成严重污染，影响人体健康，因而需采取必要的防污染措施。

6.灰分、机械杂质和水分

（1）灰分　燃料油的灰分是由无机盐类所组成。它来自溶于原油或油田水中的无机盐类。在油田和炼油厂的脱盐脱水过程中脱去了大部分盐类，残留在原油中的无机盐类，绝大部分都集中在重油里。因此，燃料油的灰分含量与原油脱盐脱水程度有密切关系。燃料油燃烧后，灰分聚积在炉管和炉膛内，降低了传热效率，增加了燃料消耗量，缩短炉管和炉膛等的寿命。灰分中如含有微量的钠和钒，高温下还可能产生气相腐蚀，对炉管寿命的影响更为严重。

（2）机械杂质和水分　燃料油中的机械杂质会堵塞过滤网，磨坏抽油泵，将堵塞喷油嘴，严重影响正常燃烧，必须加以限制。其含量一般要求不能大于 1.5%～2.5%。

燃料油中的水分除影响其凝点外，对燃烧也有很大危害。含水重油燃烧时，水分消耗很多热量，增加了耗油量。当燃料油含水量较多，喷入炉膛时，可能造成炉膛熄火、停炉事故。含水多的燃料油，燃烧后废气中水蒸气含量多，如果废气温度低于其露点，就会引起严重腐蚀。因而必须限制燃料油的含水量。

二、燃料油的种类、牌号

1.船用燃料油

（1）船用燃料油分类　ISO 发布的 ISO 8216-1:2017（E）将船用燃料油分为两大类：一类是馏分油燃料油，又分为 DMX、DMA、DMZ、DMB、DFA、DFZ、DFB 七个品种；另一类是残渣油，又分为 RMA、RMB、RMD、RME、RMG、RMK 六个品种。中国石油化工集团公司制定《石油产品　燃料（F 类）分类　第 2 部分：船用燃料油品种》（GB/T 12692.2），现行版本为 GB/T 12692.2—2010。ISO 8216-1:2017（E）具体分类情况见表 5-1。

表 5-1　船用燃料油分类［ISO 8216-1:2017（E）］

按燃料类型分类	按应用和性能品种分类	50℃运动黏度最大值/（mm²/s）	说明
馏分油燃料油	DMX	—	机舱外应急目的使用
	DMA	—	一般用途，不含残渣组分
	DMZ	—	一般用途，不含残渣组分
	DMB	—	一般用途，含微量残渣组分
	DFA	—	DMA 含量 7%（体积分数）的脂肪酸甲酯（FAME）
	DFZ	—	DMZ 含量 7%（体积分数）的脂肪酸甲酯（FAME）
	DFB	—	DMB 含量 7%（体积分数）的脂肪酸甲酯（FAME）
残渣油	RMA	10	一般用途残渣组分
	RMB	30	
	RMD	80	
	RME	180	
	RMG	180	
		380	
		500	
		700	
	RMK	380	
		500	
		700	

按 GB/T 12692.2 规定，产品命名形式由组合在一起的字母符号来表示。其范式如下：

[ISO]-[F]-[D 或 R] [M] [字母] [数字]

式中 ISO——国际标准化组织；

      F——石油产品分类中 F 类；

      D——产品是馏分油；

      R——产品是残渣油；

      M——船用；

  字母——一般有 X，A，B，C，…，K 等，标记产品特殊性能；

  数字——残渣燃料产品 50℃时的最大黏度，mm^2/s。

例如：ISO-F-RMA 30 代表 50℃时最大黏度为 $30mm^2/s$ 的残渣船用燃料。

（2）船用燃料油质量要求　在 ISO 8216-1:2017（E）分类和品种的基础上，制定了 ISO 8217:2017（E）船用燃料油各品种质量要求。同样，我国在 GB/T 12692.2 分类的基础上，制定了 GB 17411 船用燃料油质量要求规范。GB 17411—2015 对馏分油和渣油船用燃料油质量的规定分别见表 5-2 和表 5-3。

表 5-2　馏分油船用燃料油质量要求规范

项　目		指　标				试验方法
		DMX	DMA	DMZ	DMB	
运动黏度（40℃）/（mm^2/s）不大于 不小于		5.500 1.400	6.000 2.000	6.000 3.000	11.00 3.000	GB/T 265
密度/（kg/m^3）（满足下列条件之一） 15℃　　　　　　不大于 20℃　　　　　　不大于		— —	890.0 886.5	890.0 886.5	890.0 886.5	GB/T 1884 和 GB/T 1885
十六烷值	不小于	45	40	40	35	SH/T 0694
硫含量（质量分数）/% Ⅰ Ⅱ Ⅲ	不大于	1.00 0.50 0.10	1.00 0.50 0.10	1.00 0.50 0.10	1.00 0.50 0.10	GB/T 17040
闪点（闭口杯）/℃	不低于	60.0	60.0	60.0	60.0	GB/T 261
硫化氢/（mg/kg）	不大于	2.00	2.00	2.00	2.00	IP570
酸值（以 KOH 计）/（mg/kg）	不大于	0.5	0.5	0.5	0.5	GB/T 7304
总沉积物（过滤法，质量分数）/%	不大于	—	—	—	0.10	SH/T 0701
氧化安定性/（mg/100mL）	不大于	2.5	2.5	2.5	2.5	SH/T 0175
10%蒸余物残炭（质量分数）/% 残炭（质量分数）/%	不大于 不大于	0.3 —	0.3 —	0.3 —	— 0.3	GB/T 17144
浊点/℃	不高于	−16	—	—	—	GB/T 6986
倾点/℃ 冬季 夏季	不高于	— —	−6 0	−6 0	0 6	GB/T 3535
外观		清澈透明				目测
水分（质量分数）/%	不大于	—	—	—	0.3	GB/T 260
灰分（质量分数）/%	不大于	0.010	0.010	0.010	0.010	GB/T 508
润滑性 校正磨合直径（WS1.4）（60℃）/μm 不大于		520	520	520	520	SH/T 0765

表 5-3　渣油船用燃料油质量要求规范

项　目		RMA 10	RMB 30	RMD 80	RME 180	RMG 180	RMG 380	RMG 500	RMG 700	RMK 380	RMK 500	RMK 700	试验方法
运动黏度 (50℃) / (mm²/s)	不大于	10.00	30.00	80.00	180.0	180.0	380.0	500.0	700.0	380.0	500.0	700.0	GB/T 11137
密度/ (kg/m³) (满足下列条件之一)　15℃	不大于	920.0	960.0	975.0	991.0	991.0	991.0	991.0	991.0	1010.0	1010.0	1010.0	GB/T 1884 和
20℃	不大于	916.5	956.6	971.6	987.6	987.6	987.6	987.6	987.6	1006.6	1006.6	1006.6	GB/T 1885
碳芳香度指数 (CCAI)	不大于	850	860	860	860	870	870	870	870	870	870	870	
硫含量 (质量分数) /%　I		3.50	3.50	3.50	3.50	3.50	3.50	3.50	3.50	3.50	3.50	3.50	GB/T 17040
II		0.50	0.50	0.50	0.50	0.50	0.50	0.50	0.50	0.50	0.50	0.50	
III		0.10	0.10										
闪点 (闭口杯) /℃	不低于	60.0	60.0	60.0	60.0	60.0	60.0	60.0	60.0	60.0	60.0	60.0	GB/T 261
硫化氢/ (mg/kg)	不大于	2.00	2.00	2.00	2.00	2.00	2.00	2.00	2.00	2.00	2.00	2.00	IP 570
酸值 (以 KOH 计) / (mg/kg)	不大于	2.5	2.5	2.5	2.5	2.5	2.5	2.5	2.5	2.5	2.5	2.5	GB/T 7304
总沉积物 (老化法, 质量分数) /% (m)	不大于	0.10	0.10	0.10	0.10	0.10	0.10	0.10	0.10	0.10	0.10	0.10	SH/T 0272
残炭 (质量分数) /%	不大于	2.50	10.00	14.00	15.00	18.00	18.00	18.00	18.00	20.00	20.00	20.00	GB/T 17144
倾点/℃　冬季	不高于	0	0	30	30	30	30	30	30	30	30	30	GB/T 3535
夏季	不高于	6	6	30	30	30	30	30	30	30	30	30	
水分 (体积分数) /%	不大于	0.30	0.50	0.50	0.50	0.50	0.50	0.50	0.50	0.50	0.50	0.50	GB/T 260
灰分 (质量分数) /%	不大于	0.040	0.070	0.070	0.070	0.100	0.100	0.100	0.100	0.150	0.150	0.150	GB/T 508
钒/ (mg/kg)	不大于	50	150	150	150	350	350	350	350	450	450	450	IP 501
钠/ (mg/kg)	不大于	50	100	100	50	100	100	100	100	100	100	100	IP 501
铝+硅/ (mg/kg)	不大于	25	40	40	50	60	60	60	60	60	60	60	IP 501
净热值/ (MJ/kg)	不小于	39.8											GB/T 384
使用过的润滑油 (ULO) / (mg/kg)　燃料油应不含 ULO。符合下列条件之一，认为燃料油含有 ULO: 钙和锌 钙>30 且锌>30　钙和磷 钙>30 且磷>30													IP 501

2.燃气轮机燃料油

《石油产品 燃料（F类）分类 第3部分：工业及船用燃气轮机燃料品种》（GB/T 12692.3—1990）对燃气轮机燃料油的分类情况见表5-4。

按GB/T 12692.2规定，产品命名形式由组合在一起的字母符号来表示。其范式如下：

[ISO]-[F]-[D或R] [M] [T][数字]

式中　ISO——国际标准化组织；

　　　　F——石油产品分类中F类；

　　　　D——产品是馏分油；

　　　　R——产品是残渣油；

　　　　M——船用；

　　　　T——燃气轮机；

　　　　数字——（0、1、2、3、4）产品性能上区分的标志。

例如：ISO-F-DMT 2代表柴油型船用燃气轮机燃料。

表5-4　燃气轮机燃料油分类（GB/T 12692.3—1990）

按燃料类型分类	按品种和性能品种分类	区分数字	说明
船用馏分燃料	DST	0	低闪点石油馏分、石脑油
	DST、DMT	1	中闪点石油馏分、煤油型
	DST、DMT	2	石油馏分、柴油型
	DST、DMT	3	低灰分馏分，可含少量蒸馏残渣油
船用残渣燃料	RST	3	低灰分石油残渣燃料，可含有石油加工成的重质组分
	RMT	3	
	RST	4	石油残渣燃料，含有石油加工成的重质组分
	RMT	4	

3.燃料油的牌号

目前我国还没有关于燃料油国家强制标准，为了与国际接轨，参照美国材料试验协会（ASTM）标准 ASTM D396，制定了我国行业标准 SH/T 0356。

SH/T 0356 将燃料油分为1号、2号、4号轻、4号、5号轻、5号重、6号和7号8个牌号。燃料油详细要求见表5-5。

表5-5　燃料油质量标准

项　目		质量指标								试验方法
		1号	2号	4号轻	4号	5号轻	5号重	6号	7号	
闪点（开口杯）/℃	不低于	38	38	38	55	55	55	60	—	GB/T 261
闪点（闭口杯）/℃	不低于	—	—	—	—	—	—	—	130	GB/T 3536
水和沉淀物（体积分数）/%	不大于	0.05	0.05	0.50	0.50	1.00	1.00	2.00	3.00	GB/T 6536
馏程/℃ 10%回收温度	不高于	215	—	—	—	—	—	—	—	GB/T 6536
90%回收温度	不低于	—	282	—	—	—	—	—	—	
	不高于	288	338	—	—	—	—	—	—	
运动黏度/（mm²/s） 40℃	不小于	1.3	1.9	1.9	5.5	—	—	—	—	GB/T 265 或 GB/T 11137
	不大于	2.1	3.4	5.5	24.0	—	—	—	—	

项　目		质量指标								试验方法
		1 号	2 号	4 号轻	4 号	5 号轻	5 号重	6 号	7 号	
100℃	不小于	—	—	—	—	5.0	9.0	15.0	—	GB/T 265 或
	不大于	—	—	—	—	8.9	14.9	50.0	185	GB/T 11137
10%蒸余物残炭（质量分数）/%	不大于	0.15	0.35	—	—	—	—	—	—	SH/T 0160
灰分（质量分数）/%	不大于	—	—	0.05	0.10	0.15	0.15	—	—	GB/T 508
硫（质量分数）/%	不大于	0.5	0.5	—	—	—	—	—	—	GB/T 380 或 GB/T 388 或 GB/T 11140
铜片腐蚀（50℃，3h）/级	不大于	3	3	—	—	—	—	—	—	
密度（20℃）/（kg/m³）	不小于	—	—	872	—	—	—	—	—	GB/T 1884 和 GB/T 1885
	不大于	846	872	—	—	—	—	—	—	
倾点/℃	不高于	−18	−6	−6	−6	—	—	—	—	GB/T 3535

　　1 号、2 号油是馏分燃料油，适合于家庭或工业小型燃烧器上使用。特别是 1 号油适用于汽化型燃烧器，或用于要求低倾点燃料场合。

　　4 号轻、4 号油是重质馏分燃料油，适用于要求该黏度范围的工业燃烧器上。

　　5 号轻、5 号重、6 号和 7 号油是黏度和馏程范围递增的残渣燃料油，适用于工业燃烧器。为了便于装卸和正常雾化，此类燃料油通常需要加热。

　　上述燃料不适于军舰锅炉使用。军舰（船）锅炉使用的燃料油，起初选专用燃料油，后来选用 6 号和 0 号燃料油，现又在 0 号燃料油的基础上改进生产了军舰（船）用燃料油。军舰用燃料油作为海军军舰的燃料，要求其低温泵送性能好、热值高、燃烧完全、不冒黑烟、不产生大量的焦炭、灰分少、对金属无明显腐蚀、储存安定性和热安定性好，因而军舰用燃料油是由减压渣油和催化柴油等组分调和而成的。

第二节　煤油

　　煤油主要用于点灯照明，也可作为煤油炉、工业喷灯、鱼雷燃料，以及作为医药、机械工业、油漆工业和农药等方面的溶剂油。

　　根据煤油主要用于照明这一特点，应具备以下点灯照明所必需的性能：

　　① 点燃时灯焰有足够亮度，点燃过程中亮度应平稳，下降幅度小；

　　② 灯焰稳定，不冒或少冒黑烟，适用于有罩或无罩的油灯；

　　③ 点灯时没有臭味，对人体和家畜没有不良影响；

　　④ 灯芯吸油通畅，不结灯花，耗油率低；

　　⑤ 使用安全，着火危险性小。

一、煤油的使用性能

1.点燃性

煤油的化学组成对其点燃性影响很大，煤油的吸油性和洁净度对点燃性也有一定影响。

在各类烃中，烷烃和环烷烃燃烧比较完全，不冒黑烟，烟点高，但火焰的亮度下降较快。芳香烃恰好相反，燃烧时不易完全，烟点低，易冒黑烟，但燃烧时火焰平稳，发光明亮，比烷烃燃烧时发出光的亮度强，亮度下降也缓慢。不饱和烃燃烧情况与环烷烃类似，但易发生氧化缩合反应，生成胶状物质，堵塞灯芯的毛细管，影响吸油性。

由此可见，用于照明的煤油的化学组成应以烷烃和环烷烃为主，含有一定数量（约 10%～20%）的芳香烃，尽量不含或少含（不大于 2%）不饱和烃。

煤油的点燃性用燃烧性和烟点来衡量。

燃烧性用点灯法测定，试油置于标准试验灯中，连续点燃 16h 后，检查火焰变化情况、稳定情况，灯芯是否结灯花，灯罩上出现附着物等情况，与标准比较后以评定试油的燃烧性。煤油的燃烧性也能衡量其吸油性和洁净度。

烟点又名无烟火焰高度，它与煤油的化学组成情况和点灯时灯罩污染情况及冒黑烟程度有密切关系。烟点不能独立作为一个衡量灯用煤油点燃性的指标，只能补充说明点灯试验时火焰冒烟的程度。

2.吸油性

煤油在点灯或作煤油炉燃料时，都是用棉纱灯芯吸引煤油进行燃烧的。因而要求吸油通畅，不会堵塞毛细管，灯芯也不结焦变硬；并应容易点燃，单位时间内耗油量少。这些要求是由煤油的吸油性决定的。煤油的吸油性和它的馏程、冰点、水分和机械杂质、不饱和烃含量有关，其中影响最大的是馏程和冰点。

（1）馏程　煤油的馏程过高或过低在使用中都是不利的。馏程过高的煤油黏度大，沿灯芯毛细管上升的速度慢。灯用煤油也不是越轻越好，馏分过轻，灯焰容易跳动，耗油量大，经济性差。馏分过轻的煤油，其闪点过低，增加了储存、使用中的着火危险性。因而灯用煤油质量标准中规定了闪点，以保证馏分不会过轻。同时规定了 10%的馏出温度以保证必要的轻组分，规定了终馏点以限制馏分不致太重。灯用煤油的馏程大致为 200～300℃。

（2）冰点（浊点）　冰点高的煤油在较低气温下，就会析出蜡结晶，堵塞灯芯的毛细管，使灯芯吸油不足，甚至灯焰熄灭。为此规定煤油的冰点不得高于-30℃，以保证冬季顺利用油。

（3）不饱和烃和非烃化合物含量　煤油中应不含不饱和烃，特别是不含二烯烃和非烃化合物。当不饱和烃与硫醇等共存时，极易生成胶质。胶质能堵塞灯芯毛细管，使灯芯变硬，影响吸油。所以煤油都是由直馏馏分油经过酸碱精制除去一些非烃化合物后得到的。

3.洁净度

煤油的洁净度，不仅直接影响吸油性，也与点燃性有关。

煤油的洁净度用色度、水溶性酸或碱、机械杂质和水分以及铜片腐蚀等质量标准来控制改善。水溶性酸或碱和铜片腐蚀两项标准，用来保证煤油不腐蚀灯具和储油容器。机械杂质和水分会影响吸油性和点燃性，必须除去。

4.安全性

煤油的防火和防毒安全性，直接关系人们的生命财产安全。煤油是易燃易爆品，它的防火安全性由闭口闪点来控制。馏分愈轻，着火危险性愈大。为了保证安全和减少储存中的蒸发损失，规定照明用的煤油的闭口闪点不能低于40℃。

煤油的防毒安全性，主要是指煤油燃烧后废气对人体和家畜的毒害问题。废气的毒害作用主要来自灯用煤油中的含硫化合物，活性硫化物具有恶臭和腐蚀作用，所有硫化物燃烧后都生成 SO_2 和 SO_3，对人体和生物都是有害的。为了保证煤油没有臭味，不腐蚀金属容器，不毒害人体和家畜，国家标准除规定煤油中硫醇性硫的含量要求外（合格品不作要求），还规定含硫量不能大于相应指标。

二、煤油的质量标准

（GB 253—2008）根据煤油用途和硫含量不同，分为 1 号煤油和 2 号煤油两种牌号。技术指标见表5-6。1 号煤油是低硫煤油，适用于照明及无烟道的煤油燃烧器，可用于煤矿洗煤、铜矿提纯、金属热处理工艺和铝制品加工等方面，也可作为防锈油的基础油原料。2 号煤油是普通煤油，适用于有烟道的煤油燃烧器、清洗设备和作为溶剂。

表 5-6　煤油标准（GB 253—2008）

项目		质量指标		试验方法
		1 号	2 号	
色度/号	不小于	+25	+16	GB/T 3555
硫醇硫（质量分数）/%	不大于	0.003		GB/T 1792
硫（质量分数）/%	不大于	0.04	0.10	GB/T 380、GB/T 11140、GB/T 17040、SH/T 0253、SH/T 0689
馏程 　10%回收温度/℃ 　终馏点/℃	不高于 不高于	205 300		GB/T 6536
闪点（闭口杯）/℃	不低于	38		GB/T 261
冰点/℃	不高于	−30		GB/T 2430 SH/T 0770
运动黏度（40℃）/（mm²/s）		1.0～1.9		GB/T 265
燃烧性（点灯试验）16h 　平均燃烧速率/（g/h） 　火焰宽度变化/mm 　火焰高度变化/mm 　灯罩附着物颜色 或 8h 试验+烟点 　8h 试验 　烟点/mm	 不深于	 18～26 6 5 轻微白色 合格 25	 — — — — 合格 25	GB/T 11130 SH/T 0718 GB/T 382
铜片腐蚀（100℃，3h）/级	不大于	1		SH/T 5096
机械杂质及水分		无		目测
水溶性酸或碱		无		GB/T 259
密度（20℃）/（kg/m³）	不大于	840		GB/T 1884、GB/T 1885、SH/T 0604

以煤油为原料油，用发烟硫酸和碱深度精制后得到特种煤油，特种煤油经过大量发烟硫

酸精制后，油色水白，无蓝色荧光，无臭味，点燃时不冒黑烟，长期储存不发生氧化变质，蒸发后在金属表面没有残留物。因而特种煤油可作为矿灯的燃料，用于清洗精密金属制品、冷却和清洗电火花切割工件、对金属进行渗碳，调制乳化浆，作纺织品印染助剂等。

第三节　石油溶剂及化工原料

溶剂和化工原料一般是石油中低沸点馏分，即直馏馏分、重整抽余油及其他加工制得的产品，一般不含添加剂，主要用途是溶剂和化工原料。

一、石油溶剂

溶剂是化学工业和轻工业中不可缺少的物质，在其他工业和日常生活中使用溶剂之处也很多。在这些溶剂中，由石油所生产的溶剂油尤为重要，用量也很多。溶剂油是对某些物质起溶解、洗涤、萃取作用的轻质石油产品，与人们的衣食住行密切相关，其应用领域也不断扩大，其中用量最大的为油漆溶剂油，在食用油、印刷油墨、皮革、农药、杀虫剂、橡胶、化妆品、香料、化工聚合、医药以及在 IC 电子部件的清洗等方面也都有广泛的用途。溶剂油在众多的有机溶剂中占有非常重要的地位，主要是因为溶剂油比其他溶剂毒性小，廉价易得，因此得到了广泛的应用。

石油溶剂的馏程较窄、组分轻、蒸发性强，属易燃易爆轻质油品，在使用和储运中，必须特别注意安全，要求使用场所通风良好。同时，溶剂油是一种质量要求较高的油品，其储运的容器、管线及泵等设备必须符合规定要求，以防产品被污染。

1.溶剂油的性质

溶剂油种类繁多，性质或规格也各不相同，通常须视不同的用途而加以选择。一般要求溶剂油具有溶解性好、挥发性均匀、无味、无色的特性，当然还要考虑经济性。溶剂油的主要性能及其评价指标如表 5-7。

表 5-7　溶剂油的主要性能和评价指标

主要性能	评价指标
溶解性	溶解参数、贝壳松脂丁醇值、苯胺点、稀释率和减黏性能
挥发性	馏程、蒸发残值、比热容、蒸发潜热
安全性	闪点、燃点、毒性、芳烃含量
安定性	铜片腐蚀、博士试验、臭味、比色、不挥发分、碘值
其他	经济性

2.溶剂油的分类

我国溶剂油按用途分为四类，即植物油抽提溶剂、橡胶工业用溶剂油、航空洗涤汽油和油漆及清洗用溶剂油。

（1）植物油抽提溶剂　植物油抽提溶剂的质量标准列于表 5-8 中。

表 5-8 植物油抽提溶剂质量标准（GB 16629—2008）

项目		质量指标	试验方法
馏程：蒸发或回收点			
初馏点/℃	不低于	61	GB/T 6536
干点/℃	不高于	76	
苯（质量分数）/%	不大于	0.1	GB/T 17474
密度（20℃）/（kg/m³）		655～680	GB/T 1884、GB/T 1885、SH/T 0604
溴指数	不大于	100	GB/T 11136
色度/号	不小于	+30	GB/T 3555
不挥发物/(mg/100mL)	不大于	1.0	GB/T 3209
硫（质量分数）/%	不大于	0.0005	SH/T 0253、SH/T 0689
机械杂质及水分		无	目测
铜片腐蚀（50℃，3h）/级	不大于	1	GB/T 5096

　　植物油抽提溶剂，又名 6 号抽提溶剂油、6 号溶剂油、大豆抽提溶剂油，主要用作食用植物油脂工业中的萃取剂。植物油抽提溶剂已被得到广泛应用，主要是因为萃取法所得植物油收率比压榨法高。根据使用条件要求植物油抽提溶剂必须对人体无毒，能很好地溶解油脂，能方便地与萃取物分离。因而，植物油抽提溶剂是以催化重整抽余油为原料，经加氢精制后得到的产品，不含芳香烃，绝对不含有四乙基铅和有致癌作用的稠环化合物。它的馏程为 61～76℃，是对油脂溶解能力很强的正己烷。它既不含过轻的组分（从而提高了安全性），也没有过重的组分（能和油脂完全分离），溶剂回收率可达 99.7%～99.9%。

　　（2）橡胶工业用溶剂油　橡胶工业用溶剂油又名 120 号溶剂油，主要用于溶解胶料、配制胶浆，也可用于洗涤溶剂。橡胶工业用溶剂油是以直馏馏分或催化重整抽余油为原料，经精制、分馏制得的，分为优级品、一级品和合格品三类，优级品具有较低的硫含量和芳烃含量，腐蚀性小。橡胶工业用溶剂油馏程为 80～120℃，为了保证人体健康，要求限制芳香烃含量，并限制溴值以保证橡胶溶剂基本不含不饱和烃，以免蒸发后形成残留物，其质量指标见表 5-9。

表 5-9 橡胶工业用溶剂油质量标准（SH 0004—1990）

项目		质量指标			试验方法
		优级品	一级品	合格品	
馏程					
初馏点/℃	不低于	80	80	80	GB/T 6536
110℃ 馏出量/%	不高于	98	93	—	
120℃ 馏出量/%	不高于	—	98	98	
残留量/%	不高于	1.0	1.5	—	
芳烃（质量分数）/%	不大于	1.5	3.0	3.0	GB/T 0166
密度（20℃）/（kg/m³）		700	730	—	GB/T 1884 和 GB/T 1885
溴值/（g Br/100g）	不大于	0.12	0.14	0.31	GB/T 11136
色度/号	不小于			+30	GB/T 3555
不挥发物/（mg/100mL）	不大于			1.0	GB/T 3209
硫（质量分数）/%	不大于	0.018	0.020	0.050	GB/T 380
机械杂质及水分		无	无	无	

项目	质量指标			试验方法
	优级品	一级品	合格品	
水溶性酸或碱	无	无	无	GB/T 259
油渍试验	合格	合格	合格	
博士试验	通过	通过	—	GB/T 0174

（3）航空洗涤汽油　航空洗涤汽油质量标准见表5-10。

表5-10　航空洗涤汽油质量标准（SH 0114—1992）

项目		质量指标	试验方法
馏程			
初馏点/℃	不低于	40	GB/T 255
10%馏出温度/℃	不高于	80	
50%馏出温度/℃	不高于	105	
90%馏出温度/℃	不高于	145	
终馏点/℃	不高于	180	
残留及损失（体积分数）/%	不大于	2.5	
酸度/（mg KOH/100mL）	不大于	1.0	GB/T 258
铜片腐蚀（50℃，3h）/级	不大于	1	GB/T 5096
碘值/（g I$_2$/100g）	不小于	10	SH/T 0234
硫（质量分数）/%	不大于	0.05	GB/T 380
机械杂质及水分		无	目测
水溶性酸或碱		无	GB/T 259
实际胶质/（mg/100mL）	不大于	2	GB/T 509

　　航空洗涤汽油主要用于洗涤航空发动机中的精密机件，也可用作精密仪器仪表的清洗溶剂。航空洗涤汽油是一种宽馏分的直馏轻质汽油，不含四乙基铅，其沸点范围为60～180℃。为了保证不腐蚀所洗涤的机件，对航空洗涤汽油规定了严格的酸度、水溶性酸或碱、腐蚀、含硫量、机械杂质和水分等质量指标。

　　（4）油漆及清洗用溶剂油　油漆中的成膜物是加工后的油脂和树脂，都是十分黏稠的液态、半固态甚至固态物质，无法直接涂刷在物体表面，必须加入溶剂稀释后，才能涂刷在物体表面，形成漆膜薄层。当溶剂蒸发后，成膜物氧化干燥，形成光滑的弹性漆膜。醇类、酮类、酯类都是很好的油漆稀释剂，但价格较贵，因而工业上大多采用溶剂油。

　　作为油漆用溶剂油，对油脂和树脂应具有很强的溶解能力。芳香烃对这些物质的溶解能力比其他烃类强，但芳香烃对人体的毒害大，为保证安全，必须控制芳香烃含量不能过大。但芳香烃的含量过少，因溶解能力差而出现分层现象，影响使用效果。油漆用溶剂油的蒸发速度必须与漆膜形成速度相适应，蒸发速度过快，漆膜表面会产生裂纹和气泡；蒸发速度过慢，油漆干燥时间太长。影响其蒸发性能的质量指标是溶剂油的馏程，为保证生产、储运和施工中的安全，要求溶剂油应具有较高的闭口闪点。

　　我国目前执行的国家标准是《油漆及清洗用溶剂油》（GB 1922—2006），它代替了《溶剂油》（GB 1922—1980）和石化行业标准《油漆工业用溶剂油》（SH 0005—1990）。《油漆及清洗用溶剂油》按产品馏程分为5个牌号，分别是1号中沸点溶剂油，2号高沸点、低干点溶剂油，3号高沸点溶剂油，4号高沸点、高闪点溶剂油，5号煤油型溶剂油。高沸点溶剂油按照芳香烃含量进一步分为三种类型，分别是普通型（芳香烃体积分数为8%～22%）、中芳型（芳香烃体积分数为2%～8%）、低芳型（芳烃体积分数为0～2%）。

溶剂油主要用作油漆溶剂或稀释剂，中芳型和低芳型溶剂油也可用作有涂层或无涂层金属部件的清洗剂（脱脂剂），但在使用之前需检查涂层与溶剂油的适应性。

1号中沸点溶剂油主要用作快干型油漆溶剂（或稀释剂），也可用作毛纺羊毛脱脂剂及精密仪器清洗剂，其使用特点为干燥时间短、挥发速度快。

2号高沸点、低干点溶剂油用作油漆溶剂（或稀释剂）以及干洗溶剂。作干洗和清洗剂时，清洗物不易留痕迹。

3号高沸点溶剂油主要用作油漆溶剂（或稀释剂）以及干洗溶剂。作为清洗剂（或稀释剂）时，与1号产品比较，挥发速度慢、溶解能力强，也广泛用于金属表面的清洗。

4号高沸点、高闪点溶剂油用于工作环境要求油漆溶剂、除油污剂及衣物干洗剂闪点较高的场合。

5号煤油型溶剂油适于作金属表面除油污溶剂，具有低挥发、闪点高、环境污染小、易回收的特点，尤其适用于轴承及金属部件防锈油脂的脱除。

二、化工原料

1.石油芳香烃

石油芳香烃是重要的化工原料和溶剂，主要由催化重整生成油经芳烃抽提、精馏等工艺制得。也可由乙烯裂解焦油、煤焦油经加氢精制、芳香烃抽提、精馏等工艺制得。石油芳香烃主要产品及用途见表5-11。

表5-11　主要石油芳香烃产品及用途

产品名称	馏程/℃	主要用途
石油苯	79.6～80.5	用作有机合成或其他化工原料
石油甲苯	—	用作有机溶剂、硝化合成化工原料
混合二甲苯	137.5～141.5	用作涂料的溶剂及稀释剂；用作有机合成或其他化工原料；用作氯化橡胶、氯丁二烯聚合物的溶剂
重芳香烃	125～200	适用于油漆工业中作溶剂和稀释剂；用于生产双氧水过程作蒽的溶剂

2. 化工轻油原料

化工轻油原料是炼油过程的中间产品，其产品种类及用途见表5-12。

表5-12　主要化工轻油原料及用途

产品名称	馏程或40℃运动黏度	主要用途
3号白油原料	约300℃	用作生产白油的原料
4号白油原料	约363℃	用作生产白油的原料
5号白油原料	2.8～6.0mm²/s	用作生产白油的原料、润滑油基础油
3号软麻油	10～18mm²/s	主要用于麻袋厂配制麻纤维柔软剂软化液；还可用于软化皮革，提高皮革亮光度
石脑油	44～190mm²/s	用于轻油裂解制取乙烯及合成氨等化工原料，或一般溶剂
140号化工原料	约205℃	用于轻油裂解制取乙烯及合成氨等化工原料，或一般溶剂

第四节　石油蜡、沥青和石油焦

一、石油蜡

蜡广泛存在于自然界，在常温下大多为固体，按其来源可分为动物蜡、植物蜡和从石油或煤中得到的矿物蜡。在化学组成上，石油蜡和动、植物蜡有很大的区别，前者是烃类，而后二者是高级脂肪酸的酯类。

石油蜡主要包括液蜡、石蜡和微晶蜡，它是具有广泛用途的一类石油产品。我国原油多数为含蜡原油，蜡的资源十分丰富，其中含蜡较多的有大庆、华北、南阳、沈阳原油。

1.石油蜡的组成

（1）石蜡　石蜡是又称晶形蜡，是从原油蒸馏所得的润滑油馏分经溶剂精制、溶剂脱蜡或经蜡冷冻结晶、压榨脱蜡制得蜡膏，再经溶剂脱油、精制而得的片状或针状晶体。从石蜡基原油中得到的石蜡，主要成分为正构烷烃，正构烷烃的含量一般在80%以上（质量分数），也有少量带短侧链的烷烃和带长侧链的环烷烃，而芳香烃的含量甚微。从中间基原油得到的石蜡，异构烷烃和环烷烃的含量比石蜡基原油中要高一些，但仍以正构烷烃为主。其烃类分子的碳原子数为 $C_{17} \sim C_{35}$，商品石蜡的碳原子数一般为 $C_{22} \sim C_{36}$，沸点范围为 $300 \sim 500℃$，分子量为 $360 \sim 500$。

（2）微晶蜡　微晶蜡即地蜡，来自减压渣油提炼润滑油时脱出的蜡，经脱油、精制而成。微晶蜡的主要化学组成是碳链长为 $C_{35} \sim C_{80}$ 的正构烷烃、大量高分子异构烷烃和带长侧链的环烷烃化合物。烃类分子的碳原子数约 $C_{30} \sim C_{60}$，平均分子量为 $400 \sim 800$。

（3）液蜡　熔点在40℃以下的从 $C_{10} \sim C_{18}$ 的各种正构烷烃组成的混合物，在室温下呈液态。

2.石油蜡的性质

表 5-13 列出了石油蜡的主要性能及其评价指标。

表 5-13　石油蜡的主要性能和评价指标分析

主要性能	评价指标分析
耐温性能	评价石蜡耐温性能的指标是熔点。石蜡的熔点是指在规定的条件下，冷却熔化了的石蜡试样，当冷却曲线上第一次出现停滞期的温度。石蜡熔点的大小与原料馏分的轻重和含油量有关。评价微晶蜡耐温性的指标是滴点或滴熔点，微晶蜡的滴熔点与其化学组成和含油量有关，其范围为 $70 \sim 95℃$
含油量	含油量是指在一定的试验条件下，能用丙酮-苯（或丁酮）分离出蜡中润滑油馏分的含量，是评定生产中油分离程度的指标。含油量过高会影响蜡的色度和储存的安定性，还会降低蜡的硬度、熔点
安定性	若蜡安定性不好，就容易氧化变质，颜色变深，甚至发出臭味，且使用时在光照下蜡也会变黄。因此，要求蜡具有良好的热安定性、氧化安定性和光安定性。影响蜡安定性的主要因素是所含有的微量的非烃类化合物和稠环芳烃。为提高蜡的安定性，就需要对蜡进行深度精制，以脱除这些杂质
硬度	石蜡的硬度在工业应用中是一项重要的性能指标。石蜡硬度受熔点、含油量、族组成的影响较为明显。在石蜡的烃类组成中，正构烷烃含量越高，蜡质越硬。正构烷烃的硬度远高于异构烷烃和环烷烃。石蜡是某一熔点范围内的许多烃类的混合物，石蜡的馏分范围越窄，含油量越低，硬度越大。蜡的硬度通常用针入度表示，它是指在规定的温度、负荷和时间下，标准针垂直进入试样的深度，以 1/10mm 为单位。针入度数值越小表示蜡越硬。石蜡的硬度（针入度）与测定温度关系很大

主要性能	评价指标分析
嗅味	石蜡的嗅味与原油的性质和产品的精制深度有关，深度精制的石蜡通常无嗅味。石蜡的嗅味是由其中所含有的嗅味杂质所致。这类杂质主要有：残留的来自原料中的芳烃，含硫、含氮和含氧的化合物，残留的选择性溶剂（酚及其缩合物、甲苯和酮类），石蜡在高温下氧化或裂解生成物，以及混入含蜡馏分中的轻质煤油馏分等。石蜡中气味的存在将会影响产品的质量，尤其是食品、医药包装用蜡，如果有气味甚至是臭味，不仅会影响食品及医药的味道，而且对人体健康亦有危害，所以，在国内外的一些石蜡产品规格中都有气味指标要求
溶解度	石蜡在某些用途中是以溶液状态使用的，在很多情况下，它在使用时要与溶剂接触。因此，溶解度是石蜡的一个很重要的物理性质。蜡虽然很容易溶于石油馏分、氯系溶剂等非极性溶剂中，但却难溶于乙醇或酮等极性溶剂中，并完全不溶于水。蜡在各种有机溶剂中的溶解度虽因其组分的不同而有所差异，但在一般情况下，石蜡的熔点越低溶解度越高。但熔点相同的蜡，有时却未必是同一个溶解度。利用蜡在溶剂中的溶解这一特性，可将蜡与油分开
无毒	各种蜡制品不应含有对人体健康有害的物质。对食品工业用蜡，无论直接或间接与食品接触，都需要严格控制油含量不得超过 0.4%，最高不得超过 0.5%，特别是不应含有可能致癌的 3,4-苯比芘和苯嵌蒽等稠环化合物
特种蜡	特种蜡要有适宜的高温、防湿、防潮、耐热老化等性能

各种固体石蜡的主要质量要求为熔点、含油量、色度、光安定性、针入度、嗅味、水分和机械杂质、水溶性酸或碱等。

衡量石油蜡使用性能的指标有硬度、收缩率与热膨胀、流动性和黏附性等。若在石油蜡中加入聚异丁烯或聚乙烯可以改善蜡的韧性和黏附性；加入 UV-531 等紫外线吸收剂，可以改善深度精制白蜡的光化学安定性。

3.石油蜡的品种及用途

（1）石蜡　按照其精制程度可以分为粗石蜡（又称黄石蜡）、半精炼石蜡（又称白石蜡）、全精炼石蜡（又称精白蜡）和食用石蜡等不同品种。

粗石蜡是以含油蜡为原料，经发汗或溶剂脱油，不经精制脱色所得到的石蜡产品。主要用于制造电子器材和商品包装纸等。粗石蜡（GB/T 1202）按熔点分为 50、52、54、56、58 和 60 六个牌号，要求含油量不大于 2.0%。

半精炼石蜡是以含油蜡为原料，经发汗或溶剂脱油，再经白土或加氢精制所得的石蜡产品。主要用作蜡烛、蜡笔、蜡纸、一般电信器材及轻工和化工原料。半精炼石蜡（GB/T 254）按熔点分为 50、52、54、56、58、60 和 62 七个牌号，要求含油量不大于 1.8%。

全精炼石蜡是经过深度脱油精制而成的，主要用于高频瓷、复写纸、铁笔蜡纸、精密制造、装饰吸音板等产品。全精炼石蜡（GB/T 446）按产品质量分为优级品和一级品，按熔点可分为 52、54、56、58、60、62、64、66、68 和 70 十个牌号。

（2）微晶蜡　微晶蜡以滴熔点作为产品牌号。按滴熔点分为 70、75、80、85、90 五个牌号。微晶蜡主要用作润滑脂的稠化剂，也可作为石蜡的改质剂。深度精制的微晶蜡是优质的日用化工原料，用以配制软膏、清凉油、润面膏、发蜡等，并广泛用于防水、防潮、铸模、造纸等领域。

（3）液蜡　液蜡可以制成 α-烯烃、氯化烷烃、仲醇等，以生产合成洗涤剂、农药乳化剂、塑料增塑剂等化工产品。液蜡的制取有分子筛脱蜡和尿素脱蜡两种方法。

（4）石油脂　石油脂又称为凡士林，通常是以残渣润滑油料脱蜡所得的蜡膏为原料，按照不同稠度的要求掺入不同量的润滑油，并经过精制后制成一系列产品，广泛应用于工业、电器、医药、化妆、食品等行业。

（5）特种蜡　特种蜡是一种具有特殊性能，为满足特种用途而生产的高附加值石油蜡产品。特种蜡一般以石蜡和微晶蜡为原料，经过不同的特殊加工过程而制成。各种加工工艺的应用，达到了改善其膨胀收缩、电性能、光泽、强度、耐冲击、抗潮湿、抗老化等性能的目的，使特种蜡可适应于不同的特殊要求，故特种蜡广泛用于电子元器件、感温元件、硬质合金、橡胶轮胎、乳化炸药、生物切片、精密铸造、农林、建材、防锈涂料等中。

以上石油蜡产品中，石蜡和微晶蜡是基本产品。

二、石油沥青

石油沥青是以原油经蒸馏后得到的减压渣油为主要原料制成的一类石油产品，在常温下是黑色或黑褐色的黏稠的液体、半固体或固体，主要含有可溶于三氯乙烯的烃类及非烃类衍生物，其性质和组成随原油来源和生产方法的不同而变化。石油沥青作为一种重要的"黑色化工材料"，已被广泛应用于交通工程、建筑工程、水利工程以及防腐防水工程等国民经济各个领域。

1.石油沥青的组成

（1）元素组成　构成沥青的元素以碳和氢（C 和 H）为主体。除碳和氢两元素外，还有少量的硫、氮及氧元素，通常称这些元素为杂元素。含有杂元素的化合物虽然在整个沥青的组分中都存在，但主要集中在分子量最大且没有挥发性的胶质和沥青质中。沥青中还含有其他的微量元素，如铁、镍、钒、钠、钙、铜等，也大多集中在沥青质和胶质中，但因其数量甚微，一般为 μg/g 级，对沥青性质和使用性能几乎没有影响，一般不予考虑。

由不同石油生产的沥青，其元素组成的范围如下：碳 82%～88%，氢 8%～13%，硫 0～8%，氧 0～1.5%，氮 0～1%。

（2）族组成　沥青主要由沥青质和可溶质两部分组成，可溶质又细分为饱和分、芳香分和胶质。沥青质和胶质是构成沥青的骨架，饱和分和芳香分是沥青质和胶质的软化剂。四个组分对于沥青的性能具有决定性的作用，是构成沥青必不可少的组分。

① 沥青质。沥青质的存在对沥青的感温性、防水、防渗漏和耐热性能有正面的影响，且可使沥青在高温时仍有较大的黏度。随着沥青质含量的增加，沥青的感温性变小，防水、防渗漏和耐热性能得到提高。

② 胶质。胶质是沥青质的扩散剂或胶溶剂，胶质与沥青质的比例在一定程度上决定沥青胶体结构的类型。胶质的极性较强，因此它具有很好的黏附力。胶质的存在可使沥青具有良好的塑性和黏附性，并能改善沥青的抗脆裂性，提高沥青的延度。

③ 芳香分。在沥青的胶体结构中，芳香分和饱和分一起构成连续相，使胶质-沥青质胶胞能稳定分散其中。芳香分对许多高分子烃和非烃类有很强的溶解能力，因此是胶溶沥青质分散介质的主要部分，也是优质沥青不可缺少的部分。

④ 饱和分。饱和分在沥青中主要与芳香分一起使胶质-沥青质软化（塑化），使胶质-沥青质形成的胶胞稳定地分散，但必须与芳香分保持适当的比例才能使沥青胶体体系保持稳定，获得最佳性能。

2.石油沥青的主要技术指标

（1）经验性技术指标　石油沥青的技术指标是表征其特性和性能的度量，它不仅要适应路用材料的要求，更要充分考虑气候、荷载、施工等因素，以保障使用性能和耐久性的要求。经过长期的应用，逐渐形成了以针入度、软化点、延度等指标为核心的经验性技术指标。同时，随着新的沥青材料应用以及相关实践的继续，沥青的技术指标不断推陈出新。目前，石油沥青经验性技术指标、测试方法及其意义见表 5-14。

表 5-14　沥青的主要技术指标

主要性能	评价指标分析
针入度	针入度是标准针在一定荷重作用下，在 5s 时间内穿入一定温度沥青的深度，单位为 1/10mm。在通常条件下，荷重为 100g，温度为 25℃。 针入度是沥青的稠度指标，反映沥青在一定温度条件下的软硬程度
软化点	软化点试验通常采用环球法。处于条件升温的水浴或油浴中的沥青，在标准球重力作用下落下规定距离时的水浴或油浴温度，即为沥青的软化点。 软化点也是沥青在一定条件下的等黏温度，即沥青在相同球重力作用下开始流动的温度，常用于评价沥青的高温性能。软化点较高，表示其高温性能较好
针入度指数	针入度指数是根据不同温度下测试的针入度和相应的温度值得到的一种计算值。 公式为： $$PI =20\times(1-25A)/(1+50A) \qquad (1)$$ $$A=(\lg P_1-\lg P_2)/(T_1-T_2) \qquad (2)$$ 式中，P_1、P_2 分别为温度 T_1、T_2 条件下的针入度值；A 表征针入度的对数值对温度变化的敏感性。由式（1）可知，针入度指数 PI 随 A 单调变化，所以针入度指数 PI 用来描述沥青随温度变化的敏感程度
延度	延度为沥青在规定的试验温度、拉伸速度等条件下拉伸至断裂时的长度，单位为 cm。 延度指标反映沥青在规定温度下的松弛性能。近年来为了考察沥青低温下的松弛性能，试验温度由 25℃ 逐步向更低的温度调整
黏度	目前测试石油沥青与改性沥青的黏度，有旋转黏度和毛细管动力黏度两种方法，两者的黏度单位分别为 mPa•s 或 Pa•s。前者主要采用布洛克菲尔德黏度计或等效黏度计，后者主要采用减压毛细管黏度计，相同温度下两种方法的测试结果有所不同，因此在试验前应确认采用的方法。 石油沥青与改性沥青的黏度是其重要的流变指标，可用 60℃ 黏度评价路面在高温条件下的抗流动性；用黏度评价其泵送性能，135℃ 黏度低则表示沥青的泵送性能较好；用 175℃ 黏度评价其沥青混合料生产过程中的和易性，175℃ 黏度小则预示沥青和易性好
密度	沥青的密度是利用比重法测得。由于密度指标通常是作为计量环节的一个参数，所以目前标准规范中，对于沥青密度往往只要求实测报告
溶解度	溶解度主要是用来表征沥青的均质程度。所用溶剂主要有三氯乙烯
灰分	灰分是将沥青经过燃烧和煅烧后得到的矿物残渣，以百分数表示。 沥青的灰分主要是描述油漆沥青等的矿物杂质的含量
脆点	脆点是在规定条件下将涂有沥青膜的弹簧片在低温条件下弯曲，当沥青膜出现裂纹时的温度即为沥青的脆点，单位为℃。 脆点是评价沥青低温性能的主要指标，脆点越低则表示沥青的低温抗脆裂性越好。通常也将脆点与软化点之间的温度差，定义为沥青的塑性温度范围，用来评价沥青可塑性
蜡含量	蜡含量是石油沥青的一个重要指标。一般蜡含量高的沥青温度稳定性差，可能导致"热流冷脆"等问题。 我国目前沥青标准规范所涉及的蜡含量试验方法均为裂解蒸馏法，而且石化行业和交通行业均有各自的试验方法，不同方法所测含蜡量可能有所不同
蒸发损失	将两个分别装有约 50g 沥青的内径 55mm、深 35mm 的针入度试验样品皿，在 163℃ 烘箱内保持 5h 后称量，沥青的减少量即为沥青蒸发损失，以百分数表示。 沥青的蒸发损失主要用于评价沥青的热老化性能
薄膜烘箱试验	将两个或多个分别装有约 50g 沥青的内径 140mm、深 9.5mm 的试样皿放在温度为 163℃ 的烘箱内水平转动的托盘上，保持 5h，使沥青在规定的条件下进行老化，为沥青的薄膜烘箱老化试验残留物指标检测做准备
旋转薄膜烘箱试验	将若干个装有沥青试样的缩口径细玻璃瓶平躺、口向外地插入温度为 163℃ 的烘箱中垂直转动的转盘插孔内。随着转盘的垂直转动，玻璃瓶内的沥青在空气补充管不断提供新鲜空气的条件下，保持不断流动约 85min，对沥青进行热老化试验，为沥青的旋转薄膜烘箱老化试验残留物的指标检测做准备

主要性能	评价指标分析
质量损失	质量损失是指沥青经过薄膜烘箱试验或旋转薄膜烘箱试验后发生的质量变化，用以评价沥青耐热老化的性能
针入度比	针入度比是沥青经薄膜烘箱试验或旋转薄膜烘箱试验后的针入度与原样沥青针入度比值的百分数，用以评价沥青的热老化性质
弹性恢复	聚合物改性沥青的弹性恢复试验，是将沥青试件用延度仪拉伸至一定长度后，使之处于自由状态，经一定时间后测量试件残留长度，并由此计算弹性恢复指标值。 弹性恢复指标值越大，表明聚合物改性沥青的弹性恢复的能力越强
黏韧性试验	黏韧性试验是改性沥青规范中所特有的试验项目，该试验通过将改性沥青试件做强力垂直拉伸，来检测改性沥青的黏韧性，用以评价改性沥青的握裹力和黏结力
离析	聚合物改性沥青的离析指标，是通过测试规定容器中经过 48h 热储存后上部和下部沥青材料软化点，并计算上、下软化点差值。差值越大，预示改性沥青中聚合物离析倾向越大，其差值单位为℃
筛上残余量	在现行乳化沥青标准规范中也称为"筛上残留物""筛上剩余量"。该项目的检测主要是通过称量乳化沥青经过滤后在筛上遗留物的量，计算其占乳化沥青的百分含量，以此评价乳化沥青的质地均匀度、乳化加工质量等
乳化沥青对石料的附着试验	该项目指标称为"附着度"与粗集料黏附性"，试验方法分阳离子乳化沥青试验法和阴离子乳化沥青试验法，两方法差别较大，但均是测定乳化沥青在石料表面附着面积的比例，以此评价乳化沥青对石料的黏附能力
乳化沥青与水泥拌和试验	该试验项目在石化行业和交通行业标准中分别称作"水泥拌和性试验""水泥拌和试验筛余物"，而且具体试验条件也有差别。但试验目的是相同的，即通过称量乳化沥青与水泥的拌和过程中产生的筛余物质量，计算筛余物占水泥和乳化沥青固形物总量的百分数，用以评价慢裂型乳化沥青的拌和性能
蒸发残留物试验	石化行业方法规定，将盛有乳化沥青 50～300g 的容器在电炉上搅拌，将水蒸干后再在 160℃ 条件下加热 1min，称量计算残留物百分含量。交通行业特别强调乳化沥青取样量为 300g，水蒸干后在 163℃ 加热 1min。两种方法基本相同，其目的均是通过蒸发试验来检测乳化沥青的固形物含量
乳化沥青、改性乳化沥青的储存试验	在现行的乳化沥青、改性乳化沥青标准规范中，此项指标称为"储存稳定度""常温储存稳定性""储存稳定性"。其试验方法基本相同，主要是将乳化沥青静置于内径为 32mm 的管中，5d（或 1d）后分别取其上部和下部乳液各约 50g 进行蒸发残留物试验，并计算上下部残留物百分含量的差值，以此评价乳化沥青、改性乳化沥青的相应时间内的储存稳定性
冷冻安定性	将装有约 100g 乳化沥青试样的容器在−5℃ 条件下冷冻 30min，再浸入 25℃ 的水浴中融解 10min，反复进行两次冷冻-融解过程后，将乳化沥青用筛子过滤观察有无粗粒结块，以此评价乳化沥青的抗冻能力

（2）沥青性能分级规范指标　美国战略公路研究计划（Strategic Highway Reasearch Program，SHRP）中的专题 A002A 就是研究沥青的物理性能与路用性能的关系和建立测定这些性能的方法。SHRP 研究结果认为，目前测定沥青性能的方法都是经验的、简单的，不能反映沥青的流变特性。因而，基于流变学及抗老化性能分析方法——Superpave（高性能沥青路面体系），提出了 SHRP 评价方法。沥青性能分级规范的基本技术指标及其实际意义归纳见表 5-15。

表 5-15　SHRP 基本技术指标

主要性能	评价指标分析
闪点	闪点是施工的安全性指标。通常采用的是开口杯法，单位为℃
黏度≤3000mPa·s 的最高试验温度	通常要求沥青在管道输送、沥青混合料制备、铺路施工阶段的较高操作温度下具有不高于 3000mPa·s 的黏度，以方便相关的操作。 在性能分级规范中，要求道路沥青黏度为 3000mPa·s 时的等黏度温度不高于 135℃，以此衡量沥青的黏温性质。等黏温度越低，表明沥青高温可操作性越好。采用的仪器主要是布洛克菲尔德旋转黏度计
质量变化	国内一些标准中也称质量损失，它是指沥青经过薄膜烘箱试验或旋转薄膜烘箱试验后发生的质量变化，用以评价沥青耐热老化性能

主要性能	评价指标分析
$G^*/\sin\delta \geqslant 1.0kPa$ 或 $2.2kPa$ 的最高试验温度	在沥青的动态剪切试验中，G^* 为复合剪切模量，δ 为应力和应变间的相位角。$G^*/\sin\delta$ 为车辙因子，它能较好反映道路沥青抗车辙能力。 在性能规范中，分别规定了原样沥青和旋转薄膜烘箱加热后沥青的车辙因子 $G^*/\sin\delta$ 分别 $\geqslant$ 1.0kPa 和 2.2kPa 时对应的沥青最高试验温度的等级，以此作为性能分级的高温边界值。当最高试验温度等级不同时，以温度等级较低的作为定级依据
压力老化试验温度	在规定条件下在压力老化试验仓内对沥青材料进行热老化试验，有时也简称为 PAV 试验。 在性能分级规范中，针对不同的分级、不同的使用气候条件，规定了不同的压力老化试验温度
$G^*/\sin\delta \leqslant 5.00kPa$ 的最低试验温度	在性能分级规范中，对经过压力老化的沥青进行动态剪切试验，以测试其 $G^*/\sin\delta \leqslant 5.00kPa$ 时的最低试验温度，确定其抗疲劳能力的水平，通常称 $G^*/\sin\delta$ 为"疲劳因子"。在试验温度相同时，认为疲劳因子越小的沥青抗疲劳开裂能力越好。沥青疲劳因子的数值随温度的降低而增大
s 最大 300MPa，m 最小为 0.300 的最低试验温度	在性能分级规范中，对经过压力老化的沥青进行沥青梁蠕变试验，以测试其 s（蠕变劲度）$\leqslant$ 300MPa、m（蠕变劲度变化率）$\geqslant$ 0.300 时的最低试验温度，作为性能分级的低温边界值。通常低温边界值越低，表明沥青材料的低温松弛性能越好
破坏形变 $\geqslant 1\%$ 的最低试验温度	该试验是沥青梁蠕变试验的补充，即当蠕变试验的 s 在 300~600MPa 之间，$m \geqslant 0.300$ 时，需在蠕变试验温度进行直接拉伸试验，如果破坏形变 $\geqslant 1\%$，可以将蠕变试验温度作为性能分级的低温边界值。通常试验温度越高，破坏形变越大

3.石油沥青的分类

石油沥青按其用途可分为道路沥青、建筑沥青、涂料沥青、电缆沥青和防腐绝缘用的专用沥青等。石油沥青产品中产量最高的主要是道路沥青和建筑沥青。

（1）道路沥青 道路沥青主要用于铺设沥青路面。其生产方法因原料而异，对于低蜡的环烷基原油，往往可将其减压渣油直接用作道路沥青；而对于石蜡基原油，则需采用溶剂脱沥青等方法，才能从其减压渣油制取道路沥青。为了改善道路沥青某些方面的性质，有时还需进行浅度氧化或采用调和等方法。我国将道路沥青分为普通道路石油沥青和高等级道路石油沥青（重交通道路石油沥青）两个质量档次。其技术要求见表 5-16 和表 5-17。

表 5-16　1 号重交通道路石油沥青的技术要求和试验方法（Q/SH PRD 007）

项目		质量指标				试验方法
		AH-110	AH-90	AH-70	AH-50	
针入度（25℃）/（1/10mm）		100~120	80~100	60~80	40~60	GB/T 4509
软化点/℃	不低于	42~50	44~52	46~54	47~55	GB/T 4507
延度（15℃）/cm	不小于	150	150	150	80	GB/T 4508
延度（10℃）/cm	不小于	40	30	20	15	GB/T 4508
含蜡量（蒸馏法）/%	不大于	<2.2				SH/T 0425
闪点/℃	不低于	>230				GB/T 267
溶解度（三氯乙烯）/%	不小于	>99.5				GB/T 11148
60℃动力黏度/Pa·s	不大于	120	140	160	200	SH/T 0557
密度（25℃）/（g/cm³）		报告				GB/T 8928
薄膜加热试验（163℃，5h）						
质量变化/%	不大于	0.8	0.5	0.5	0.5	GB/T 5304
针入度比/%	不小于	55	57	63	65	GB/T 4509
延度（10℃）/cm	不小于	10	8	6	4	GB/T 4508

表 5-17　2 号重交通道路石油沥青的技术要求和试验方法（Q/SHR 004）

项目	质量指标				试验方法
	AH-110	AH-90	AH-70	AH-50	
针入度（25℃）/（1/10mm）	100～120	80～100	60～80	40～60	GB/T 4509
软化点/℃	42～50	44～52	44～54	45～55	GB/T 4507
延度（15℃）/cm	>150				GB/T 4508
含蜡量（蒸馏法）/%	<3				SH/T 0425
闪点/℃	>230				GB/T 267
溶解度（三氯乙烯）/%	>99.0				GB/T 11148
密度（25℃）/（g/cm³）	1.00～1.05				GB/T 8928
薄膜加热试验（163℃，5h）					
质量变化/%	<1.2	<1.0	<0.8	<0.6	GB/T 5304
针入度比/%	>50	>50	>55	>58	GB/T 4509
延度（15℃）/cm	报告	报告	报告	报告	GB/T 4508
延度（25℃）/cm	>100	>100	>75	>50	GB/T 4508

重交通道路石油沥青主要用于高速公路和重交通量道路。这种道路要求承受重负荷，交通量也比较大，易发生道路变形和开裂。

普通道路石油沥青主要用于 1、2 级公路和中、轻交通量的道路建设。我国普通道路石油沥青按其 25℃针入度划分为 200 号、180 号、140 号、100 号和 60 号五个牌号，其质量指标见表 5-18。

表 5-18　道路石油沥青（SH 0522）

项目		质量指标					试验方法
		200 号	180 号	140 号	100 号	60 号	
针入度（25℃）/（1/10mm）		200～300	150～200	110～150	80～110	50～80	GB/T 4509
软化点/℃		30～45	35～45	38～48	42～52	45～55	GB/T 4507
延度（25℃）/cm	不小于	20	100	100	90	70	GB/T 4508
闪点（开口）/℃	不低于	180	200	230	230	230	GB/T 267
蒸发后针入度比/%	不大于	50	60	60	—	—	GB/T 4509
蒸发损失/%	不大于	1	1	1	—	—	GB/T 11964
溶解度（三氯乙烯）/%	不小于	99.0					GB/T 11148
薄膜加热试验（163℃，5h）							
质量变化/%		—	—	—	报告	报告	GB/T 5304
针入度比/%		—	—	—	报告	报告	GB/T 4509
延度（25℃）/cm		—	—	—	报告	报告	GB/T 4508

（2）建筑沥青　建筑沥青主要用作屋面或地下设施的防水材料，也可以用作涂料、油毡和防腐等的材料，是由减压渣油经氧化法或其他工艺过程加工制成的。对这类沥青要求硬度大、耐温性好，有良好的黏结性和防水性能，并有较好的抗氧化性和抗热老化能力，以保证能较长时间使用而不致因老化变脆而开裂。

（3）专用沥青　专用沥青是指具有特殊性能的、能适应某些特殊环境和满足特殊要求的石油沥青，根据其用途及使用范围可以分为防护类沥青、绝缘类沥青、涂料类沥青、封口类沥青和工艺类沥青。

（4）乳化沥青　乳化沥青是以沥青、水、乳化剂等为原料经过乳化工艺制备而成。乳化沥青的优点是可以冷施工，避免了沥青热施工过程中造成的能量消耗、环境污染，以及潜在的火灾、烫伤、中毒等事故隐患，具有节能、环保、安全的优点。

因此，乳化沥青广泛应用于铺路、建筑屋面及洞库防水、金属材料表面防腐、农业土壤改良及植物养生、铁路的整体道床、沙漠的固沙等方面。

4.改性沥青

改性沥青，是指通过一定的工艺方法，将橡胶或塑料等高分子聚合物、磨细的橡胶粉或其他添加剂与石油沥青均匀混合，使沥青的性能得以改善而制成的沥青混合物。由于改性沥青价格较高，产量增长缓慢，目前主要用于机场跑道、防水桥面、停车场、运动场、重交通路面、交叉路口和路面转弯处等特殊场合。

不同的改性剂可以在不同程度上改善沥青或沥青混合料的使用性能。聚合物的加入可以有效地改善沥青的高温抗车辙能力、抗疲劳开裂能力、抗低温开裂能力，可以有效地提高路面的使用寿命，所以越来越受到人们的青睐。

三、石油焦

石油焦为黑色或暗灰色的固体石油产品，带有金属光泽，呈多孔性的无定形碳素材料。石油焦一般含碳 90%～97%，含氢 1.5%～8.0%，其余为少量的硫、氮、氧和金属，其 H/C（原子比）在 0.8 以下。

1.石油焦的主要性能

（1）挥发分　如石油焦中所含挥发分的量太多，在燃烧时容易破碎。

（2）纯度　评定石油焦纯度的指标是硫含量及灰分等。硫含量是石油焦最关键的质量要求。因为在生产石墨电极焦时，即使在高温煅烧石墨化过程中，硫也不能全部释放出，仍残留在石墨电极里。但当电极处在 1500℃ 以上的高温时，硫会分解出来，使电极晶体膨胀，再冷却时又会收缩，以致电极破裂。对于化学工业用石油焦，硫含量高还会在生产电石时产生硫化氢污染环境。高灰分会阻碍结晶的结构，从而使成品电极的机械强度和电性能降低。此外，石墨电极中灰分的存在还会影响冶金产品的纯度。

（3）结晶度　结晶度是指焦炭的结构和形成中间相小球体的大小。小的小球体形成的焦炭，结构多孔如海绵状，大的小球体形成的焦炭，结构致密如纤维状或针状，其质量较海绵焦优异，在质量指标中，真密度粗略地代表了这种性能，真密度高表示结晶度好。

（4）抗热震性　抗热震性是指焦炭制品在承受突然升至高温或从高温急剧冷却的热冲击时的抗破裂性能。针状焦的制品有好的抗热震性，因而有较高的使用价值。热膨胀系数代表这种性能。热膨胀系数越低，则抗热震性能愈好。

（5）颗粒度　颗粒度反映焦炭中所含粉末焦和块状颗粒焦（可用焦）的相对含量。粉末焦大多数是在除焦和储运过程中受挤压摩擦等机械作用破碎而成，所以其量大小也是一种机械强度的表现。主要经煅烧成熟焦后可以防止破碎。颗粒焦多、粉末焦少的焦炭，使用价值较高。

2.石油焦的分类

（1）按加工深度分类　石油焦按加工深度，可分为生焦和熟焦。前者由延迟焦化装置的焦炭塔得到，又称原焦，它含有较多的挥发分，强度较差；后者是生焦经过高温煅烧（1300℃）处理除去水分和挥发分而得，又称煅烧焦。煅烧焦再在 2300～2500℃下进行石墨化，使微小的石墨结晶长大，最后可以加工成电极。

（2）按硫含量分类　石油焦按硫含量的高低，可分为高硫焦（硫含量大于 4%）、中硫焦（硫含量 2%～4%）和低硫焦（硫含量小于 2%）。硫含量增高，焦炭质量降低，其用途亦随之改变。焦炭的硫含量取决于原料的硫含量。

（3）按显微结构形态分类　石油焦按其显微结构形态的不同，可分为海绵焦和针状焦。前者多孔如海绵状，又称普通焦。后者致密如纤维状，又称优质焦，它在性质上与海绵焦有显著的差别，具有密度高、强度高、热膨胀系数低的特点，在导热、导电、导磁和光学上有明显的各向异性。针状焦主要是从芳烃含量高且非烃含量少的原料制得。

3.石油焦的品种及应用

石油焦包括延迟石油焦、针状焦和特种石油焦。

（1）延迟石油焦　延迟石油焦按硫含量等指标分为一级品和合格品（1A、1B、2A、2B、3A、3B 6 个牌号）。一级品和 1A、1B 焦适用于炼钢工业中制作普通功率石墨电极，也用于炼铝工业中制作碳素；2A、2B 焦用于炼铝工业中制作碳素；3A、3B 焦用于制造化学工业中的碳化物（电石和碳化硅）或用作金属铸造等的燃料。延迟石油焦经粒级分类及煅烧可生产广泛用于冶金、机械、电子、原子能行业的煅烧石油焦。

（2）针状焦　除了对针状焦的硫含量、灰分和挥发分有更严格的规定外，还要求具有较大的真密度及较小的热膨胀系数。真密度能大体反映针状焦的结晶度，真密度大表示其结晶度高、结构致密，这样可确保成品电极的机械强度高。热膨胀系数小反映针状焦的抗热冲击性能好，这是指其在承受突然升至高温或从高温急剧冷却时不易破裂。针状焦主要用于制造炼钢用的高功率和超高功率的石墨电极，用针状焦生产的石墨电极具有热膨胀系数低、电阻低、结晶度高、纯度高、密度大等优良性能，从而可以提高电炉炼钢的冶炼强度，缩短冶炼时间。

一般情况下，针状焦和普通石油焦在性质上的主要差别如表 5-19。

表 5-19　针状焦和普通石油焦性质对比

项目	针状焦	普通焦
挥发分（质量分数）/%	<0.5	12～20
灰分（质量分数）/%	<0.1	0.3～1.2
硫含量（质量分数）/%	<0.5	0.5～3.0
真密度（1300℃煅烧 6h 后）/（g/cm³）	>2.1	<2.1
热膨胀系数/×10^{-6}℃	<2.5	2.5～5.0

（3）特种石油焦　特种石油焦是核工业和国防工业不可缺少的重要原料，是生产核反应堆石墨套管的原料，反应堆内层的中子反射层也是石墨制成的。因此，要求它有更高的质量，所含的灰分、硫、挥发分都要更少。

习　　题

一、单选题

1. 燃料油的低温性能用（　　）来评定，它是考虑燃料油抽注、运输和储存作业时温度的重要依据之一。

    A.冷滤点　　　　　　B.凝点　　　　　　　　C.结晶点　　　　　　D.冰点

2. 灯用煤油的（　　）用燃烧性和烟点来衡量。

    A.安全性　　　　　　B.吸油性　　　　　　　C.点燃性　　　　　　D.流动性

3. 石蜡烃类分子的碳原子数为（　　）。

    A.17～35　　　　　　B.35～50　　　　　　　C.17～25　　　　　　D.50～65

4. 石蜡的平均分子量为（　　）。

    A.300～450　　　　　B.100～200　　　　　　C.200～300　　　　　D.450～550

5. 石蜡的牌号是根据（　　）划分的。

    A.滴点　　　　　　　B.熔点　　　　　　　　C.凝点　　　　　　　D.分油量

6. 微晶蜡的碳原子数为（　　）。

    A.17～35　　　　　　B.30～60　　　　　　　C.17～25　　　　　　D.50～65

7. 微晶蜡的平均分子量为（　　）

    A.300～450　　　　　B.100～200　　　　　　C.200～300　　　　　D.400～800

8. 评价石蜡耐温性能的指标是（　　）。

    A.熔点　　　　　　　B.滴点　　　　　　　　C.针入度　　　　　　D.锥入度

9. 沥青的牌号是根据（　　）划分的。

    A.锥入度　　　　　　B.针入度　　　　　　　C.软化点　　　　　　D.延度

10. 反映一定温度下沥青的黏度，表示沥青软硬程度的指标是（　　）。

    A.锥入度　　　　　　B.针入度　　　　　　　C.软化点　　　　　　D.延度

11. 反映沥青在受到机械应力作用能发生一定程度的变形而不致被破坏的能力的指标是（　　）。

    A.锥入度　　　　　　B.针入度　　　　　　　C.软化点　　　　　　D.延度

二、多选题

1. 按照含油量和精制深度不同，石蜡可分为（　　）。

    A.粗石蜡——黄石蜡　　　　　　　　　　B.半精制石蜡——白石蜡

    C.全精制石蜡——精白蜡　　　　　　　　D.食品用石蜡

2. 燃料油主要由石油的裂化残渣油和直馏残渣油制成，其特点是（　　）。

    A.黏度大　　　　　　B.含非烃化合物　　　C.胶质多　　　　　　D.沥青质多

3. 灯用煤油的洁净度用（　　）质量标准来控制。

    A.色度　　　　　　　B.水溶性酸或碱　　　C.机械杂质和水分　D.铜片腐蚀

4. 溶剂油是对某些物质起（　　）的轻质石油产品。

　　A.溶解　　　　　　　　B.洗涤　　　　　　　　C.萃取作用　　　　　D.以上都不对

5. 石蜡的主要成分为（　　）。

　　A.正构烷烃　　　　　　　　　　　　　　　B.少量带短侧链的烷烃

　　C.带长侧链的环烷烃　　　　　　　　　　　D.多环短侧链的芳烃

6. 微晶蜡的主要化学组成是（　　）。

　　A. 碳链长为 $C_{35} \sim C_{80}$ 的正构烷烃　　　　B.大量高分子异构烷烃

　　C.带长侧链的环烷烃化合物　　　　　　　D.多环短侧链的芳烃

7. 评价沥青低温抗裂性能的指标是（　　）。

　　A.针入度　　　　　　　　B.脆点　　　　　　　　C.延度　　　　　　　D.滴熔点

8. 评定石油焦纯度的指标是（　　）等。

　　A.硫含量　　　　　　　　B.灰分　　　　　　　　C.水分　　　　　　　D.胶质

9. 石油焦包括（　　）。

　　A.延迟石油焦　　　　　　B.针状焦　　　　　　　C.特种石油焦　　　　D.以上都不对

10. 石油焦的主要性能指标包括（　　）。

　　A.挥发分　　　　　　　　B.纯度　　　　　　　　C.结晶度　　　　　　D.抗热震性

三、简答题

1. 什么叫熔点、软化点、滴点、针入度、延伸度？
2. 简述石蜡和微晶蜡的原料来源、烃类组成特点和主要性能指标。
3. 简述石油焦的用途、原料来源、主要性能指标。
4. 简述石油沥青的主要用途、原料来源、组成特点和主要性能指标。

第六章

原油评价和加工生产方案

第一节　原油评价

原油是一种极为复杂的混合物，其主要组成是烃类，还含有硫、氮、氧等化合物及少量金属有机化合物。不同油田生产的原油，因组成不同，往往具有不同的性质。即使同一油田，由于采油层位不同，原油性质也可能出现差异。以大庆原油为代表，我国大部分原油属于低硫含蜡原油。但也有些油区的地质构造十分复杂，原油性质有较大差别。如胜利油区各油田的原油，大部分属于中间基，但又有少量属于石蜡基、环烷基，且含硫较多。

对新开采的原油，必须先进行"原油评价"。原油评价就是通过各种实验、分析，取得对原油性质的全面认识。本节将简要介绍原油评价的内容及方法，并着重介绍大庆原油的评价过程与结果。

一、原油评价的意义和目的

不同性质的原油，必须采用相应的加工方法，以生产适当的产品，使原油得到合理利用。例如，低硫石蜡基原油的轻馏分油适合生产高质量的煤油、柴油，不需要深度精制；其重油适合生产高黏度指数润滑油。环烷基原油的凝点较低，适合生产低凝点的油品及道路沥青。

所以，原油评价的意义在于通过实验、分析，掌握原油的组成与性质等基础参数，为原油加工方案的制定做准备。根据对所加工原油的性质、市场对产品的需求、加工技术的先进性和可靠性，以及经济效益等诸方面的分析，制定合理的加工方案，提高企业的经济效益。

按其目的不同，可将原油评价分为四个层次：

① 原油的一般性质分析。适用于勘探开发过程中及时了解单井、集油站和油库中原油的一般性质，并掌握原油性质变化的规律与动态。

② 原油的简单评价。通过一般性质分析初步确定原油性质与特点。适用于原油性质的普查，尤其适用于地质构造复杂、原油性质多变的产油区。

③ 原油的常规评价。除了原油的一般性质外，还包括原油的实沸点蒸馏数据及窄馏分性质。适用于为一般炼油厂设计提供数据。

④ 原油的综合评价。除原油的一般性质、原油的实沸点蒸馏数据及窄馏分性质等内容外，还包括直馏产品的产率和性质。根据需要，也可增加某些馏分的化学组成、某些重馏分或渣

油的二次加工性能等。

通常，又将①、②合并为一个层次。

二、原油评价的内容和方法

常规的原油评价包括原油性质、原油实沸点蒸馏、馏分油及渣油的性质分析。原油的详细评价（综合评价）除上述内容外，还包括馏分油及渣油的烃族组成，或 C_6、C_7 以前的单体烃组成，润滑油原料的评价等。

原油评价中，原油、馏分油及渣油的性质分析大部分采用与石油产品相同的标准试验方法，也有一部分分析项目尚未标准化。

现将原油的综合评价的一般流程表示在图 6-1 中。

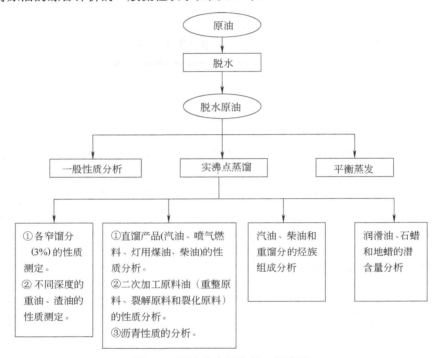

图 6-1　原油综合评价的一般流程

1.原油性质分析

原油性质分析项目及方法见表 6-1。

表 6-1　原油的性质分析

项目	方法	项目	方法
API 度	GB/T 1885	胶质	SY/T 7550
密度	GB/T 1885	残炭	GB/T 18610
黏度	GB 265	水分	GB/T 8928
凝点	GB 510	盐含量	GB/T 6532
倾点	GB/T 26985	闪点	GB/T 267
蜡含量	SY/T 7550	灰分	GB/T 508
沥青质	SY/T 7550	酸值	GB/T 18609

项目	方法	项目	方法
碳	GB/T 19143	镍含量	GB/T 18608
氢	GB/T 19143	钒含量	GB/T 18608
硫含量	GB/T 17606	馏程	GB/T 18611
氮含量	GB/T 19143		

在测定原油性质之前，应先测定原油的含水量、含盐量和机械杂质。若原油含水量大于0.5%应先脱水。表 6-2 是几种国产原油的一般性质。

表 6-2　几种国产原油的基本性质

性质		大庆	胜利	大港	克拉玛依	辽河
密度（20℃）/（g/cm³）		0.8587	0.9005	0.8826	0.8808	0.8818
50℃运动黏度/（mm²/s）		19.5	83.4	17.3	32.3	21.9
凝点/℃		32	28	28	−57	21
含蜡量（吸附法）（质量分数）/%		25.1	14.6	15.4	2.1	8.7
沥青质（质量分数）/%		0.1	5.1	13.1	0.5	—
胶质（质量分数）/%		8.9	23.2	9.7	15.0	15.7
酸值/（mg KOH/100mL）		—	—	—	0.74	0.98
残炭（质量分数）/%		3.0	6.4	3.2	3.8	4.8
元素分析（质量分数）/%	C	86.3	86.3	85.7	86.1	
	H	13.5	12.6	13.4	13.3	—
	S	0.15	0.88	0.12	0.12	0.18
	N	—	0.41	0.23	0.27	0.31
微量金属/（μg/g）	V	<0.1	1.0	<1	—	0.6
	Ni	2	26	18	—	32
<300℃馏分/%		25.6	18.0	26.0	31.0	—

由表 6-2 可见，大庆原油密度低，黏度小，凝点、含蜡量高，氢元素含量高，小于 300℃馏分多，沥青质、胶质少，残炭低，重金属镍的含量也很少，是典型的低硫石蜡基原油，适合生产石脑油、汽油，亦能为催化裂化提供高质量原料。

2.原油实沸点蒸馏及窄馏分性质

（1）原油的实沸点蒸馏及高真空蒸馏　　原油的实沸点蒸馏是指在一种标准蒸馏设备中进行的蒸馏（ASTM D2892）。这种蒸馏设备的分馏效率相当于 15 个理论塔板，回流比为 5∶1。蒸馏在常压及减压条件下进行。为避免裂化，釜底温度不能超过 350℃。由于精馏柱所产生的压差，釜中的残压不可能太低。因此，实沸点蒸馏只能蒸出相当于常压下小于 400℃的馏分。更高沸点的馏分是改用不带精馏柱的高真空蒸馏设备蒸出，蒸馏残压须小于 0.27kPa。最终沸点根据残压的大小可蒸至相当于常压下 500～550℃。

（2）窄馏分性质　　在蒸馏过程中，切割一系列的窄馏分、宽馏分或直馏产品，分别测定这些馏分或产品的收率及性质，得到实沸点曲线、中比性质曲线及其他评价数据。

原油实沸点蒸馏装置中按沸点高低切割成多个窄馏分和渣油。一般按每 3%～5%取作一个窄馏分，目前，大多数按照 25℃或 30℃沸点范围作为一个窄馏分。将窄馏分按馏出顺序编号，称重及测量体积，然后测定各窄馏分和渣油的性质，大庆原油实沸点馏程及窄馏分性质数据见表 6-3。

表 6-3 大庆原油实沸点馏程及窄馏分性质数据

馏分号	沸点范围/℃	占原油质量分数/% 每馏分	占原油质量分数/% 累计	密度(20℃)/(g/cm³)	运动黏度/(mm²/s) 20℃	运动黏度/(mm²/s) 50℃	运动黏度/(mm²/s) 100℃	凝点/℃	苯胺点/℃	酸度(mg KOH/100mL)	闪点(开口)/℃	折射率 n_D^{20}	折射率 n_D^{70}	平均分子量
1	初馏~112	2.98	2.98	0.7108	—	—	—	—	54.1	0.98	—	1.3995	—	98
2	112~156	3.15	6.13	0.7461	0.89	0.64	—	—	59.0	1.58	—	1.4172	—	121
3	156~195	3.22	9.35	0.7699	1.27	0.89	—	-65	62.2	2.67	—	1.4350	—	143
4	195~225	3.25	12.00	0.7958	2.03	1.26	—	-41	66.4	3.02	78	1.4445	—	172
5	225~257	3.40	16.00	0.8092	2.81	1.63	—	-24	71.2	2.74	—	1.4502	—	194
6	257~289	3.40	19.46	0.8161	4.14	2.26	—	-9	77.2	3.65	125	1.4560	—	217
7	289~313	3.44	22.90	0.8173	5.93	3.01	—	4	84.8	4.39	—	1.4565	—	246
8	313~335	3.37	26.27	0.8264	8.33	3.84	1.73	13	88.0	7.18	157	1.4612	—	264
9	335~355	3.45	29.72	0.8348	—	4.99	2.07	22	91.6	7.98	—	—	1.4450	292
10	355~375	3.43	33.15	0.8363	—	6.24	2.61	29	—	0.08②	184	—	1.4455	299
11	374~394	3.35	36.50	0.8396	—	7.70	2.86	34	—	0.09	—	—	1.4472	328
12	394~415	3.55	40.05	0.8479	—	9.51	3.33	38	—	0.22	206	—	1.4515	349
13	415~435	3.39	43.44	0.8536	—	13.3	4.22	43	—	0.12	—	—	1.4560	387
14	435~456	3.88	47.32	0.8686	—	21.9	5.86	45	—	0.06	238	—	1.4641	420
15	456~475	4.05	51.37	0.8732	—	—	7.05	48	—	0.05	—	—	1.4675	438
16	475~500	4.52	55.89	0.8786	—	—	8.92	52	—	0.03	282	—	1.4697	—
17	500~525	4.15	60.04	0.8832	—	—	11.5	55	—	0.03	—	—	1.4730	—
渣油	>525	38.5	98.54	0.9375	—	—	—	41①	—	—	—	—	—	—
损失	—	1.46	100.0	—	—	—	—	—	—	—	—	—	—	—

① 为软化点;
② 以下为酸值, mg KOH/g。

根据表 6-3 中的数据可绘制实沸点蒸馏曲线和中比曲线，以馏出温度为纵坐标，累计馏出质量分数为横坐标作图，即可得实沸点蒸馏曲线，见图 6-2。该曲线上某一点表示原油馏出某累计收率时的实沸点蒸馏馏出温度。

　　同时画出各窄馏分的百分率-性质曲线（中比曲线），从原油实沸点蒸馏所得的各窄馏分仍然是一个复杂的混合物，因此，所测得的窄馏分性质是组成该馏分的各种化合物的性质的综合表现，具有平均的性质。在绘制原油性质曲线时，假定测得的窄馏分性质表示该窄馏分馏出一半时的性质，这样标绘的性质曲线就称为中比性质曲线。例如表 6-3 中第六个窄馏分是从累计收率为 16.00%开始到 19.46%结束，密度为 0.8161g/cm³，在标绘时，以 0.8161 为纵坐标、(16.00%+19.46%)/2 =17.73%为横坐标，就得到中比密度曲线上的一个点。连接各点即得原油的中比密度曲线。用同样的方法可以绘出其他各性质的中比曲线，见图 6-2。

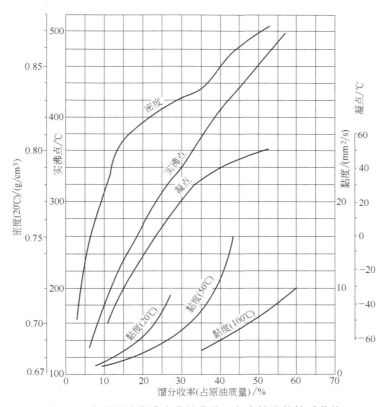

图 6-2　大庆原油实沸点蒸馏曲线及各窄馏分的性质曲线

　　原油中比性质曲线表示了窄馏分的性质随沸点的升高或累计馏出百分数增大的变化趋势。通过此曲线，也可以预测任意一个窄馏分的性质。例如欲了解馏出率在 23.0%～27.0%之间的窄馏分的性质，可从图 6-2 中横坐标为(23.0% + 27.0%)/2 =25.0%时对应的性质曲线上查得该窄馏分的 20℃密度为 0.8280g/cm³，20℃运动黏度为 8.7mm²/s。绝大多数原油的物理性质都没有加成性（密度除外），因此，这种预测方法只适用于窄馏分，对宽馏分是不适用的。馏分越宽，预测结果的误差越大。

　　将窄馏分性质及收率数据进行计算机处理，得到各种宽馏分性质，以等值曲线表示（见图 6-3～图 6-7）。

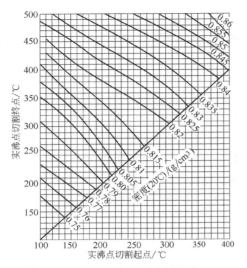

图 6-3　大庆原油中间馏分的密度

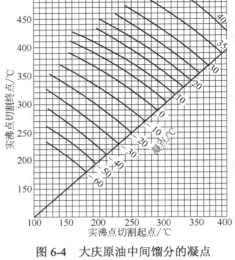

图 6-4　大庆原油中间馏分的凝点

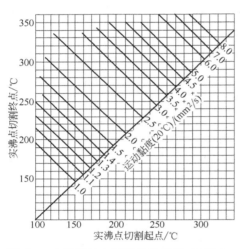

图 6-5　大庆原油中间馏分的黏度（20℃）

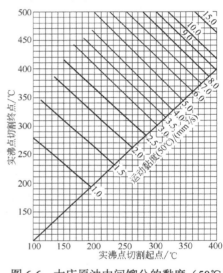

图 6-6　大庆原油中间馏分的黏度（50℃）

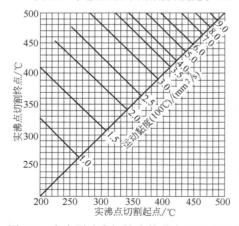

图 6-7　大庆原油中间馏分的黏度（100℃）

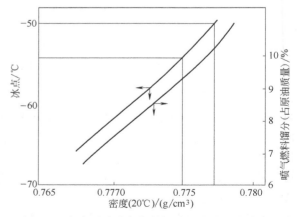

图 6-8　大庆原油喷气燃料馏分的冰点、密度及收率
（切割起点 130℃）

3.直馏产品的性质及产率

直馏产品一般是较宽的馏分，为了取得其较准确的性质数据作为设计和生产的依据，必须由实验实际测定。通常的做法是先由实沸点蒸馏将原油切割成多个窄馏分和渣油，然后根据产品的需要把相邻的几个馏分按其在原油中的含量比例混合，测定该混合物的性质。也可以直接由实沸点蒸馏切割得到相应于该产品的宽馏分。表6-4列出了直馏汽油馏分、喷气燃料馏分、灯用煤油及轻柴油馏分的收率与性质。

表6-4 大庆原油直馏产品及宽馏分的切割方案及分析

馏分名称		直馏汽油馏分	喷气燃料馏分	灯用煤油及轻柴油馏分			
实沸点范围/℃		初馏点~200	130~230	180~300	200~320	200~320	230~330
收率（占原油质量）/%		10.7	6.9	12.0	13.1	17.3	11.5
密度（20℃）/（g/cm³）		0.7432	0.7932	0.8085	0.8131	0.8170	0.8173
辛烷值（MON）		37					
馏程/℃	初馏点	60	141	204	224	225	245
	10%	97	160	221	236	243	257
	50%	141	183	241	257	273	274
	90%	184	212	269	288	310	300
	98%	—	224	—	—	—	—
干点/℃		205	—	294	310	330	318
硫含量（质量分数）/%		0.02	0.04	0.045	0.050	0.055	0.054
运动黏度/（mm²/s）	20℃	—	11.39	—	3.78	4.64	4.83
	−40℃		5.08				
酸度/（mgKOH/100mL）		0.82	0.90		4.97	6.20	5.26
闪点（闭口）/℃		—	32	84	99	105	115
冰点/℃			−57				
碘值/（gI₂/100g）			3.11				
芳烃含量（质量分数）/%		—	<13	—	—	—	—
硫醇型硫含量			0.001				
净热值/（kJ/kg）		—	43811				
无烟火焰高度/mm		—	>25				
铜片腐蚀（50℃，3h）		—	—	—	合格	合格	合格
凝点/℃				−22	−15	−5	−6
苯胺点/℃				75.4	79.6	80.3	
柴油指数				69.8	71.5	71.9	
十六烷值				67.5	67.5	—	69
十六烷指数				53.8	56.2	58.4	58.5

注：1.表中打"—"的格，表示该项不需要做；

2. 20世纪末以来，我国已经规定，禁用含铅汽油，所以实际汽油产品不含四乙基铅。

由表6-4数据可知，大庆直馏汽油馏分的辛烷值很低，仅为40左右（马达法），低于其他原油直馏汽油馏分的辛烷值（50~55），不符合石油产品标准的要求。因此，这些馏分除可作为重整原料外，一般只作为调和汽油的组分。

　　喷气燃料的主要指标是密度和冰点，要求密度高，冰点低。而这两者是互相制约的。由于我国大部分原油含正构烷烃多，而沸点高的正构烷烃冰点高，因此，当生产冰点要求较低的 1 号或 2 号喷气燃料时，只能切割终沸点比较低、馏程也相应比较窄的馏分，故产品收率较低。大庆（萨尔图油田）原油喷气燃料馏分的冰点、密度与收率的关系见图 6-8。由图 6-8可见，从该原油不能得到冰点不高于−60℃、密度不小于 0.775g/cm³ 的 1 号喷气燃料。一般适合生产冰点不高于−50℃的 2 号喷气燃料。

　　由表 6-4 可见，大庆原油柴油指数接近于十六烷值。对于含蜡较少的原油，十六烷指数接近于十六烷值。

　　表 6-5 为大庆原油重质馏分油性质，表 6-6 为大庆原油常压重油及减压渣油性质。

表 6-5　大庆原油重质馏分油的性质

项　目		数据	项　目	数据	项　目	数据
实沸点范围/℃		350～500	折射率（n_D^{70}）	1.4600	特性因数	12.5
收率（质量分数）/%		26～30	平均分子量	398	结构族组成	
密度/（g/cm³）	20℃	0.8564	硫（质量分数）/%	0.045	C_P/%	74.4
	70℃	0.8246	氮（质量分数）/%	0.068	C_N/%	15.0
运动黏度/（mm²/s）	50℃	—	钒/（μg/g）	0.01	C_A/%	10.6
	100℃	4.6	镍/（μg/g）	0.1	R_N	0.83
凝点/℃		42	残炭（质量分数）/%	0.1	R_A	0.48

表 6-6　大庆原油常压重油及减压渣油性质

项　目		常压重油	减压渣油	项　目	常压重油	减压渣油
实沸点范围/℃		>350	>500	氢碳原子比	1.80	1.7
收率（占原油质量）/%		71.5	42.9	凝点/℃	44	40（软化点）
密度/（g/cm³）	20℃	0.8959	0.922	残炭（质量分数）/%	4.3	7.2
	70℃	0.8636	—	灰分（质量分数）/%	0.0047	
运动黏度/（mm²/s）	80℃	48.4	—	钒含量/（μg/g）	<0.1	0.1
	100℃	28.9	104.5	镍含量/（μg/g）	4.3	7.2
元素分析/%	C	86.32	86.43	针入度（25℃）/（1/10mm）	—	>250
	H	13.27	12.27			
	S	0.15	0.17	延度（25℃）/cm	—	3.9
	N	0.2	0.29	软化点/℃		35

　　对直馏汽油和渣油，还可以根据实验数据绘制它们的产率-性质曲线以方便使用，见图 6-9 和图 6-10。产率-性质曲线与表示平均性质的中比曲线不同，它表示的是累计性质。曲线上的某一点表示相应于该产率下的汽油或渣油的性质。

　　我国主要原油重馏分油的凝点高，用于生产润滑油都要经过脱蜡。在实验室进行溶剂脱蜡后，用硅胶或硅胶-氧化铝进行吸附分离。脱蜡油分为饱和烃（P+N）、饱和烃+轻芳烃（P+N+A₁）及饱和烃+轻芳烃+中芳烃（P+N+A₁+A₂）几个组分。分别测定这些组分的理化性质，并计算黏度指数，表 6-7 列出了大庆原油润滑油潜含量及性质。一般将饱和烃+轻芳烃视为润滑油原料中的理想组分。

表6-7 大庆原油润滑油潜含量及性质

油样	收率/% 占馏分质量	收率/% 占原油质量	密度(20℃)/(g/cm³)	凝点/℃	折射率(n_D^{20})	运动黏度(mm²/s) 50℃	运动黏度(mm²/s) 100℃	黏度比(v_{50}/v_{100})	黏度指数	黏重常数
350~400℃原馏分	100	9.4	0.8038(70℃)	31	1.4480(n_D^{70})	6.91	2.66	—	—	0.779
脱蜡油	56.2	5.3	0.8673	-10	1.4833	8.75	3.01	2.91	94	0.818
P+N	42.2	4.0	0.8390	-2	1.4631	7.81	2.83	2.76	120	0.782
P+N+A₁	49.0	4.6	0.8475	-12	1.4684	7.97	2.84	2.81	112	0.793
P+N+A₁+A₂	52.4	4.9	0.8534	-8	1.4726	8.31	2.85	2.92	99	0.800
400~450℃原馏分	100	11.8	0.8242(70℃)	43	1.4578(n_D^{70})	15.82	4.65	—	—	0.798
脱蜡油	60.1	7.1	0.8835	-4	1.4914	26.08	5.96	4.38	92	0.827
P+N	42.7	5.0	0.8587	-4	1.4722	20.75	5.34	3.89	107	0.797
P+N+A₁	50.8	6.0	0.8666	-4	1.4771	22.14	5.57	3.97	104	0.799
P+N+A₁+A₂	54.0	6.4	0.8708	-6	1.4800	22.48	5.63	3.99	103	0.812
450~500℃原馏分	100	9.1	0.8437(70℃)	51	1.4687(n_D^{70})	—	8.09	—	—	0.813
脱蜡油	61.5	5.6	0.8990	-4	1.5005	63.92	10.92	5.85	82	0.838
P+N	39.4	3.6	0.8725	-5	1.4780	38.81	8.60	4.51	115	0.807
P+N+A₁	48.5	4.4	0.8766	-4	1.4832	46.24	9.49	4.87	106	0.811
P+N+A₁+A₂	52.3	4.8	0.8831	-4	1.4870	48.38	9.67	5.00	101	0.819
>500℃渣油	—	41.4	0.8971(70℃)	—	—	256(80℃)	106	—	—	—
P+N+A₁(脱蜡前)	18.2	7.5	0.8930	—	1.4922	165.2	23.12	7.15	98	0.818
P+N+A₁+A₂(脱蜡后)	21.7	8.9	0.9009	-18	1.4987	221.5	27.44	8.07	93	0.825

注：润滑油馏分脱蜡温度为-15℃，渣油脱蜡温度为-30℃；脱蜡溶剂为丙酮、苯、甲苯（35：45：20，体积比）。

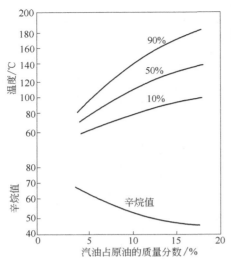

图 6-9　大庆原油汽油馏分产率-性质曲线

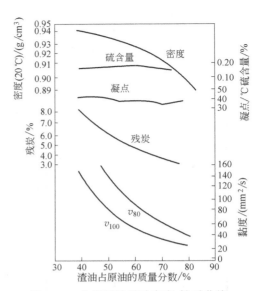

图 6-10　大庆原油重油产率-性质曲线

表 6-7 表明，大庆重馏分油作为润滑油原料时，实验室脱蜡油的收率只有 56%～62%，但黏度指数甚高，为 82～94。吸附分离后饱和烃+轻芳烃的黏度指数大于 100。即使将中芳烃混合在内，黏度指数仍接近 100。这说明大庆重馏分油经过脱蜡的润滑油原料，不需要深度精制，即可得到黏度指数良好的润滑油基础油。

根据这些原油评价数据，可以着手制定原油蒸馏切割方案。制定原油蒸馏切割方案就是要确定原油蒸馏中生产哪些产品，在什么温度下切割，所得产品产率和性质如何。其方法就是将产品产率性质数据与各种油品规格进行比较，依据实沸点蒸馏曲线确定各种产品的切割温度。

原油常减压蒸馏装置除生产个别产品外，多数馏分作为调和组分和二次加工的原料，故对原油的蒸馏切割，主要是考虑满足二次加工对原料质量的要求。

能源市场和石油化工生产对轻质油品的需求不断增长，渣油轻质化问题已成为炼油技术发展中最重要的问题之一。因此，还要对渣油进行更深入的评价。

第二节　原油的分类方法

如前所述，石油的组成十分复杂，对原油的确切分类是十分困难的。但是，不同地区和不同地层所开采的石油，从化学组成和物理性质来看，有一些原油彼此很相似，在加工方案和加工中所遇到的问题也很相似。因此人们研究原油的合理分类方法，以便按一定的指标把原油分类。一旦知道原油的类别后，可以大致推测它的性质和加工方案，判断它适宜于生产哪些产品，产品质量大致如何等。可见，科学的分类方法对认识石油和利用石油是十分必要的。

原油可以按工业、地质、化学等的观点来区分，每一大类中又有多种分类法。例如，化学分类法中就有关键馏分特性分类法、特性因数分类法、相关指数分类法、结构族组成分类法等。这里主要介绍工业分类法和化学分类法。

一、原油的工业分类

原油的工业分类也称商品分类，分类的根据包括：按密度分类、按含硫量分类、按含氮量分类、按含蜡量分类、按含胶质量分类等。但各国的分类标准都按本国原油性质规定，互不相同。原油密度低则轻质油收率较高，硫含量高则加工成本高。国际石油市场对原油按密度和硫含量分类并计算不同原油的价格。按原油的相对密度来分类最简单。

1.按原油的相对密度分类

轻质原油，相对密度（d_4^{20}）<0.8661。

中质原油，相对密度（d_4^{20}）=0.8662～0.9161。

重质原油，相对密度（d_4^{20}）=0.9162～1.0000。

特稠原油，相对密度（d_4^{20}）>1.0000。

这种分类比较粗略，但也能反映原油的共性。轻质原油一般汽油、煤油、柴油等轻质馏分较多；或含烷烃较多，含硫及胶质较少。如青海原油和克拉玛依原油。有些原油轻质馏分含量并不多，但含烷烃多，所以密度小，如大庆原油。

重质原油一般含轻馏分和蜡都较少，而含硫、氮、氧及胶质、沥青质较多，如孤岛原油、阿尔巴尼亚原油。

2.按原油的含硫量分类

低硫原油，硫含量<0.5%。

含硫原油，硫含量为0.5%～2.0%。

高硫原油，硫含量>2.0%。

大庆原油为低硫原油，胜利原油为含硫原油，孤岛原油、委内瑞拉保斯加原油为高硫原油。低硫原油重金属含量一般都较低，含硫原油重金属含量有高有低。在世界原油总产量中，含硫原油和高硫原油约占75%，我国含硫原油也在逐渐增长。

3.按原油的含氮量、含蜡量、含胶质量分类

（1）按原油的含氮量分类

低氮原油，氮含量<0.25%。

高氮原油，氮含量>0.25%。

低硫原油大多数含氮量也低。原油中含氮量比含硫量低。

（2）按原油的含蜡量分类

低蜡原油，含蜡0.5%～2.5%。

含蜡原油，含蜡2.5%～10%。

高蜡原油，含蜡>10%。

（3）按原油的含胶质量分类

低胶原油，原油中硅胶胶质含量<5%。

含胶原油，原油中硅胶胶质含量为5%～15%。

多胶原油，原油中硅胶胶质含量>15%。

实际上，在石油交易中，使用多种按质论价的分类方法。例如，有的以某种原油为标准，按所交易原油的密度及硫含量与标准原油的差别来计算价格。近年来，有的在计算原油价格时还考虑到原油的氮含量及金属含量等。近十多年来，国际石油交易中还常用"净值反算法"（netback calculation）论价。所谓净值反算法，就是以产品的估计收率所得各种产品在某港口的现货价的总价值为依据，来反算原油的价格。

二、原油的化学分类

工业分类方法的优点是直观、简单。但是，对于石油加工企业来说，为了选择合适的加工方案和及时调节生产参数，必须对石油的组成、性质有比较准确的了解。这就需要采用更为准确的分类方法——化学分类法。

原油的化学分类以化学组成为基础，比较科学，相对比较准确，应用比较广泛。但原油的化学组成分析比较复杂，所以，通常是利用与化学组成有关联的物理性质作为分类依据。包括特性因数分类和关键馏分特性分类法。

1.原油的特性因数分类

特性因数 K 能反映原油的化学组成性质，可对原油进行分类如下：

石蜡基原油，特性因数 $K > 12.1$。

中间基原油，特性因数 $K = 11.5 \sim 12.1$。

环烷基原油，特性因数 $K = 10.5 \sim 11.5$。

石蜡基原油烷烃含量一般超过 50%。其特点是密度较小，含蜡量较高，凝点高，含硫、含胶质量低。这类原油生产的汽油辛烷值低，柴油十六烷值较高，生产的润滑油黏温性质好。大庆原油是典型的石蜡基原油。

环烷基原油一般密度大、凝点低。生产的汽油环烷烃含量高达 50% 以上，辛烷值较高；喷气燃料密度大、凝点低，质量发热值和体积发热值都较高；柴油十六烷值较低；润滑油的黏温性质差。环烷基原油中的重质原油，含有大量胶质和沥青质，可生产高质量沥青，如我国的孤岛原油。

中间基原油的性质介于石蜡基和环烷基原油之间。

2.原油的关键馏分特性分类

特性因数分类能够反映原油组成的特性。但由于原油低沸点馏分和高沸点馏分中烃类的分布规律并不相同，特性因数分类不能分别表明各馏分的特点；同时，由于原油的组成极为复杂，原油的平均沸点难以测定，无法用公式求得 K 值。而用黏度、相对密度指数查图求得的特性因数 K 不够准确。所以，以特性因数 K 作为原油的分类依据，有时不完全符合原油组成的实际情况。

1935 年，美国矿务局提出了对原油的关键馏分特性分类法。此分类法能较好地反映原油的化学组成特性，在我国也被推荐使用。

用原油简易蒸馏装置在常压下蒸馏得 250～275℃馏分作为第一关键馏分，残油用没有填料柱的蒸馏瓶在 40mmHg（1mmHg=133.322Pa）残压下蒸馏，切取 275～300℃馏分（相当于常压 395～425℃）作为第二关键馏分。分别测定上述两个关键馏分的密度，根据表 6-8 中的密度或 API 度进行分类，按照表 6-9 确定该原油属于所列七种类型中的哪一类。表 6-8 中括

号内的特性因数 K 值是根据关键馏分的中平均沸点和比重指数求定的，它不作为分类标准，仅作为参考数据。

表 6-8　关键馏分的分类指标

关键馏分	石蜡基	中间基	环烷基
第一关键馏分	$d_4^{20}<0.8210$ API 度>40 （K>11.9）	$d_4^{20}=0.8210\sim0.8562$ API 度=33~40 （K=11.5~11.9）	$d_4^{20}>0.8562$ API 度<33 （K<11.5）
第二关键馏分	$d_4^{20}<0.8723$ API 度>30 （K>12.2）	$d_4^{20}=0.8723\sim0.9305$ API 度=20~30 （K=11.5~12.2）	$d_4^{20}>0.9305$ API 度<20 （K<11.5）

上述关键馏分的取得也可以取实沸点蒸馏装置蒸出的 250～275℃和 395～425℃馏分分别作为第一和第二关键馏分。

表 6-9　原油的关键馏分特性分类

序号	第一关键馏分的属性	第二关键馏分的属性	原油类别
1	石蜡基	石蜡基	石蜡基
2	石蜡基	中间基	石蜡-中间基
3	中间基	石蜡基	中间-石蜡基
4	中间基	中间基	中间基
5	中间基	环烷基	中间-环烷基
6	环烷基	中间基	环烷-中间基
7	环烷基	环烷基	环烷基

北京石油化工科学研究院建议把工业（商品）分类法中的硫含量分类作为关键馏分特性分类的补充，即硫含量低于 0.5%的为低硫原油，而高于 0.5%的为含硫原油（注意与原油工业分类法中的不同）。表 6-10 列出了我国几种原油根据此建议进行分类的情况。

表 6-10　几种国产原油的分类

原油名称	含硫量 （质量分数）/%	第一关键馏分 d_4^{20}	第二关键馏分 d_4^{20}	原油的关键馏分 特性分类	建议原油 分类命名
大庆混合	0.11	0.814 （K=12.0）	0.850 （K=12.5）	石蜡基	低硫石蜡基
克拉玛依	0.04	0.828 （K=11.9）	0.895 （K=11.5）	中间基	低硫中间基
胜利混合	0.88	0.832 （K=11.8）	0.881 （K=12.0）	中间基	含硫中间基
大港混合	0.14	0.860 （K=11.4）	0.887 （K=12.0）	环烷中间基	低硫环烷 中间基
孤岛	2.06	0.891 （K=10.7）	0.936 （K=11.4）	环烷基	含硫环烷基

由表 6-10 可知，大庆原油属于石蜡基，在馏分上表现为特性因数高，相关指数及黏重常数低。胜利原油为中间基，在馏分上表现为特性因数较低，相关指数及黏重常数较高。但由于原油分类方法是以 250～275℃及 395～425℃两个馏分的 API 度为指标的，不能代表更高馏分的类别。

三、原油分类的应用

属于同一类的原油，具有明显的共性。石蜡基原油一般含烷烃量超过 50%，其特点是密度较小、含蜡量较高、含硫和胶质较少，是属于地质年代古老的原油。这种原油生产的直馏汽油辛烷值低，而柴油的十六烷值较高，航空煤油的密度和结晶点之间的矛盾较大，可以生产黏温性质良好的润滑油，可是脱蜡的负荷很大，重馏分和渣油中含重金属少，是良好的裂化原料，但难以生产质量较好的沥青。大庆原油是典型的石蜡基原油。环烷基原油的特点是含环烷烃和芳香烃较多，凝点低，一般含硫、含胶质和沥青质较多，是地质年代较年轻的原油。它所生产的汽油中含环烷烃多、辛烷值较高，航空煤油的密度大、质量热值和体积热值都较高，可以生产大密度航空煤油，柴油的十六烷值较低，润滑油的黏温性质差。环烷基原油中的重质原油含有大量的胶质和沥青质，又称为沥青基原油，可以用来生产各种高质量的沥青。孤岛原油就属于这一类原油。中间基原油的性质介于这两类之间。

第三节　原油加工生产方案

所谓原油加工生产方案，就是用原油生产什么产品及使用什么样的加工过程来生产这些产品。通常又称之为原油加工方案。

确定原油加工方案的依据，一是原油的性质特点，二是市场需求。另外，经济效益、投资力度也是必须考虑的重要方面。当然，作为一个企业，经济效益的最大化是其主要目标。原油特性、市场需求是影响加工方案乃至经济效益的主要因素；同时，投资力度对最佳方案的选择会形成制约。虽然理论上可以用任何一种原油生产出各种所需的石油产品，但如果选择的加工方案适应原油的特性，则可以做到用最小的投入获得最大的产出。

基于以上的原因，将原油的综合评价结果作为选择原油加工方案的基本依据。有时还需对某些加工过程做中型试验以取得更详细的数据。对生产航空煤油和某些润滑油，往往还需作产品的台架试验和使用试验。

在各种原油加工方案的原油加工过程中，一般都先经过常压蒸馏或常减压蒸馏，将原油分割成为直馏产品或二次加工原料。常压蒸馏经常是切出重整原料、煤油、柴油，剩余为常压渣油。减压蒸馏切割裂化原料或润滑油原料，剩余为减压渣油。各种原油加工流程的主要不同之处在于产品精制和重油加工部分。

直馏产品精制与否，取决于原油的硫、氮、氧等杂质含量，而二次加工产品则除杂质含量外还取决于其他不安定的烃类组分。能否生产润滑油主要取决于原油本身所含润滑油组分的性质优劣。

重油加工的方法很多，但每种原油由于其性质不同，都有它比较适宜的加工方法。含盐多的原油如果要进行催化加工，首先要进行原油深度脱盐。残炭和重金属含量高的渣油，进行催化裂化前先要进行预处理，如加氢精制或脱沥青、脱金属等。环烷基原油经蒸馏可以直接生产合格的沥青，可是它的减压馏分油却不是很好的催化裂化原料。裂化过程中生焦量高，柴油十六烷值低。焦化是转化率很高的加工过程，对原料的适应范围很广。但液体产品质量差，要精制。渣油加氢裂化灵活性大，可以对付各种渣油，且产品质量好、轻质油收率高，但它的投资很高，而且设备制造比较困难。

一、原油加工方案的基本类型

根据目的产品的不同，原油加工方案大体上可以分为四种基本类型：

1.燃料型
主要产品是用作燃料的石油产品。除了生产部分重油燃料油外，减压馏分油和减压渣油通过各种轻质化过程转化为各种轻质燃料。

2.燃料-润滑油型
除了生产用作燃料的石油产品外，部分或大部分减压馏分油和减压渣油还被用于生产各种润滑油产品。

3.燃料-化工型
除了生产燃料产品外，还生产化工原料及化工产品，例如某些烯烃、芳烃、聚合物的单体等。这种加工方案体现了充分合理利用石油资源的要求，也是提高炼厂经济效益的重要途径，是石油加工的发展方向。

4.综合型
采用综合型加工方案的企业不再单纯是"炼油"企业，而是一个"石油化工"综合型企业。即通过蒸馏最大限度地为乙烯装置及催化重整装置提供原料，以生产尽可能多的"三烯""三苯"等化工基础原料；将常四线、减压馏分、减压渣油中的"少环长侧链"结构分离出，以生产润滑油基础油；将其他成分通过加氢裂化、催化裂化、焦化、精制等手段加工成轻质燃料油。另外，对上述生产过程中产生的石蜡、沥青、石油焦等副产品进行进一步加工，得到合格的固体副产品。

以上只是大体的分类，实际上，各个石油加工企业的具体加工方案是多种多样的，没有必要作严格的区分，主要目标是提高经济效益和满足市场需要。

二、几种典型的原油加工方案

下面结合几种具体的原油讨论各种类型的加工方案。

1.大庆原油加工方案
大庆原油是低硫石蜡基原油，其主要特点是含蜡量高、凝点高、沥青质含量低、重金属含量低、硫含量低。其主要的直馏产品的性质特点如下：
① 初馏点～200℃直馏汽油的辛烷值低，仅有 37，应通过催化重整提高其辛烷值。
② 直馏航空煤油的密度较小，结晶点高，只能符合 2 号航空煤油的规格指标。

③ 直馏柴油的十六烷值高，有良好的燃烧性能，但其收率受凝点的限制。

④ 煤、柴油馏分含烷烃多，是制取乙烯的良好裂解原料。

⑤ 350～500℃减压馏分的润滑油潜含量（烷烃+环烷烃+轻芳轻）约占原油的 15%，而黏度指数可达 90～120，是生产润滑油的良好原料。

⑥ 减压渣油硫含量低，沥青质和重金属含量低，饱和分含量高，可以掺入减压馏分油作为催化裂化原料，也可以经丙烷脱沥青及精制生产残渣润滑油。由于渣油含沥青质和胶质较少而蜡含量较高，难以生产高质量的沥青产品。

根据上述评价结果，大庆原油的燃料-润滑油加工方案可由图 6-11 表示。

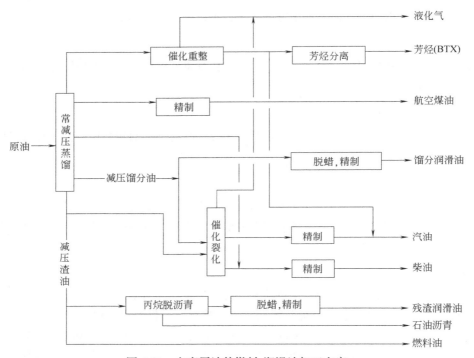

图 6-11　大庆原油的燃料-润滑油加工方案

2.胜利原油的燃料加工方案

胜利原油是含硫中间基原油，硫含量在 1%左右，在加工方案中应充分考虑原油含硫的问题。其主要直馏产品的性质特点如下：

① 直馏汽油的辛烷值为 47，初馏点～130℃馏分中芳烃潜含量高，是重整的良好原料。

② 航煤馏分的密度大，结晶点低，可以生产二号航空煤油，但必须脱硫酸，而且由于芳烃含量较高，应注意解决符合无烟火焰高度的规格要求的问题。

③ 直馏柴油的柴油指数较高，凝点不高，可以生产–20 号、–10 号、0 号柴油及舰艇用柴油。由于含硫及酸值较高，产品须适当精制。

④ 减压馏分油的脱蜡油黏度指数低，而且含硫及酸值较高，不宜生产润滑油，可以用作催化裂化或加氢裂化的原料。

⑤ 减压渣油的黏温性质不好且含硫，也不宜用来生产润滑油，但胶质、沥青质含量较高，可以用于生产沥青产品。胜利减压渣油的残炭值和重金属含量都较高，只能少量掺入减压馏

分油中作为催化裂化原料，最好是先经加氢处理后再送去催化裂化。由于加氢处理的投资高，一般多用作延迟焦化的原料。由于含硫，所得的石油焦的品级不高。

　　根据上述评价结果，胜利原油多采用燃料型加工方案，见图6-12。

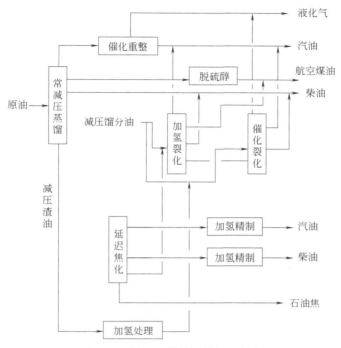

图6-12　胜利原油的燃料加工方案

3.某原油的燃料-化工型加工方案

　　为了合理利用石油资源和提高经济效益，许多炼油厂的加工方案都考虑同时生产化工产品，只是其程度因原油性质和其他具体条件不同而异，有的是最大量地生产化工产品，有的则只是予以兼顾。关于化工产品的品类，多数炼油厂主要是生产化工原料和聚合物的单体，有的也生产少量的化工产品。图6-13为一个燃料-化工型加工方案。

4.稠油的加工方案分析

　　全世界的稠油储量很大。我国探明的稠油储量也不小，其产量也逐年增加。如何合理加工稠油是炼油技术发展中的一个难题。稠油的特点是密度和黏度大、胶质及沥青质含量高、凝点低，多数稠油的硫含量较高，其渣油的残炭值高、重金属含量高。稠油的轻质油含量很低，减压渣油一般占原油的60%以上。稠油的加工主要是如何合理加工其渣油的问题。

　　稠油的渣油的蜡含量低、胶质及沥青质含量高，是生产优质沥青的好原料。例如单家寺稠油的减压渣油不需复杂的加工就可以生产出高等级道路沥青。因此，对稠油的加工应优先考虑生产优质沥青。由于受沥青市场的限制，除了生产沥青外，还须考虑渣油轻质化问题。

　　稠油的渣油的残炭值高、重金属含量高，不宜直接用作催化裂化的原料，比较好的办法是先经加氢处理后再送去催化裂化。但是渣油加氢处理的投资和操作费用高。采用溶剂萃取脱沥青过程可以抽出渣油中的较轻部分作为催化裂化的原料，但须解决抽提残渣的加工利用问题。采用延迟焦化过程可以得到部分馏分油，经加氢和催化裂化可得到轻质油品，但同时得到相当多的含硫石油焦。

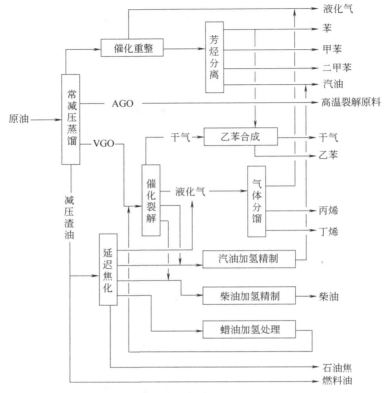

图 6-13　燃料-化工型加工方案

稠油的凝点低，在制定加工方案时应考虑如何利用这个特点。例如，考虑生产低凝点柴油、对黏温性质要求不高的较低凝点的润滑油产品等。

第四节　石油产品的生产过程

从原油加工生产方案的分析说明可以看出，不论是哪一种方案，其最大量的产品都是燃料油。所以，在这里介绍一下一般炼油厂的构成，燃料油和润滑油的生产过程。

一、炼油厂的构成

炼油厂主要由两大部分组成，即炼油过程和辅助设施。从原油生产出各种石油产品一般须经过多个物理的及化学的炼油过程。通常，每个炼油过程相对独立地成为一个炼油生产装置。在某些炼油厂，从有利于减少用地、余热的利用、中间产品的输送、集中控制等考虑，把几个炼油装置组合成一个联合装置。为了保证炼油生产的正常进行，炼油厂还必须有完备的辅助设施，例如供电、供水、废物处理、储运等系统。下面对这两部分分别作简要介绍。

1.炼油生产装置

各种炼油生产装置大体上可以按生产目的分为以下几类：

（1）原油分离装置　原油加工的第一步是把原油分离为多个馏分油和残渣油，因此，每个正规的炼厂都应有原油常压蒸馏装置或原油常减压蒸馏装置。在此装置中，还应设有原油脱盐脱水设施。

（2）重质油轻质化装置　为了提高轻质油品收率，须将部分或全部减压馏分油及渣油转化为轻质油，此任务由裂化反应过程来完成，如催化裂化、加氢裂化、焦炭化等。

（3）油品改质及油品精制装置　此类装置的作用是提高油品的质量以达到产品质量指标的要求，如催化重整、加氢精制、电化学精制、溶剂精制、氧化沥青等。加氢处理、减黏裂化也可归入此类。

（4）油品调和装置　为了达到产品质量要求，通常需要进行馏分油之间的调和（有时也包括渣油），并且加入各种提高油品性能的添加剂。油品调和方案的优化对提高现代炼厂的效益也能起重要作用。

（5）气体加工装置　如气体分离、气体脱硫、烷基化、C_5/C_6异构化、合成甲基叔丁基醚（MTBE）等。

（6）制氢装置　在现代炼厂，由于加氢过程的耗氢量大，催化重整装置的副产氢气不够使用，有必要建立专门的制氢装置。

（7）化工产品生产装置　如芳烃分离、含硫化氢气体制硫、某些聚合物单体的合成等。

（8）产品分析中心　为了保证出厂产品的质量，每个炼厂中都设有产品分析中心。

由于生产方案不同，各炼厂炼油过程的种类和多少，或者说复杂程度会有很大的不同。一般来说，规模大的炼厂其复杂程度会高些，但也有一些大规模的炼厂的复杂程度并不高。

2.辅助设施

辅助设施是维持炼油厂正常生产所必需的，一般将这些设施称为公用系统。主要的辅助设施如下：

（1）供电系统　多数炼厂使用外来高压电源，炼厂应有降低电压的变电站及分配用电的配电站。为了保证电源不间断，多数炼厂备有两个电源。为了保证在断电时不发生安全事故，炼厂还自备小型的发电机组。

（2）供水系统　新鲜水的供应系统主要由水源、泵站和管网组成，有的还需水的净化设施。大量的冷却用水需循环使用，故应设有循环水系统。

（3）供水蒸气系统　主要由蒸汽锅炉和蒸汽管网组成，供应全厂的工艺用蒸汽、吹扫用蒸汽、动力用蒸汽等。一般都备有 1MPa 和 4MPa 两种压力等级的蒸汽锅炉。

（4）供气系统　如压缩空气站、氧气站（同时供应氮气）等。

（5）原油和产品储运系统　如原油及产品的输送管、码头或铁路装卸站、原油储罐区、产品储罐区等。

（6）"三废"处理系统　即对废水、废气、废渣的处理系统。"三废"的排放应符合环境保护的要求。

多数炼厂还设有机械加工维修、仪表维护、研究机构、消防队等。现代化的新型炼油厂则一般将这些工作以外协的性质交由相关企业及机构来承担。

二、燃料油生产过程

1.原油的常减压蒸馏

原油常减压蒸馏是炼油厂加工已脱盐、脱水原油的第一道工序。常减压蒸馏是指在常压和负压条件下，根据原油中各组分的沸点不同，把原油"切割"成不同馏分的工艺过程。常压蒸馏是在接近常压下蒸馏出汽油、煤油（或喷气燃料）、柴油等直馏馏分，塔底残余为常压渣油（即重油）。减压蒸馏是常压渣油在 8kPa 左右的绝对压力下蒸馏出重质馏分作为润滑油料、裂化原料或裂解原料，塔底残余为减压渣油。如果原油轻质油含量较多或市场需求燃料油多，原油蒸馏也可以包括初馏工序，俗称原油拔头。原油蒸馏所得各馏分有的是一些石油产品的原料，有的是二次加工的原料。

原油常减压蒸馏流程图如图 6-14 所示。

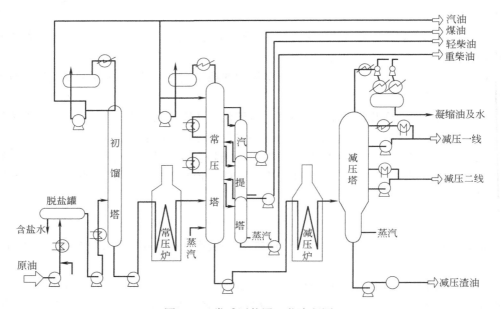

图 6-14　常减压装置工艺流程图

原油经过电脱盐装置，脱盐和脱水后进入换热网络，加热到 180～230℃进入初馏塔。初馏塔顶生产重整原料或汽油，塔底油进入换热网络，进行换热，换热终温达 290～308℃，然后经常压炉加热到 350～370℃后，进入常压塔。常压塔顶油和初馏塔顶油混合后进重整装置和汽油调和车间，常压塔侧线经过换热网络后，出装置作燃料油、溶剂油和化工原料产品。常压重油进入减压炉加热到 380～420℃后进入减压塔。减压塔各产品经过换热网络换热后出装置。

2.原油的二次加工过程

常压蒸馏只能从原油中得到 20%～30%的汽油、煤油和柴油等轻质油品，其余是只能作为润滑油原料的重馏分和残渣油。社会对轻质油品的需求量却占石油产品的 90%左右；同时直馏汽油的辛烷值（RON）很低，为 50～70，而我国车用汽油标准中要求汽油的研究法辛烷值至少大于 90，只靠常压蒸馏无法满足国民经济对轻质油品在数量和质量上的要求。为了解决这一矛盾，发展了多种二次加工方法，即通过化学方法，改变馏分的化学组成，以获得更多更好的轻质油品。现介绍几种主要的二次加工工艺。

（1）热裂化 热裂化是以常压重油、减压馏分油、焦化蜡油和减压渣油等重质组分为原料，在高温（450～550℃）和高压（3～5MPa）下裂化生成裂化汽油、裂化气、裂化柴油和燃料油。产品中汽油收率为 30%～50%，因含有较多烯烃，其辛烷值较高，但安定性差；柴油收率为 30%左右，其十六烷值低和安定性差；裂化气收率约为 10%，含有较多的 C_1、C_2 和少量的丙烯和丁烯，可作为燃料和化工原料。由于热裂化产品质量差、收率低，开工周期短，现在基本上已被催化裂化过程取代。

（2）催化裂化 催化裂化过程是以重质油如减压馏分油（VGO）、焦化重馏分油（CGO）、渣油等为原料，在 450～550℃、0.1～0.3MPa 以及催化剂存在条件下，发生一系列反应（主要是裂化反应）生成气体、汽油、柴油以及重质油和焦炭的过程。催化裂化是现代化炼油厂重质油和渣油改质的核心技术，是炼厂获取经济效益的重要手段。催化裂化能力在各主要二次加工工艺中居于首位。

催化裂化装置一般由反应-再生系统、分馏系统、吸收稳定系统及再生烟气能量回收系统组成。

（3）催化重整 催化重整是以石脑油为原料，有氢气和催化剂存在，在一定温度、压力等反应条件下，使烃类分子发生重排，将石脑油转化为富含芳烃的重整生成油的工业过程。根据催化重整产品特点，催化重整过程有三个方面的目的：生产高辛烷值汽油组分；为化纤、橡胶、塑料和精细化工提供原料（苯、甲苯、二甲苯，简称 BTX 等单体芳烃）；生产化工过程所需的溶剂、油品加氢所需的高纯度廉价氢气（75%～95%）和民用燃料液化气等副产品。

（4）加氢裂化 加氢裂化是以柴油馏分、减压馏分，甚至是渣油，也可用硫、氮、蜡含量很高的馏分油为原料，在较高的压力、温度和氢气存在的条件下，经催化剂作用使重质油发生加氢、裂化和异构化反应，转化为轻质油（汽油、煤油、柴油或催化裂化、裂解制烯烃的原料）的加工过程。它与催化裂化不同的是在进行催化裂化反应时，同时伴随烃类加氢反应。加氢裂化实质上是加氢和催化裂化过程的有机结合，能够使重质油品通过催化裂化反应生成汽油、煤油和柴油等轻质油品，又可以防止生成大量的焦炭，还可以将原料中的硫、氮、氧等杂质脱除，并使烯烃饱和。加氢裂化具有轻质油收率高、产品质量好的突出特点。

（5）延迟焦化 延迟焦化是以减压渣油等重质油为原料，在常压液相下进行长时间深度热裂化反应。其目的是生产焦化汽油、柴油、催化裂化原料（焦化蜡油）和工业用石油焦。其中，焦化汽油和柴油的安定性较差，需进一步精制加工。石油焦是制作电极的重要原料，也可作为燃料。焦化气体可作为制氢和叠合的原料或作为燃料使用。

所谓延迟焦化是指原料油快速通过加热炉管之后进入焦化塔，在焦化塔内停留足够时间以进行反应生成焦炭的过程。这就避免了在加热炉管内大量结焦，延长了装置的生产周期。

（6）减黏裂化 减黏裂化作为一种成熟的不生成焦炭的热加工技术，是在较低的温度（450～490℃）和压力（0.4～0.5MPa）下浅度裂化，主要目的是改善渣油的倾点和黏度，以达到燃料油的规格要求，或者虽达不到燃料油的规格要求，但可以减少掺合油的用量。

（7）烷基化 烷基化过程是小分子异构烷烃和烯烃在催化剂的作用下，生成较大分子异构烷烃的过程。常用催化剂有浓硫酸或氢氟酸，产品主要是辛烷值高达 94～96 的汽油，并且不含烯烃，是航空汽油的重要组分。

烷基化产物中以富含各种三甲基戊烷的 C_8 为主要成分，是理想的高辛烷值清洁汽油组分，烷基化过程对生产高辛烷值汽油有重要意义。

（8）叠合　叠合过程是以炼厂气中的丙烯与丁烯为原料，在催化剂的作用下，生成大分子的异构烯烃的过程。

催化叠合按原料组成和生产目的不同，可分为非选择性叠合和选择性叠合两类。非选择性叠合，用未经分离的 $C_3 \sim C_4$ 液化气为原料，生产高辛烷值汽油调和组分；选择性叠合，用组成比较单一的丙烯或丁烯生产某种特定的产物，如异丁烯选择性叠合成高辛烷值的异辛烯，丙烯选择性叠合成四聚丙烯。

非选择性叠合过程所生产的汽油 RON 可达 93～96，而 MON 只有 82～85，具有很好的调和性能。但是由于叠合汽油中含有较多的烯烃，因而其安定性较差，单独使用或储存时需要加入防胶剂。

（9）异构化　以生产高辛烷值汽油调和组分（异构化油）为目的的异构化过程一般是以直馏的或加氢裂化低于 60℃ 或低于 80℃ 的较轻馏分为原料。

目前最常用的异构化催化剂与铂重整相似，是一类具有加氢-脱氢活性的贵金属载于酸型载体上所组成的双功能催化剂，反应氢压为 2.0～3.0MPa，反应温度为 250～350℃。

异构化反应是可逆的，在其反应温度下的平衡转化率并不高，因此工业上常采用将未反应的正构烷烃分离出来进行循环的方法，以提高正构烷烃的转化率，随之也提高了产物的辛烷值。

3.轻质油品的精制

原油经过常减压蒸馏、焦化、催化裂化等加工过程得到的汽油、喷气燃料、煤油和柴油馏分一般还不能直接作为商品，其中所含烯烃，硫、氮、氧等化合物，可溶性金属盐，以及乳化水等杂质致使油品有臭味、色泽深、腐蚀机械设备、不易保存等。特别是生成可溶性或不可溶性沉渣后，将严重影响油品的质量，大大降低了成品油的经济价值。

所以将各种加工过程所得的半成品加工成商品，一般需要经过精制、调和和加入添加剂过程。

精制过程就是将半成品中的某些杂质或不理想的成分除掉，以改善油品质量的加工过程。目前，精制方法可分为加氢精制与非加氢精制两类。

加氢精制是在催化剂存在下，在一定的氢压、反应温度和压力下，经过加氢脱硫、脱氮、脱氧、脱金属和烯烃饱和等反应，将半成品中的非理想组分除去，改善油品质量的过程。

非加氢精制往往是中小型炼厂的理想选择，采用化学精制（主要有酸碱精制和氧化法脱硫醇）、溶剂精制、吸附精制（如分子筛脱蜡）等。

三、润滑油的生产过程

现代矿物润滑油的生产过程，概括起来说，由润滑油原料生产、基础油加工、润滑油调和三大部分组成。

1.润滑油原料生产

润滑油原料的生产一般是由常压渣油通过减压蒸馏来切取轻重不同的减压窄馏分和减压渣油，为达到馏分清晰分割的目的，大多采用湿式减压蒸馏工艺。减压渣油是制取高黏度润滑油的原料，在其加工前必须进行原料的预处理，以除去渣油中的沥青质，这就是丙烷脱沥青工艺。

减压蒸馏制备馏分润滑油料，丙烷脱沥青制备残渣润滑油料。

丙烷脱沥青过程是利用丙烷作溶剂，除去减压渣油中的胶质、沥青质，以生产高黏度润滑油组分或裂化原料油，同时也可以得到沥青。

丙烷在一定压力下是液态，液态丙烷在一定温度下对减压渣油中的胶质、沥青质几乎不溶解，而对油分和蜡的溶解度却很大。利用丙烷这一特性，使减压渣油和液体丙烷在萃取塔中逆向流动，进行萃取，结果使油和蜡溶于丙烷中，沥青质和胶质因不溶解而被沉降、分离出来。油中的丙烷经回收后可以循环使用。

丙烷脱沥青后得到的高黏度润滑油馏分，还需经过脱蜡、精制等加工过程才可使用。

2.基础油加工

基础油加工主要是将影响润滑油使用性能的非理想组分除去或转化。传统矿物油基础油加工主要包括精制、脱蜡、补充精制等过程。

（1）精制 从原油中取得的润滑油料，包括馏分润滑油料及脱沥青油，含有非理想组分和一些对油品的使用性能有害的物质，如胶状物质、多环短侧链的芳香烃、环烷酸类，以及某些含 S、N 的化合物。这些物质的存在会使油品的黏温性能降低，抗氧化安定性变差，氧化后容易产生沉积物和酸性物质，引起油品乳化和锈蚀，堵塞油路和腐蚀设备构件，还会使油品的颜色很快变深。

润滑油精制的目的是除去润滑油中的非理想组分，提高油品的黏温性能，降低油品的残炭、酸值，改善油品的颜色、气味，提高油品的抗氧化安定性及对添加剂的感受性能。

润滑油精制可分为溶剂精制和加氢处理。溶剂精制是物理过程，利用选择性溶剂将非理想组分萃取分离，改善基础油的黏温性能。加氢处理是化学转化过程，在催化剂及氢的作用下，通过选择性加氢裂化反应，将非理想组分转化为理想组分，来提高基础油的黏度指数。

（2）脱蜡 润滑油脱蜡的目的是把原料中的蜡脱除，保证润滑油良好的低温流动性。利用一些溶剂对润滑油馏分中的蜡和油具有选择性溶解的能力，可得到脱蜡油和脱油蜡，这就是溶剂脱蜡工艺。

在具有高选择性的催化剂作用下的加氢脱蜡工艺能使正构烷烃异构为异构烷烃，或将大分子烷烃选择性裂化变为低分子烃，而油品中其他烃类不发生变化，从而达到降凝的作用。

（3）补充精制 润滑油补充精制的目的是去掉微量杂质、溶剂，改善油品的颜色、安定性及提高油品对抗氧化添加剂的感受性，可以分为白土补充精制和加氢补充精制两种。

白土补充精制是利用白土颗粒多孔、比表面积大（1g 白土的表面积达 $150\sim450m^2$）、吸附能力强的特点，将油品中胶质、沥青质、残余溶剂等杂质除去，达到改善油品安定性的目的。

加氢补充精制工艺是在缓和的条件下进行的加氢过程，以除去溶剂精制、溶剂脱蜡后残存在油品中的硫、氮、氧等杂质，基本上不改变烃类结构和组成。加氢补充精制对油品质量的改进主要表现在提高油品的透明度，除去油品中的残余溶剂，降低残炭、酸值，改善油品的气味及对添加剂的感受性。

3.润滑油的调和

润滑油调和是制备过程的最后一道重要工序，按照油品的配方，将润滑油基础油组分和添加剂按比例、顺序加入调和容器，用机械搅拌（或压缩空气搅拌）、泵抽送循环、管道静态混合等方法调和均匀，然后按照产品标准采样分析合格后即为正式产品。通常，经炼油厂精制后得到的只有常三线、减二线、减三线、减四线和光亮油（即减压残油经脱沥青、精制后所得的高黏度油料）等几种不同黏度的基础油料。许多牌号的润滑油产品常常是利用两种或两种以上不同黏度的基础油组分按一定比例（该比例称为调和比）混合调制成的，基础组分油的调和是润滑油产品调制的基础。

传统的物理法生产润滑油的流程和加氢法生产润滑油的流程，见图 6-15 和图 6-16。

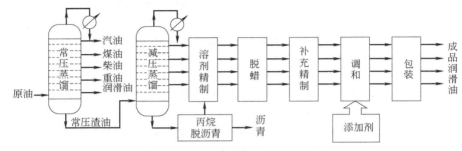

图 6-15 物理法生产润滑油的流程

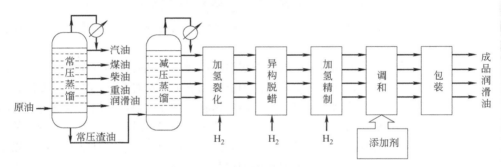

图 6-16 加氢法生产润滑油的流程

习 题

一、填空题

1. 原油常用的分类方法有（   ）、（   ）。

2. 特性因数 K 为 10.5～11.5 的原油，属于（   ）原油，其相对密度（   ），凝点（   ）。

3. 按关键馏分分类我国大庆原油属于（   ）原油，按照两种分类方法的综合分类，胜利原油属于（   ）原油；按原油的含硫量分类，硫含量<0.5%，属于（   ）原油。

4. 原油加工方案一般分（   ）、（   ）、（   ）三类。

5. 原油蒸馏常用三种蒸馏曲线分别是（   ），（   ），（   ）。

6. 典型三段汽化原油蒸馏工艺过程中采用的蒸馏塔为（　　　　　）、（　　　　　）、（　　　　　）。

7. 原油的二次加工过程包括（　　　　）、（　　　　）、（　　　　）、（　　　　）、（　　　　）、（　　　　）、（　　　　）和（　　　　）等。

8. 润滑油的生产过程包括（　　　　）、（　　　　）和（　　　　）三个过程。

二、简答题

1. 原油分类的目的是什么？分类的方法有哪些？

2. 原油评价的目的是什么？评价的类型有几种？

3. 原油综合评价包括哪些内容？

4. 什么叫实沸点蒸馏及平衡蒸发？

5. 什么叫原油的性质曲线？它有什么特性？它是如何绘制的？有何用途？

6. 目前炼厂对原油有几种加工方案？简述你所了解的炼油厂属于哪种类型？画出加工方案的流程框图。

7. 从加工角度分析，大庆和胜利原油有哪些主要特点？分别可采用何种加工方案？

参考文献

[1] 徐春明, 杨朝合. 石油炼制工程. 4 版. 北京:石油工业出版社, 2009.
[2] 李淑培. 石油加工工艺学. 北京: 中国石化出版社, 2012.
[3] 沈本贤. 石油炼制工艺学. 北京: 中国石化出版社, 2011.
[4] 杜峰, 刘欣梅. 储运油料学. 北京: 中国石油大学出版社, 2015.
[5] 孙昱东. 石油及石油产品基础知识. 北京: 石油工业出版社, 2013.
[6] 李柏林, 代素娟. 石油化学. 北京: 中国石化出版社, 2019.
[7] 李元生, 王丽君. 石蜡产品手册. 北京: 中国石化出版社, 2009.
[8] 王丙申, 钟昌龄. 石油产品应用指南. 北京: 石油工业出版社, 2002.
[9] 任晓娟, 徐波. 石油工业概论. 北京: 中国石化出版社, 2012.
[10] 张娇静, 宋军. 石油化工产品概论. 北京: 石油工业出版社, 2011.
[11] 王先会. 工业润滑油生产与应用. 北京: 中国石化出版社, 2011.
[12] 蔡智, 王维秋. 油品调合技术. 北京: 中国石化出版社, 2005.
[13] 熊云. 储运油料学. 北京: 中国石化出版社, 2013.
[14] 戴咏川, 赵德智. 石油化学基础. 北京: 中国石化出版社, 2017.
[15] 柴志杰, 任满年. 沥青生产与应用技术问答. 北京: 中国石化出版社, 2015.
[16] 石宝纾. 石油工业通论. 北京: 石油工业出版社, 2011.
[17] 许世海, 熊云, 刘晓. 液体燃料的性质及应用. 北京: 中国石化出版社, 2010.
[18] 张远欣, 王晓璐. 润滑剂生产与应用. 北京: 中国石化出版社, 2010.
[19] 孙旭光. 汽油质量升级方式及调合方案的研究. 石化技术与应用, 2017, 34（3）: 238-242.
[20] (英)卢卡斯. 国外炼油化工新技术丛书(现代石油技术). 周亚松, 魏强, 张涛, 译. 北京: 石油工业
     出版社, 2011.
[21] 王耘. 金陵石化汽油管道在线调合方案. 化工管理, 2014, 5: 5-6.
[22] 卢振刚. 汽车油品应用手册. 北京: 中国石化出版社, 2011.
[23] 刘峰璧. 设备润滑技术基础. 广州: 华南理工大学出版社, 2012.
[24] 高清河, 唐龙, 王超. 石油炼制工程与技术. 哈尔滨: 哈尔滨工业大学出版社, 2018.
[25] 刘家明, 王玉翠, 蒋荣兴. 石油炼制工程师手册. 北京: 中国石化出版社, 2017.
[26] 康明艳, 卢锦华, 邓玉美. 润滑油生产与应用. 2 版. 北京: 化学工业出版社, 2016.
[27] 中国石油化工公司科技部. 石油产品行业标准汇编. 北京: 中国石化出版社, 2017.
[28] 中国石油化工公司科技部. 石油产品国家标准汇编(上册). 北京: 中国标准出版社, 2020.
[29] 陈国需, 方建华, 王泽爱. 润滑油性质及应用. 北京: 中国石化出版社, 2016.